Landwirtschaft – Wege aus der Krise

Eva Gottfried
Hrsg.

Landwirtschaft – Wege aus der Krise

von Artenvielfalt bis Klimawandel

 Springer

Hrsg.
Eva Gottfried
Regensburg, Bayern, Deutschland

Die in diesem Sammelband zusammengefassten Beiträge sind ursprünglich erschienen in Spektrum der Wissenschaft, Spektrum – die Woche und Spektrum.de

ISBN 978-3-662-64959-6   ISBN 978-3-662-64960-2   (eBook)
https://doi.org/10.1007/978-3-662-64960-2

Die Deutsche Nationalbibliothek verzeichnet diese Publikation in der Deutschen Nationalbibliografie; detaillierte bibliografische Daten sind im Internet über http://dnb.d-nb.de abrufbar.

Einbandabbildung: © Dusan Kostic/stock.adobe.com

Planung/Lektorat: Sarah Koch
Springer ist ein Imprint der eingetragenen Gesellschaft Springer-Verlag GmbH, DE und ist ein Teil von Springer Nature.
Die Anschrift der Gesellschaft ist: Heidelberger Platz 3, 14197 Berlin, Germany

Vorwort

Liebe Leserinnen und Leser,
die Welt ist im Umbruch – Digitalisierung, Klimawandel und Pandemie sind die großen Schlagworte unseres Jahrhunderts. Davon ist auch die Landwirtschaft betroffen – aber pardon, Agrobusiness heißt es heute und hat nicht mehr viel mit dem leicht verklärten Bild vom Bauern mit Pflug und Egge zu tun. Im Computerspiel *Farming Simulator* kann sich jeder online versuchen; die reale Agrarwirtschaft ist allerdings weit mehr als nur ein Spiel. Moderne Technologien, Produktionsweisen und Züchtungen haben Einzug gehalten und die Herausforderungen von Wirtschaftlichkeit, Nachhaltigkeit und klimatischen Veränderungen sind enorm. Dabei ist die Landwirtschaft gleichermaßen Leittragende wie Mitverursacherin etlicher Probleme.

Vor etwa 10.000 Jahren begann der Ackerbau in zwei weit entfernten Regionen der Erde: in Vorderasien mit Weizen und Gerste und in Mexiko mit Kürbis und Chilis. Seitdem verändert der Mensch mehr und mehr den Naturhaushalt und pustet seit der Industrialisierung auch noch massiv Abgase und Schadstoffe in die Atmosphäre. Lange wurde propagiert, nur landwirtschaftliche Großbetriebe könnten effizient arbeiten und die wachsende Weltbevölkerung versorgen. Hierfür wurden immer ertragreichere Sorten gezüchtet, moderne Dünger und Pestizide entwickelt und der Landschaftshaushalt großräumig verändert.

Dabei wurde aber übersehen, dass intensive Landwirtschaft ihre eigene Lebensgrundlage, sprich den Boden zerstört. Der Begriff Hemerobie bezeichnet das Ausmaß der anthropogenen Einflüsse auf die Naturlandschaft. So findet man statt der Bestäuber-Insekten inzwischen zunehmend Schädlinge und Erreger von Pflanzenkrankheiten, die unsere anfälligen

Züchtungen zu vernichten drohen. Wollen wir unsere geliebten Bananen und den Kakao für unsere Schokolade wirklich den Schädlingen überlassen? Der Schlauchpilz *Fusarium oxysporum* macht sich nämlich schon fast weltweit massiv über die Bananenplantagen her, die Schmierlaus *(Pseudococcidae)* über die Kakaopflanzen in Afrika. Auch die bereits bei den Römern beliebten Olivenbäume, Weinstöcke und Feigen sind in Gefahr und werden zunehmend vom Bakterium *Xylella fastidiosa* geschädigt.

Und noch schlimmer – die Schädlinge wandeln sich zunehmend, werden resistent gegen die Abwehrmechanismen der Pflanzen und leisten weiteren Schädlingen Vorschub. So saugt die Tabakmottenschildlaus, auch Weiße Fliege genannt, am Pflanzensaft, überträgt Pflanzenviren und hinterlässt noch einen klebrigen Honigtau, in dem sich wiederum andere Schädlinge sammeln. Die Pflanzen standen all diesem bisher nicht wehrlos gegenüber, sondern bildeten Abwehrstoffe aus der Klasse der Phenolglykoside. Nun hat es die Tabakmosaikschildlaus aber geschafft, ein Gen ihrer Wirtspflanze – eigentlich eher als Opfer zu bezeichnen – zu übernehmen und ist nun immun gegen deren Abwehrstoffe.

Neben der Weißen Fliege nutzen auch andere Schädlinge Schwachstellen der Natur und profitieren vom Temperaturanstieg im Rahmen der Klimakrise. Ernteausfälle sind dabei vorprogrammiert. So sind wir, trotz all der Vorteile von größeren Produktionsstrukturen, mit unserer Massenproduktion anscheinend zu weit gegangen. „Wachstum auf Kosten der Natur" darf nicht mehr sein.

Immer mehr Landwirte schielen nun zurück und suchen nach naturnaheren Ansätzen. Nachhaltige Intensivierung ist das neue Schlagwort, bei dem auch die natureigenen Helferlein geschützt und die Bestände der wild lebenden Insekten- und Pflanzenarten nicht noch weiter dezimiert werden sollen.

Doch was ist überhaupt nachhaltig? Sind immer neue und an die Veränderungen angepasste Kulturpflanzen nachhaltig? Sollen wir diese durch klassische Züchtung entwickeln, was Generationen dauern wird, oder ist grüne Gentechnik durch Schnelligkeit im Vorteil? Die Möglichkeiten der Einflussnahme des Menschen sind enorm und nur wenige Themen polarisieren so stark wie gentechnische Verfahren. Die einen wittern Möglichkeiten, die wachsende Weltbevölkerung zu versorgen, die anderen fürchten die schwer abschätzbaren Folgen für unsere Umwelt und Gesundheit. Sollen wir es der Weißen Fliege nachmachen und Gene hin- und herschieben, oder müssen wir fürchten, dass uns die Kontrolle aus den Händen gleitet?

Und wie steht es um Patente auf Naturprodukte? Wer macht sich an die kostspielige Entwicklung neuer Kulturpflanzen, wenn er diese am Ende nicht sein Eigen nennen darf? Oder muss hier der gesellschaftliche Nutzen vor dem eigenen Profit stehen?

Vielleicht sollten wir auch lieber gleich die Spürnase von Hunden nutzen, um Schädlinge frühzeitig aufzuspüren, anstatt sie später massenweise mit Pestiziden zu bekämpfen?

Angesichts der Ausbreitung der Städte stellt sich auch die Frage, wie wir die Agrarwirtschaft in unser Leben, vielleicht sogar Stadtleben, integrieren können. Nicht nur, um dem Flächenbedarf gerecht zu werden, sondern vielleicht auch um Transportwege zu verkürzen?

Neben den Lebensmittelproduzenten zerrt auch die Industrie an der Landwirtschaft. Kommen unsere Kunststofftassen, Autoreifen und Quietscheentchen bald vom Acker, ist hier die Frage?

Welche Aufgaben können dabei Roboter übernehmen? Digitalisierung ist aus der Agrarwelt nicht mehr wegzudenken und bietet immer neue Werkzeuge. Doch macht sich der Mensch damit überflüssig?

Irgendwie trifft uns alle das Thema Landwirtschaft. Die Möglichkeiten sind enorm – die Gefahren aber auch.

Der Verlag Spektrum der Wissenschaft hat in den letzten Jahren eine ganze Palette von Ansätzen, Ideen und Denkanstößen veröffentlicht, von denen einige im vorliegenden Buch zusammengestellt sind. In fünf Teilen geht es darum, wie wir neue Wege finden, um die Landwirtschaft fit zu machen für all die Herausforderungen. Neue Ansätze müssen aber auch realisierbar sein, damit sinnvolle Zukunftsvisionen auch Realität werden können.

Ich hoffe mit dem kleinen Überblick einen Beitrag zur aktuellen Diskussion leisten zu können und danke den Autorinnen und Autoren wie auch dem Verlag für die Möglichkeit, drängende Probleme und spannende Lösungsansätze zusammengestellt präsentieren zu dürfen.

Ihnen wünsche ich eine anregende Lektüre.

Eva Gottfried

Inhaltsverzeichnis

Neue Wege in der Landwirtschaft

Warum Landwirtschaft sich ändern muss

Landwirtschaft: Leidtragende und Mitverursacherin

Diana Rechid

Während Klimaextreme wie Starkregen, Hagel oder Hitzewellen direkt Ernte-verluste auslösen, wirken manche Folgen der Erwärmung subtiler und lang-fristiger: Landwirte müssen etwa mit bisher unbekannten Schädlingen umgehen, alternative Bewässerungsmethoden finden – und teilweise neue Pflanzensorten anbauen.

Wie sich Temperaturen und Niederschläge im Jahresverlauf verhalten, bestimmt Saat- und Pflanzzeiten, das Wachstum, Erntezeiten und die Zeit der Vegetationsruhe, in der die Pflanzen nicht wachsen. Genauso hängt davon ab, wie viel Wasser verfügbar ist, welche Struktur die Böden auf-weisen, wo Schädlinge und Pflanzenkrankheiten auftreten und wie sie sich verbreiten – sowie letztlich Ertrag und Qualität der Ernte. Der Witterungs-verlauf schwankt von Jahr zu Jahr, worauf die Landwirtschaft eingestellt ist und sich mit flexiblen Produktionszyklen anpasst. Doch mit fort-schreitendem Klimawandel verändern sich Temperaturen und Niederschläge im Jahresverlauf drastischer und werden die Schwankungen teils so stark, dass herkömmliche Produktionsmethoden an ihre Grenzen stoßen. Bereits jetzt treten Hitze- und Trockenperioden, Dauer- und Starkregen vermehrt auf; sie können ganze Ernten vernichten und Landstriche degradieren. Auch in Deutschland sind in den vergangenen Jahren gehäuft meteorologische Extreme aufgetreten, wie etwa die Hitze und Trockenheit in den Jahren

D. Rechid (✉)
Climate Service Center Germany, Hamburg, Deutschland
E-Mail: Diana.Rechid@hereon.de

E. Gottfried (Hrsg.), *Landwirtschaft – Wege aus der Krise,*
https://doi.org/10.1007/978-3-662-64960-2_1

2018 und 2019. Dadurch haben Ackerbaubetriebe vielerorts geringere Ernten eingefahren, beispielsweise bei Weizen, Gerste und Raps. Milchviehbetriebe hatten durch verringertes Wachstum auf Grünland zu wenig eigenes Futter produziert, und die Milchkühe litten unter Hitzestress. Die extreme Trockenheit führte zudem zu erhöhter Winderosion, und in Mittel- und Nordostdeutschland brachen Flächenbrände aus.

Selbst wenn es gelingt, die globale Erwärmung auf höchstens 2 Grad Celsius gegenüber vorindustriellem Niveau zu begrenzen, wie im Pariser Klimaabkommen festgelegt, wird das für die Landwirtschaft in Deutschland bereits weit reichende Auswirkungen haben. Der Sonderbericht des Weltklimarats vom September 2018 zu den Folgen einer globalen Erwärmung um 1,5 Grad zeigt, wie viel kleiner diese ausfallen, verglichen mit einer Erwärmung um 2 Grad, bei der bereits sehr drastische Folgen zu spüren sind. Im Projekt Impact2C haben wir mit rund 80 Expertinnen und Experten aus ganz Europa die zu erwartenden Veränderungen modelliert und herausgearbeitet, was zwei zusätzliche Grad für verschiedene Bereiche wie Landwirtschaft, Wasserhaushalt oder die Wälder in Europa bedeuten. Unter anderem haben wir so abgeschätzt, wie anfällig verschiedene Nutzpflanzen gegenüber einer Erwärmung sind. Weizen – der in Europa fast die Hälfte des erzeugten Getreides ausmacht – hat demnach in Deutschland eine mittlere bis hohe „Vulnerabilität", würde also unter den neuen Gegebenheiten deutlich schlechter wachsen. Für Gerste ergibt sich ein ähnliches Bild. Landwirte müssen sich daher Gedanken machen, wie sie ihre Felder für die Zukunft fit machen. Dabei könnte eine Überlegung sein, andere Sorten anzubauen, die unter trockeneren und wärmeren Bedingungen besser gedeihen. Darüber hinaus könnten vermehrte und andere Bewässerungsmethoden einen Teil der Lösung darstellen.

Sinkende Grundwasserspiegel gefährden Mensch und Natur

Woher das Wasser dafür stammt, ist eine wesentliche Frage, die sich Landwirte stellen müssen. Bereits während der letzten beiden Dürresommer galt es etwa abzuwägen: Ist es gerechtfertigt, das Wasser aus Grundwasserspeichern oder gar Oberflächengewässern zum Bewässern der Felder zu nutzen? In Niedersachsen, wo sich mit der Heide das hier zu Lande größte zusammenhängende bewässerte Gebiet befindet, sinkt bereits der Grundwasserspiegel. Das gefährdet sowohl bedrohte Arten in den nahe gelegenen seltenen Biotopen als auch die Bevölkerung. Methoden zu finden, die weniger Wasser verbrauchen und es gleichzeitig dorthin transportieren, wo die Pflanze es am dringendsten benötigt, ist eine der Schlüsselaufgaben für die nächsten Jahre.

Die zunehmende Trockenheit wird aber nicht nur dort, sondern deutschlandweit ein Problem sein. Bereits nach den Dürresommern 2018 und 2019 gab es in vielen Gebieten massive Ernteverluste, teils mussten Landwirte Noternten vor dem optimalen Zeitpunkt einfahren. Und in diesem Jahr waren die Böden im Frühjahr und Frühsommer deutlich weniger feucht als gewöhnlich.

Zusätzlich zur Hitze und Trockenheit werden sich die Witterungsverläufe im Jahresgang weiter verändern. Das bedeutet einerseits deutlich weniger Frostperioden im Winter, was sich nachteilig auf die Vegetationsruhe und Bodenstruktur auswirkt. Zu hohe Temperaturen im Frühsommer wiederum sind ungünstig für das Pflanzenwachstum. Fängt die Vegetation zeitiger an auszutreiben, verdunstet mehr Wasser, wodurch weniger davon im Boden verfügbar ist. Wind und Sonne tun ihr Übriges, um die Gefahr von Trockenschäden zu erhöhen.

Viele Schädlinge profitieren währenddessen von höheren Temperaturen. Das zeigt sich etwa in der Region Altes Land nahe Hamburg, dem größten zusammenhängenden Obstanbaugebiet Nordeuropas. Im Projekt Klimzug-Nord haben wir gemeinsam mit der Obstbauversuchsanstalt Jork der Landwirtschaftskammer Niedersachsen untersucht, wie sich der Klimawandel auf die Region auswirkt. Mit 90 % der Anbaufläche stellt der Apfel dort die mit Abstand wichtigste Obstart dar. Und die warmen Temperaturen spielen dem Apfelwickler *(Cydia pomonella)*, einem der größten Obstschädlinge Europas, in die Hände: Dessen Larven wachsen dadurch schneller. So können sie im Spätsommer eine zweite Faltergeneration bilden, die dann die reifenden Früchte befällt. Er ist jedoch bei Weitem nicht der einzige Schädling, dem die Wärme nützt. Ebenso treten unter den veränderten Bedingungen vermehrt Pilze auf, auch solche, die man dort bislang nicht beobachten konnte. Sie befallen die Äpfel und rufen Fäulnis hervor.

Durch die veränderte Niederschlagsverteilung über das Jahr fällt zudem im Winter mehr davon, und zwar aufgrund der zugleich höheren Temperaturen eher als Regen denn als Schnee. Das gilt flächendeckend für ganz Deutschland, mit Ausnahme der höheren Lagen in den Alpen. Die dadurch anhaltende Nässe in der kalten Jahreszeit schädigt Pflanzenwurzeln, Fäulnis bildet sich, und Nährstoffe werden ausgewaschen. Das beeinträchtigt Quantität wie Qualität der landwirtschaftlichen Produktion.

Wie können wir all den Veränderungen begegnen? Landwirte sowie Verantwortliche für die langfristige Planung benötigen keine Mittelwerte, sondern präzise Daten, wo sich welche Parameter wann ändern. Im Projekt ADAPTER, das im Frühjahr 2019 gestartet ist, entwickeln wir am Climate Service Center Germany (GERICS) des Helmholtz-Zentrums Geesthacht gemeinsam mit dem Forschungszentrum Jülich und Praxispartnern eine Plattform dafür. Zum einen haben wir ein Vorhersagesystem entwickelt, das die aktuellen Daten zu Bodenfeuchte, verfügbarem Wasser, Bodentemperaturen, Sickerwasserraten und anderen Parametern erfasst und auf dieser Grundlage die Entwicklung für die nächsten fünf bis zehn Tage berechnet. Hier unterstützen uns ebenso die Landwirte selbst, indem sie mithilfe bereitgestellter Bodensensoren die Werte messen, die dann automatisch an einen Großrechner gesandt werden und die Prognosen verbessern sollen. Für Nordrhein-Westfalen ist die Vorhersage parzellenscharf, das heißt, sie hat eine Auflösung von 300 mal 300 m! So können Landwirte sehr genau für die nächsten Tage planen, wann sie welche Sorten aussäen, versorgen, düngen und ernten. Dabei leistet ihr Erfahrungswissen einen wichtigen Beitrag zum Projekt.

Darüber hinaus erstellen wir auf Grundlage regionaler, bis zum Jahr 2100 reichender Klimaprojektionen Informationsmaterialien, die auf verschiedene Akteure in der Praxis zugeschnitten sind. Sie zeigen auf, wie sich die für bestimmte landwirtschaftliche Kulturen relevanten Klimabedingungen in den verschiedenen Boden-Klima-Räumen verändern. Das ist wichtig, um zu entscheiden, ob beispielsweise Beregnungsverfahren umzustellen sind, neue Infrastruktur benötigt wird oder der Boden anders bearbeitet werden muss. Es kann aber ebenso zu der Entscheidung führen, Kulturen, die auf lange Sicht nicht gedeihen können, zu ersetzen.

Die landwirtschaftliche Produktion ist einerseits betroffen von den Folgen des Klimawandels und andererseits dessen Mitverursacher durch den Ausstoß von Treibhausgasen wie Lachgas, Methan und Kohlenstoffdioxid. Klimaschutz und Klimaanpassung müssen eng zusammen gedacht werden. Der Sonderbericht des Weltklimarats vom August 2019 zu Klimawandel und Landsystemen zeigt eine Reihe von Maßnahmen auf: So können Landwirte etwa Wasser sparen, indem sie effiziente Beregnungsmethoden einsetzen. Abwechselnde Fruchtfolgen oder Strukturelemente wie Hecken und Blühstreifen erweitern das Spektrum der Pflanzen. Das verringert das Risiko für Ernteausfälle und schützt gleichzeitig vor Schädlingen. Daneben reduzieren sie die Bodenerosion, was sich ebenso durch schützende Bodenbedeckung und schonende Bodenbearbeitung erreichen lässt. Ein Verzicht auf Umpflügen hilft, den Anteil an organischem Material im Boden zu erhöhen. All solche Maßnahmen verringern zum einen die Emissionen. Zum anderen helfen sie, die landwirtschaftliche Produktion an Klimafolgen anzupassen, verbessern die Ernährungssicherheit und vermindern Landdegradierung und Wüstenbildung. Der Bericht zeigt allerdings ebenfalls, dass hier nicht die alleinige Lösung liegen kann. In allen Bereichen unseres Lebens müssen wir hin zu treibhausgasneutralen Kreisläufen. Für eine umfassende gesellschaftliche Transformation verbleiben nur noch wenige Jahre, damit die Begrenzung der globalen Erwärmung auf 1,5 Grad überhaupt noch im Bereich des Möglichen liegt.

Literatur

Belleflamme, A. et al.: Forecasts of plant available and seepage water for agricultural usage during recent extreme hydrometeorological conditions in western Germany using a convection-permitting regional Earth-system model. EGU General Assembly 2020 https://doi.org/10.5194/egusphere-egu2020-4704, 2020

Intergovernmental Panel on Climate Change (IPCC): Climate change and land: An IPCC special report on climate change, desertification, land degradation, sustainable land management, food security, and greenhouse gas fluxes in terrestrial ecosystems. IPCC, 2019

Intergovernmental Panel on Climate Change (IPCC): Global warming of 1.5°C. An IPCC special report on the impacts of global warming of 1.5°C above pre-industrial levels and related global greenhouse gas emission pathways, in the context of strengthening the global response to the threat of climate change, sustainable development, and efforts to eradicate poverty. IPCC, 2018

Sieck, K. et al.: Weather extremes over Europe under 1.5 °C and 2.0 °C global warming from HAPPI regional climate ensemble simulations. Earth System Dynamics 12, 457–468, 2021

Aus Spektrum der Wissenschaft 9.20

Die Klimawissenschaftlerin **Diana Rechid** erforscht am Climate Service Center Germany (GERICS) des Helmholtz-Zentrums Geesthacht, wie sich Landnutzung und Klimawandel gegenseitig beeinflussen.

Deutschland verarmt auch an Pflanzen

Daniel Lingenhöhl

Die Natur in Deutschland wird monotoner. Neben Insekten sind auch viele Pflanzen am Aussterben. Die Landwirtschaft trägt stark dazu bei.

Um die Artenvielfalt in Deutschland ist es in vielen Bereichen schlecht bestellt: Viele Wirbeltier- und Insektenarten hier zu Lande gelten als bedroht und mussten in den letzten Jahrzehnten teilweise dramatische Bestandseinbrüche hinnehmen. Eine umfassende Studie zeigt nun, dass dies auch bei Pflanzen der Fall ist: Ein Team um David Eichenberg vom Deutschen Zentrum für integrative Biodiversitätsforschung (iDiv) Halle-Jena-Leipzig wertete dazu 29 Mio. Daten zur Verbreitung von Gefäßpflanzen aus und veröffentlichte die Ergebnisse im Journal „Global Change Biology". Sie zeigen, dass ein Großteil der hier heimischen Pflanzenarten mehr oder weniger stark verschwinden oder sogar ganz ausgestorben sind.

Mehr als 70 % der 2000 untersuchten Spezies litten demnach in den letzten 60 Jahren unter Bestandsrückgängen, die durchschnittlich 15 % betrugen. Pro Jahrzehnt starben zudem etwa zwei Prozent der vorhandenen Pflanzenarten aus, obwohl durch den internationalen Handel zahlreiche neue Gewächse eingeschleppt wurden, die sich regelmäßig neu ansiedeln und etablieren konnten. Besonders betroffen vom Schwund waren Vertreter der Ackerbegleitflora, also typische Arten der Kulturlandschaft wie Klatschmohn,

D. Lingenhöhl (✉)
Spektrum der Wissenschaft, Heidelberg, Deutschland
E-Mail: lingenhoehl@spektrum.de

Kornblume, Saatwucherblume, der Echte Frauenspiegel, der Große Klappertopf und der Gute Heinrich. Viele davon besiedelten Deutschland in den letzten Jahrtausenden im Gefolge der sich ausbreitenden Landwirtschaft aus Südosten.

Ihre Verluste konnten nicht durch in der Neuzeit eingebrachte Pflanzen wie das Drüsige Springkraut oder das Schmalblättrige Greiskraut ausgeglichen werden. Insgesamt nahm die Vielfalt pro betrachteter Flächeneinheit ab. Dabei spiegelt die Studie vor allem eher geläufige Arten wider: Von Natur aus seltene Pflanzen oder Spezies mit kleinem Verbreitungsgebiet blieben weitgehend außen vor.

„Die Ergebnisse haben uns in dieser Deutlichkeit wirklich überrascht. Sie zeichnen ein sehr düsteres Bild des Zustandes der Pflanzenvielfalt in Deutschland", sagt Erstautor David Eichenberg von iDiv. „Sie haben bestätigt, dass die Rückgänge nicht auf die ohnehin seltenen oder besonders gefährdeten Arten beschränkt sind, sondern offensichtlich schon seit Längerem ein schleichender Biodiversitätsverlust der Mehrzahl der Pflanzenarten in Deutschland stattfindet."

Über die Ursachen schweigt sich die Studie aus, doch dürften die Gründe denen anderer Artengruppen ähneln. In starkem Maß sind Pflanzen der Kulturlandschaft betroffen, die unter der intensivierten Landwirtschaft leiden: Herbizide und Düngungen sorgen dafür, dass nur sehr resistente und Stickstoff liebende Pflanzen überleben. Selbst abseits der genutzten Flächen sorgt der zusätzliche Eintrag von Nährstoffen aus der Luft – ebenfalls aus der Landwirtschaft sowie vom Verkehr –, dass artenreiche Magerlebensräume und die daran angepassten Pflanzen verschwinden. Dazu kommen Lebensraumzerstörungen, welche wiederum besonders kleinräumige Extremstandorte besonders betreffen, etwa steppenartige Vegetation auf Gipsvorkommen oder Magerrasen auf Kalkfelsen.

Da Pflanzen am Anfang der Nahrungskette stehen, treffen ihr Rückgang über kurz oder lang schließlich Insekten oder Vögel. Sterben beispielsweise Orchideen aus, folgen parallel dazu speziell angepasste Bienen oder andere Insekten, die auf diese Pflanzen angewiesen sind. Die Autoren halten es daher für sehr wahrscheinlich, dass der beobachtete Rückgang der Pflanzenvielfalt sich massiv auf die Biodiversität und die Leistungen von Ökosystemen auswirkt.

Aus Spektrum.de News, 16.12.2020
https://www.spektrum.de/news/deutschlands-pflanzenvielfalt-schwindet
/1809185

Hemerobie

[von griech. *hemeros* = kultiviert], Natürlichkeitsgrad, Ausmaß der anthropogenen Beeinflussung der Landschaft. Es werden sieben Hemerobiestufen unterschieden, wozu Hemerobieindikatoren herangezogen werden. Der vom deutschen Biologen Sukopp geprägte Begriff bezog sich ursprünglich auf den Anteil der Neophyten (eingebürgerte Pflanzen seit 1500) in der regionalen Flora. Diese Klassifikation wurde z. B. bei einer Ökotopkartierung Hollands im Maßstab 1:200.000 angewendet. Die Hemerobie wurde dabei in Bezug zur potenziell natürlichen Vegetation dargestellt. In der europäischen Kulturlandschaft sind kaum mehr natürliche, d. h. gänzlich unbeeinflusste Landschaften vorzufinden. In mehr oder weniger starkem Ausmaß hat der Mensch fast überall in die natürliche Umwelt eingegriffen. Damit übernahm er im landschaftlichen Ökosystem eine wesentliche Reglerfunktion. Seit dem Zeitalter des Ackerbaus hat der Mensch begonnen, die Landschaft regional für seinen Nutzen umzugestalten, was v. a. in der Veränderung des natürlichen Vegetationskleides zum Ausdruck kam. Seit der Industriellen Revolution im 18. Jh. greift der Mensch eine Stufe tiefer in den Naturhaushalt ein, indem z. B. zugunsten der Siedlungsentwicklung das natürliche Vegetationskleid großflächig entfernt wurde. Durch Versiegelung, Veränderungen des Großreliefs (z. B. Braunkohle-Tagebau), Einsatz chemischer Dünger und Pestizide in der Landwirtschaft und industrieller Schadstoff-Emissionen wurde der Landschaftshaushalt großräumig verändert bis destabilisiert. Städtische Systeme können nur noch aufrecht erhalten werden mittels hohem Energieeinsatz für Ver- bzw. Entsorgung.
Copyright 2000 Spektrum Akademischer Verlag, Heidelberg.
https://www.spektrum.de/lexikon/geowissenschaften/hemerobie/6824

Daniel Lingenhöhl ist Chefredakteur von „Spektrum der Wissenschaft", „Gehirn &Geist" und „Spektrum.de".

IPCC warnt vor Ausbeutung des Ackerlandes

Lars Fischer

Die Art und Weise, wie wir den Boden unter unseren Füßen nutzen, muss sich ändern. Sonst bedroht der Klimawandel sogar die Nahrungsversorgung, mahnen die Fachleute.

In seinem neuen Landnutzungsbericht bemüht sich der Internationale Klimarat IPCC um Optimismus. Es gebe prinzipiell genug nutzbares Land auf der Erde, um neben der Welternährung auch Klima- und Artenschutz zu verwirklichen, sagte Hans-Otto Pörtner vom Alfred-Wegener- Institut für Polar- und Meeresforschung in Bremerhaven bei der öffentlichen Präsentation des Berichts. Allerdings muss sich dafür laut Bericht einiges ändern – und zwar nicht nur technisch, sondern auch politisch und kulturell.

So rufen die Autorinnen und Autoren wieder einmal dazu auf, weniger Fleisch zu essen. Nicht nur vermeide das direkt Treibhausgase; die so gewonnenen Flächen brauche man zum Aufforsten und um nutzbare Biomasse zu gewinnen. Entscheidend sei jedoch vor allem, dass schnell viel weniger Kohlendioxid in die Atmosphäre gelangt. Dann sei global nachhaltige Landnutzung möglich, so Pörtner. Das gilt, so eine zentrale Botschaft des Berichts, aber auch umgekehrt: Land- und Forstwirtschaft tragen laut der Analyse fast ein Viertel der menschlichen Treibhausgasemissionen bei.

L. Fischer (✉)
Spektrum der Wissenschaft, Heidelberg, Deutschland
E-Mail: fischer@spektrum.de

© Der/die Autor(en), exklusiv lizenziert an Springer-Verlag GmbH, DE, ein Teil von **13** Springer Nature 2022
E. Gottfried (Hrsg.), *Landwirtschaft – Wege aus der Krise*,
https://doi.org/10.1007/978-3-662-64960-2_3

Der „Spezialbericht über Klimawandel, Wüstenbildung, Landver-schlechterung, nachhaltiges Landmanagement, Ernährungssicherheit und Treibhausgasflüsse in terrestrischen Ökosystemen" beschäftigt sich, anders als die bisherigen IPCC-Berichte, spezifisch mit den Landflächen der Erde – von denen der Mensch etwa 70 % nutzt. Nicht nur ist die globale Durch-schnittstemperatur an Land mit mehr als 1,5 Grad Celsius weit schneller gestiegen als über dem Ozean, hier zeigen sich auch die direkten Wechsel-wirkungen zwischen Klima und menschlicher Aktivität.

Die Trockenheit der letzten Jahre in Deutschland zum Beispiel hängt einerseits mit dem Klimawandel zusammen und andererseits damit, dass durch versiegelte Flächen, trockengelegte Feuchtgebiete und intensive Land-wirtschaft der Wasserhaushalt der Landschaft dramatisch verändert wurde. Global führen derartige miteinander verbundene Effekte von Klima und Mensch dazu, dass große Gebiete von Versteppung oder extremen Regen-fällen bedroht sind; derlei schlechtere Bedingungen für den Ackerbau führen womöglich dazu, dass die Versorgung mit Lebensmitteln weniger stabil wird – und schwankende Versorgung bedeutet schwankende Staaten. Die klare Bot-schaft des Berichts: So kann es nicht weitergehen.

„Relevant ist also nicht allein, dass wir 70 % der eisfreien Landoberfläche nutzen, sondern immer mehr auch, in welcher Art und Weise wir dies tun", sagt Julia Pongratz, Expertin für Landnutzung an der LMU München. Idealerweise könnten beispielsweise Wälder lokal negativen Klimafolgen entgegenwirken. Der Bericht beschreibt diese Effekte im Detail und kommt dabei unter anderem zu der Schlussfolgerung, dass derzeit der Gesamteffekt des Klimawandels auf das globale Pflanzenwachstum positiv ist: Die Erde ergrünt, vor allem in der Arktis.

Gleichzeitig allerdings gibt es deutliche Warnzeichen. Fachleute warnten jüngst, dass die Effekte des Klimawandels große Teile der bewirtschafteten Wälder in Deutschland bedrohen. So geht es vielen Ökosystemen, besonders den von Menschen vorgeschädigten. Wie der Bericht betont, ist Abhilfe bei den Problemen der Landnutzung vergleichsweise leicht zu schaffen. Waldschutz und nachhaltigere Landwirtschaft seien nicht nur einfacher als die Abkehr von fossilen Brennstoffen, sondern brächten sofort viele positive Nebeneffekte. Dafür müsste man nur schnell handeln und die nötigen Veränderungen jetzt in die Wege leiten, so die Autorinnen und Autoren. Das sagt der IPCC seit 1990; damals lag die atmosphärische Kohlendioxidkonzentration bei knapp über 355 ppm. Im Januar 2021 liegt sie bei 415 ppm.

Aus Spektrum der Wissenschaft Kompakt Nachhaltige Ernährung 15.02.2020

Lars Fischer ist Chemiker und Redakteur bei „Spektrum.de".

Was bedroht unsere Landwirtschaft?

Bedrohte Ernte

Thomas Miedaner

Schadpilze richten unter Nutzpflanzen erhebliche Zerstörungen an und gefährden die Lebensmittelversorgung. Die heutigen Anbaumethoden, der Klimawandel und die um sich greifenden Fungizidresistenzen verschärfen das Problem.

Pflanzenkrankheiten

Erkrankungen von Pflanzen durch abiotische Ursachen (u. a. Luftverschmutzung; neuartige Waldschäden, Rauchgasschäden, Streusalzschäden) oder biotische Krankheitserreger (Infektionskrankheiten) wie Pflanzenviren (Virosen), Bakterien (Bakteriosen), Pilze (Mykosen) und parasitische Blütenpflanzen (Parasiten); auch Schadsymptome durch tierische Schädlinge. Der Übergang von unbedeutenden Schädigungen bis zu deutlichen physiologischen oder morphologischen Veränderungen, die zum Absterben der Pflanzen führen können, ist fließend, sodass der Begriff Pflanzenkrankheiten nicht genau definiert werden kann. Man unterscheidet nach Art der Infektionen lokalisierte Herdinfekte und systemische Erkrankungen. Bei der Krankheitsentwicklung spielt nicht nur die Wirt-Parasit-Beziehung (Anfälligkeit bis Resistenz des Wirts, bzw. Grad der Virulenz des Erregers) eine Rolle, sondern auch der Mensch durch seine Kulturmaßnahmen wie Monokultur sowie allgemein die gesamten Umweltbedingungen, welche die Anfälligkeit und den Krankheitsverlauf beeinflussen. Des Weiteren ist die Anfälligkeit der Pflanzen stark vom jeweiligen Entwicklungsstadium des Wirts abhängig (Stadienresistenz). Eine vertikale Pathogenübertragung erfolgt nur selten über Samen, hingegen

T. Miedaner (✉)
Universität Hohenheim, Stuttgart, Deutschland
E-Mail: thomas.miedaner@uni-hohenheim.de

E. Gottfried (Hrsg.), *Landwirtschaft — Wege aus der Krise,*
https://doi.org/10.1007/978-3-662-64960-2_4

häufig über Formen der vegetativen Vermehrung. Weltweit gibt es mehr als 25.000 Pflanzenkrankheiten. Die Ertragsverluste durch Pflanzenkrankheiten liegen durchschnittlich bei 10 bis über 20 % der möglichen Ernteerträge. Zusätzlich treten noch krankheitsbedingte Nachernteverluste auf, die in vielen Gebieten zwischen 10 und 30 % betragen. Folgen von Krankheiten bei Kulturpflanzen können dramatische Auswirkungen haben, wenn durch eine epidemieartige Verbreitung ganze Ernten ausfallen. Wichtigste Erreger sind Pilze: Mehr als 80 % aller Pflanzenkrankheiten resultieren aus Pilzkrankheiten. Sie verursachen u. a. Brand- und Rostkrankheiten, Mehltau (Echte Mehltaupilze, Falsche Mehltaupilze) oder Fruchtfäule und Wurzelfäulen. Virusinfektionen führen häufig zu Veränderungen bei Blättern, die von lokalen Chlorosen über Nekrosen zu deren Absterben führen können.

Den ersten Nachweis, dass Pflanzenkrankheiten durch Infektionen erfolgen können, erbrachte M. Tillet (1755) am Weizen-Steinbrand. Aber erst mit den Untersuchungen an der Kraut- und Knollenfäule durch M.J. Berkeley (1845) setzte sich die Erkenntnis durch, dass Pflanzenkrankheiten durch Krankheitserreger verursacht werden. Ein zentrales Thema der Phytopathologie (der Wissenschaft von den Pflanzenkrankheiten) ist die Frage, wie Pflanzen den Befall durch ein bestimmtes Pathogen erkennen und sehr schnell darauf reagieren können (pflanzliche Abwehr).

Lit.: Butin, H.: Krankheiten der Wald- und Parkbäume. Diagnose – Biologie – Bekämpfung. Stuttgart – New York 1996. Hoffmann, G.M., Nienhaus, F., Schönbeck, F., Weltzien, H.C., Wilbert, H.: Lehrbuch der Phytomedizin. Berlin – Hamburg,1985.

Kommt die Rede auf Pilze, denkt fast jeder an Ständerpilze (Basidiomycota), zu denen die meisten Speisepilze zählen. Sie fallen besonders im Herbst auf, wenn sie aus Waldböden sprießen und dabei prachtvolle Maronenröhrlinge, Parasole, Pfifferlinge oder Krause Glucken hervorbringen. Aufmerksame Naturbeobachter können freilich auch woanders Pilze entdecken, vorzugsweise an den Stämmen absterbender Bäume, auf morschen Ästen oder Totholz. Hier treten Pilze in ihrer ökologischen Hauptrolle in Erscheinung: als Organismen, die sich von toter organischer Substanz ernähren und somit „saprotroph" leben, wie es in der Fachsprache heißt. Sie bauen die Zellulose und das Lignin abgestorbener Pflanzen ab, zersetzen diese dabei und machen die darin gebundenen Nährstoffe anderen Lebewesen zugänglich. Weißfäulepilze gehören zu den wenigen Organismen weltweit, die überhaupt dazu in der Lage sind, den Holzbestandteil Lignin aufzuschließen. Wenn sie Bäume befallen, äußert sich das in hellen Flecken auf Stämmen und Ästen – daher ihr Name.

Einige Pilze haben es geschafft, sich von ihrer saprotrophen Lebensweise zu lösen und lebende Pflanzen zu infizieren. Sie bereiten der Landwirtschaft erhebliche Probleme. Ein Team um den Pflanzenpathologen Serge Savary von der Université de Toulouse und dem Institut National de la Recherche Agronomique (INRA) schätzt, dass im nordwestlichen Europa rund ein Fünftel der Weizenernte durch Schadpilze verloren geht. Das entspricht etwa 14 Mio. Tonnen Weizen pro Jahr. Und dies, obwohl die Landwirte ausgiebig Fungizide einsetzen, also chemische Wirkstoffe gegen Pilze. Wie kommt es zu solchen Ernteausfällen?

Pilze haben raffinierte Mechanismen entwickelt, um sich von saprotrophen Zersetzern zu zerstörerischen Parasiten zu entwickeln. Vermutlich begannen sie damit, als sie anfingen, kurzlebige Pflanzen, die dicht vor der Reife und somit dem Absterben standen, zu besiedeln. Von solchen Gewächsen erfuhren sie nur schwache Abwehrreaktionen und hatten, indem sie lebende Exemplare befielen, einen Vorteil gegenüber ihren rein saprotrophen Verwandten, die ausschließlich tote Substanz verwerteten. Denn wenn die Pflanze schließlich starb, waren sie auf ihr bereits voll etabliert. Pilze, die eine solche Lebensweise zeigen und sich parasitär von sterbenden Organismen ernähren, die sie mehr oder weniger selbst abtöten, nennt man nekrotroph. Sie sondern oft giftige Substanzen ab, um sich ihrer Konkurrenten zu erwehren. Im nächsten Evolutionsschritt halfen ihnen diese Toxine auch dabei, lebende Pflanzen zu infizieren, die in vollem Saft standen. Unterstützt von speziellen Enzymen, gingen sie dann dazu über, deren Zellen zu zerstören und sich die frei werdenden Nährstoffe anzueignen (Abb. 1).

Pilzbefall tötet nicht immer den Wirt. Einige parasitische Pilze überdauern langfristig auf lebenden Pflanzen, indem sie diese nur zum Teil aufzehren (biotrophe Lebensweise). Sie haben sich im Zug der Evolution oft stark spezialisiert und vollständig von einer bestimmten Wirtsspezies abhängig gemacht. Meist dringen sie durch natürliche Öffnungen im Deckgewebe, vor allem durch Spaltöffnungen, in die Pflanze ein, verbreiten sich zunächst nur zwischen ihren Zellen und stören ihren Stoffwechsel kaum. Später bilden sie ein spezielles Nährgewebe ähnlich einem Saugorgan aus, das Haustorium, das die Wirtszellen ansticht und dabei diverse Substanzen freisetzt, um die pflanzlichen Abwehrmechanismen auszuschalten. Der Pilz entzieht dem Gewächs so Nähr-, Mineral- und Spurenstoffe. Da er diese somit nicht selbst herstellen muss, benötigt er die entsprechenden Erbanlagen nicht, weshalb biotrophe Pilze oft ein reduziertes Genom haben. Ein Beispiel hierfür ist der Echte Mehltau, dessen Formen so sehr spezialisiert sind, dass sie beispielsweise auf Weizen, nicht aber auf Roggen leben können, obwohl beide Wirte verwandt sind.

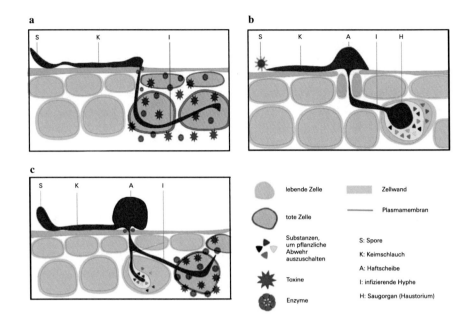

Abb. 1 Drei Strategien. (A) Nekrotroph, Pilz zehrt von sterbender Pflanze; (B) biotroph, Pilz zapft lebende Pflanze an; (C) hemibiotroph, Pilz praktiziert erst (B), dann (A). (Maria Belén Kistner, Universität Hohenheim; mit freundlicher Genehmigung von Thomas Miedaner)

Den Wirt seiner Ressourcen beraubt

Brandpilze wiederum infizieren mit ihren Sporen während der Blüte die Eizelle oder, je nach Art, den aus dem Saatkorn sprießenden Keimling. Sie wachsen dann in der Pflanze mit, ohne dass diese sich erkennbar wehrt. Erst wenn die Ähren beziehungsweise (Mais-)Kolben entstehen, tritt der Schädling in Erscheinung. Er leitet einen Großteil der Nährstoffe, die normalerweise für den Blütenstand vorgesehen sind, zu eigenen Zwecken um und bildet damit Milliarden Sporen, die er freisetzt. Sie fliegen entweder schon zur Blüte des Getreides durch die Luft und befallen neue Opfer („Flugbrande") oder sie prägen eine zähe Haut aus („Hart-, Steinbrande"), die bei der Ernte zerquetscht wird und ihren Inhalt entlässt. Mit dem Anheften der Sporen an die Körner, die erneut ausgesät werden, und dem Infizieren der daraus keimenden Pflanzen schließt sich der Kreis. Brandpilzspezies können in der Regel ebenfalls nur eine Getreideart befallen.

Darüber hinaus gibt es Pilze, die beide Lebensweisen vereinen: Zunächst wachsen sie biotroph in oder auf der Pflanze, deren Ressourcen sie sich aneignen; später zerstören sie das Gewächs. Schädlinge mit solcher Ernährungsweise heißen hemibiotroph und haben oft ein breites Wirtsspektrum. Sie können dutzende, manchmal hunderte Pflanzenarten befallen. So infizieren einige Vertreter der Schlauchpilzgattung *Fusarium* neben Getreide noch 27 andere Pflanzenfamilien, und die Pilzgattung *Sclerotinia* weist Arten auf, die bis zu 88 Pflanzenfamilien schädigen. Der Verursacher des Grauschimmels *Botrytis cinerea* befällt sogar 146 verschiedene Pflanzenfamilien mit mehr als 200 Arten, wie die Pflanzenpathologen Toby Newman und Mark Derbyshire von der Curtin University (Australien) im Jahr 2020 berichtet haben.

Schadpilze verfolgen den Menschen, seit er Landwirtschaft betreibt. Schon vor 12.000 Jahren, als unsere Vorfahren in der Region des Fruchtbaren Halbmonds mit der Aussaat von Wildgetreide begannen, müssen die Pflanzen von Echtem Mehltau und Rostpilzen befallen gewesen sein, denn genau diese Pilze finden sich heute noch auf den Wildarten in der Region. Der großflächige und regelhafte Anbau von Getreide förderte die Verbreitung dieser Schädlinge erheblich, sodass sie bereits vor Jahrtausenden in andere Gebiete gelangten, wo Weizen und Gerste wuchsen – unter anderem nach Mitteleuropa. Sie haben im Zuge der europäischen Kolonisation auch Nord- und Südamerika, Südafrika und Australien erobert und kommen heute weltweit vor.

In früheren Jahrhunderten hatten Pilzepidemien bei Kulturpflanzen oft verheerende Folgen. Sie lösten immer wieder Hungersnöte aus, da sie bei ungünstiger Witterung ganze Ernten vernichteten. Rostpilz-Erkrankungen werden in der Bibel als vermeintliche Strafe Gottes erwähnt; sowohl Griechen als auch Römer fürchteten sich davor. Letztere opferten sogar einer speziellen Gottheit namens Robigus oder Robigo – ein Ritual, das vor Getreiderost und Mehltau schützen sollte. Im Mittelalter führte Mutterkornbefall von Getreide wiederholt zu Massenvergiftungen. Die Toxine des verursachenden Pilzes *Claviceps purpurea* lösen bei dauerndem Verzehr schwere Krankheitssymptome aus, darunter Halluzinationen, Fehlgeburten, absterbende Gliedmaßen und tödliche Atemlähmungen beziehungsweise Herz-Kreislauf-Komplikationen.

Massenweise verließen die Menschen das Land – wegen einer Pflanzenkrankheit

Die Kraut- und Knollenfäule von Kartoffeln, hervorgerufen von einem Scheinpilz („Oomycet"), verursachte zwischen 1845 und 1849 große Hungersnöte, wegen denen mehr als eine halbe Million Iren starben und weitere 1,3 Mio. auswanderten. Auch im übrigen Westeuropa starben Hunderttausende an den Folgen dieser Kartoffelkrankheit. Der Echte und der Falsche Mehltau aus Nordamerika wiederum brachten den europäischen Weinbau im 19. Jahrhundert fast zum Erliegen; nur ihre Bekämpfung mit Kupfer und Schwefel wendete das Schlimmste ab. Und die Gefahr durch Pilze hält an: 2011 kam eine neue Gelbrostvariante nach Europa, die sich binnen eines Jahres durchsetzte und bei anfälligen Weizensorten Ertragsverluste bis zu 60 % verursacht hätte, wenn nicht wirksame Fungizide verfügbar gewesen wären.

Die in der Landwirtschaft verbreiteten Monokulturen begünstigen es, dass Pilze sich auf Nutzpflanzen spezialisieren (Tab. 1). Denn es ist für einen solchen Parasiten quasi der Jackpot, wenn er auf große Flächen mit zahllosen dicht gedrängten Wirten stößt. Laut DNA-Untersuchungen an der Schlauchpilzart *Rhynchosporium secalis,* die verschiedene Getreidearten befällt, findet sich die größte genetische Vielfalt dieses Schädlings in Skandinavien. Der Phytopathologe Bruce McDonald von der Universität Zürich und sein Team schließen aus den Erbgutanalysen, dass der Pilz es dort vor etwa 3600 Jahren geschafft hat, von einem wilden Gras auf

Tab. 1   Die schädlichsten Pilze der Welt bei den wichtigsten Ackerbaukulturen. Weltweit gemittelte, von Pilzkrankheiten verursachte Ertragsverluste bei verschiedenen Nutzpflanzen (nach Savary et al. 2019)

Pflanze/Krankheit	Verursacher	Geschätzter Ertragsverlust
Reis/Blattscheidendürre	*Rhizoctonia solani*	6,8 %
Kartoffel/Kraut- u. Knollenfäule	*Phytophthora infestans*	6,0 %
Mais/Fusarium-Stängelfäule	*Fusarium spp.*	4,6 %
Reis/Bräune	*Pyricularia oryzae*	4,3 %
Sojabohne/Weißstängeligkeit	*Sclerotinia sclerotiorum*	3,9 %
Reis/Fleckenkrankheit	*Cochliobolus miyabeanus*	3,8 %
Weizen/Braunrost	*Puccinia triticina*	3,3 %
Sojabohne/Rost	*Phakopsora pachyrhizi*	3,0 %
Weizen/Ährenfusariosen	*Fusarium spp.*	2,9 %
Mais/Turcium-Blattdürre	*Exserohilum turcicum*	2,7 %

die Gerste zu springen. Von Nord- wurde er zunächst nach Mitteleuropa verschleppt und später im Zuge der europäischen Expansion nach Nordamerika, Südafrika, Australien und Neuseeland. Heute infiziert er neben Gerste ebenso Roggen sowie die Getreideart Triticale.

Triticale ist eine menschengemachte Spezies, die durch Kreuzung zwischen Weizen und Roggen entstand. Seit Mitte der 1980er Jahre bauen Landwirte sie vor allem in Deutschland, Frankreich, Polen und Weißrussland an – 2019 wuchs sie dort auf insgesamt 2,4 Mio. ha. Ursprünglich war Triticale vollständig resistent gegen Echten Mehltau, Braunrost und Gelbrost. Inzwischen haben sich die Pilze aber an die neue Sorte angepasst. Der Echte Mehltau ist die Entwicklung des Getreides mitgegangen, indem durch eine spontane Kreuzung von Weizen- und Roggenmehltau-Erregern ein spezielles Triticale-Pathogen entstand, wie Fabrizio Menardo von der Universität Zürich und sein Team mittels vergleichender Genomsequenzierung im Jahr 2016 zeigen konnten. Bei den Rostpilzen dagegen fand eher ein Wirtssprung statt: Hier veränderte sich der Weizenparasit infolge von Mutationen so, dass er jetzt auch Triticale befällt. Zumindest lässt sich das aus Beobachtungen in Südafrika schließen, wo Forscher eine Braunrostrasse vom Triticale isoliert haben, deren Genom zu 96 % mit dem von Weizenbraunrost übereinstimmt.

Unsere intensive Landwirtschaft lädt Schadpilze geradezu ein. Das lässt sich gut an den Arten der Schlauchpilzgattung *Fusarium* zeigen, von denen es auf Getreide etwa ein Dutzend gibt. Einige von ihnen sind schon im 19. Jahrhundert wissenschaftlich beschrieben worden, spielten aber im damaligen Landbau keine Rolle. Ihre große Stunde kam erst, als die moderne Feldwirtschaft viele bisherige Regeln über Bord warf. Fruchtfolgen wurden vereinfacht und massenhaft Maispflanzen angebaut. So gibt es heute Landwirte, die immer nur zwischen Weizen und Mais wechseln. Das sind ideale Bedingungen für *Fusarium graminearum,* der beide Kulturen krank macht. Wenn noch dazu die Bodenbearbeitung bloß oberflächlich erfolgt, um die Erosion zu minimieren und Zeit und Geld zu sparen, bleiben die meisten Maisstängel nach der Ernte auf dem Feld liegen. Der Pilz überwintert darin und wechselt im nächsten Jahr direkt auf den nachfolgenden Weizen. Damit ist er ganzjährig präsent und sorgt bei Witterungsbedingungen, die für ihn günstig sind, unter anfälligen Sorten beider Kulturen für erhebliche Verluste (Tab. 2).

Tab. 2 Ernteverlust bei Weizen. Wichtige Schadpilze bei Weizen und die von ihnen verursachten durchschnittlichen Ernteverluste im nordwestlichen Europa (nach Savary et al. 2019)

Deutsche Bezeichnung	Lateinische Bezeichnung	Ertragsverlust
Gelbrost	*Puccinia striiformis*	5,8 %
Blattseptoria	*Zymoseptoria tritici*	5,5 %
Braunrost	*Puccinia triticina*	2,5 %
Echter Mehltau	*Blumeria graminis*	2,2 %
DTR-Blattflecken	*Drechslera tritici-repentis*	1,9 %
Ährenfusariosen	*Fusarium spp.*	1,8 %
Blatt- und Ährenseptoria	*Parastagonospora nodorum*	0,1 %
Summe		19,8 %

Es gibt zu jeder Kulturpflanzenart mehrere Schadpilze, die ihr mitunter stark zusetzen. Sie besiedeln entweder die Blätter und Stängel und verringern so die Fotosyntheseleistung, was meist zu kleineren Früchten oder Körnern führt, oder sie befallen direkt die Ertragsorgane (Abb. 2). *Fusarium*-Arten bilden auf Getreide zusätzlich Pilzgifte (Mykotoxine), welche für Mensch und Tier gefährlich sind. Solche Substanzen lösen Störungen von Appetitlosigkeit über Erbrechen, beeinträchtigte Immunfunktion, Unfruchtbarkeit, Nierenversagen und Totgeburten bis hin zu Krebs aus. Viele Mykotoxine hat die EU deshalb mit strengen Grenzwerten belegt, um die Risiken zu minimieren.

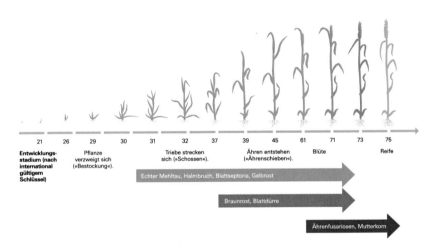

Abb. 2 Gestaffelter Angriff. Während Weizen- und Roggenpflanzen sich entwickeln, sind sie nach und nach von verschiedenen Pilzkrankheiten bedroht. (Spektrum der Wissenschaft, nach: Thomas Miedaner; Entwicklungsstadien von Weizen: Ilyakalinin/Stock. Adobe.com)

Auf maximale Erträge getrimmt –und dadurch anfällig für Pilzbefall

Der Mutterkornpilz enthält sogenannte Ergotalkaloide, die bei andauerndem Verzehr zu Durchblutungsstörungen und zahlreichen Krankheitssymptomen führen, subsumiert unter dem Begriff „Ergotismus" (früher: Antoniusfeuer). Im Mittelalter griff das Leiden epidemisch in ganzen Regionen um sich, wenn es zur Roggenblüte besonders feucht war. Heute kommt es dank gründlicher Getreidereinigung kaum noch vor – dafür dienen einige Inhaltsstoffe des Pilzes mittlerweile zur Behandlung von Migräne, Parkinson, Förderung von Wehen und zum Stillen nachgeburtlicher Blutungen, und haben so Millionen Frauen das Leben gerettet.

Die heutige Landwirtschaft setzt tendenziell auf immer weniger Pflanzenarten. Diese werden auf höchste Erträge getrimmt – durch frühe Aussaat, hohe Pflanzdichte und umfangreiche Düngergaben. Das macht die Pflanzen für Schadpilze anfällig. Wie können wir uns dagegen wehren? Zunächst einmal mit chemisch hergestellten Fungiziden, die ein breites Wirkspektrum haben und Mehltau sowie Rostpilze effektiv bekämpfen. Gegen die *Fusarium*-Arten wirken sie dagegen nicht so gut und gegen Mutterkorn gar nicht.

Darüber hinaus gibt es ackerbauliche Maßnahmen, die gegen Pilzkrankheiten helfen. Zu ihnen gehören Fruchtfolgen mit mehr aufeinander folgenden Kulturen, die sich hinsichtlich ihrer Schädlinge möglichst unterscheiden. Außerdem eine tiefgründige Bodenbearbeitung nach der Ernte, um die vom Pilz befallenen Stoppeln zu vergraben. Hinzu kommen spätere Saatzeiten, angepasste Stickstoffdüngung und die Vermeidung allzu ausgedehnter Felder mit ein und derselben Sorte – immerhin machen die derzeit drei erfolgreichsten Sorten 30 % der gesamten Weizenfläche aus. Doch all diese Maßnahmen sind entweder arbeitsintensiv oder sie kosten Geld oder sie verringern die Erträge und lassen sich deshalb mit den heutigen Tiefpreisen für Lebensmittel kaum in Einklang bringen. Darum setzen Landwirte bevorzugt auf pilzresistente Sorten.

Pflanzen verfügen durchaus über ein wirksames, mehrstufiges Abwehrsystem, wie es beispielsweise der Biologe Jan Bettgenhaeuser vom Sainsbury Laboratory in Norwich, England, und seine Kollegen und Kolleginnen beschrieben haben. Die Verteidigung beginnt mit dem generellen Erkennen feindlicher Angriffe. Bei der sogenannten Nichtwirtsresistenz (Abb. 3) nimmt der Pilz die Pflanze gar nicht erst als Wirt wahr. Alternativ identifiziert die Pflanze den Pilz an bestimmten unveränderlichen Merkmalen.

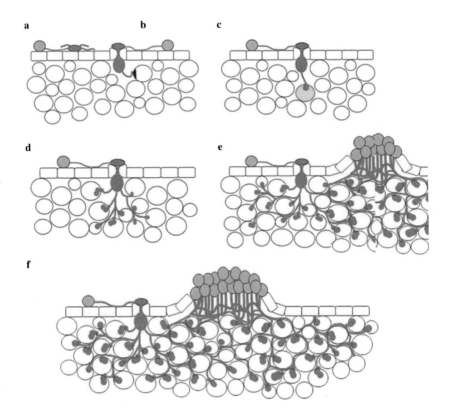

Abb. 3 Abwehrreaktionen von Pflanzen gegen Rostpilze. (A) Nichtwirtsresistenz: Der Pilz erkennt hier die Pflanze nicht als Wirt. (B) Prähaustoriale Resistenz: Der Pilz ist nicht in der Lage, sein Saugorgan (Haustorium) zu entwickeln. (C) Überempfindlichkeitsreaktion: Der Pilz besiedelt eine einzelne Zelle, die jedoch rasch abstirbt, was seine weitere Ausbreitung verhindert. (D, E) Quantitative, unvollständige Resistenz: Der Pilz nutzt mehrere Pflanzenzellen zur Nahrungsgewinnung, kann sich jedoch nicht (D) oder nur eingeschränkt (E) vermehren. (F) Anfällige Pflanze: Bildung eines Sporenlagers mit einer Vielzahl keimfähiger Sporen. (Spektrum der Wissenschaft, nach Thomas Miedaner, nach Bettgenhaeuser, J. et al.: Nonhost resistance to rust pathogens – a continuation of continua. Frontiers in Plant Science 5, 2014, Fig. 1, BY 4.0)

Sie bildet sodann rasch Abwehrstoffe, die den Schädling entweder direkt angreifen, oder die ihre eigene Zellwand so verändern, dass der Parasit nicht in der Lage ist, einzudringen. So kann der Verursacher des Echtes Mehltaus bei Gurken weder Weinreben noch Weizen befallen, obwohl beide gegenüber anderen Vertretern des Echten Mehltaus anfällig sind. Ähnlich effektiv wie die Nichtwirtsresistenz ist die prähaustoriale Resistenz. Hier „kapert" der Pilz die Pflanze zwar, schafft es aber nicht, sein Saugorgan (Haustorium) effektiv auszuprägen.

Etliche Schadpilze haben allerdings Mechanismen entwickelt, um solch grundlegende Abwehrmaßnahmen der Pflanze auszuhebeln und ein funktionierendes Saugorgan zu bilden. Gegen sie bringt das Gewächs eine weitere Verteidigungslinie in Stellung, die rassenspezifische Resistenz. Sie wirkt über einen spezifischen Erkennungsmechanismus gezielt gegen einzelne Untergruppen der Erregerarten („Rassen") und löst eine Überempfindlichkeitsreaktion gegen sie aus. Die befallenen Zellen sterben dadurch so schnell ab, dass der Pilz sich nicht weiterverbreiten kann. Die Feinderkennung funktioniert dabei nach dem Schlüssel-Schloss-Prinzip und basiert jeweils auf einem einzigen Pflanzengen, dessen Proteinprodukt mit einem Bestandteil des Pilzes wechselwirkt – ein Apparat, der sich in jahrtausendelanger Evolution entwickelt hat. Solche Resistenzen lassen sich züchterisch leicht verändern; allerdings kann auch der Pilz sie umgehen, indem er eine Mutation erwirbt, die das Schlüssel-Schloss-Prinzip aushebelt. Die spezifische Erkennung funktioniert dann nicht mehr, und die Pflanze verliert ihre Immunität. Wir kennen heute beispielsweise für die drei Rostarten des Weizens jeweils 50 bis 100 solcher Resistenzgene, von denen die allermeisten nicht mehr wirken, weil sich die Pilze inzwischen daran angepasst haben.

Es gibt noch eine dritte Abwehrfront, die quantitative Resistenz. Sie beruht auf dem Zusammenwirken verschiedener, teils unspezifischer Abwehrreaktionen. Die Pflanze schafft es damit nicht, den Pilz völlig zu vernichten; er kann weiterwachsen und sich in ihr verbreiten, mitunter sogar vermehren – aber nicht so stark wie bei einer Sorte, die überhaupt keine Widerstandskraft besitzt. Oft reicht die quantitative Resistenz aus, um größere Ertragsschäden zu verhindern. Vorteilhaft ist zudem, dass sie relativ breit gegen alle Erregervarianten wirkt. Jedoch lässt sie sich züchterisch schwer erreichen, da sie auf zahlreichen Erbanlagen mit jeweils nur kleiner Wirkung beruht. Trotzdem gibt es heute Weizensorten, die dank quantitativer Resistenz gegen die wichtigsten Schadpilze weitgehend geschützt sind und es somit erlauben, den Einsatz chemischer Pflanzenschutzmittel deutlich zu reduzieren. Dazu müssten sie freilich auch angebaut werden – und da liegt oft das Problem. Denn Landwirte stehen wegen der niedrigen Lebensmittelpreise unter enormem Kostendruck, sodass eine Sorte, die zwar resistent ist, aber ein paar Prozent weniger Ertrag erbringt, nicht am Markt bestehen kann.

Mit Sporen besprüht, um Mehrfachresistenz zu erreichen

Heute reicht es nicht mehr, Nutzpflanzensorten zu züchten, die gegen lediglich einen Parasiten unempfindlich sind. Weizen beispielsweise wird je nach Wachstumsphase von bis zu acht verschiedenen Schadpilzen besiedelt. Deshalb brauchen wir heute Sorten mit multipler Resistenz, also Unempfindlichkeit gegenüber mehreren Erregern. Mein Team untersucht an der Universität Hohenheim im Rahmen des Projekts „GetreideProtekt", finanziert vom Bundesministerium für Ernährung und Landwirtschaft, wie man planmäßig solche Sorten erzeugt. Wir besprühen Weizenpflanzen gezielt mit den Sporen dreier Pilzarten: Im April bringen wir Gelbrosterreger auf die jungen Blätter auf, im Juni *Fusarium*-Sporen direkt in die Blüten und kurz darauf Schwarzrostsporen auf die Stängel. Wenn die Witterung mitspielt (Pilze benötigen eine Mindesttemperatur und ausreichend Feuchtigkeit, um sich auf den Pflanzen zu etablieren), entwickelt der Weizen eine mehr oder weniger ausgeprägte Abwehr dagegen. Rund 10 % der eingesetzten Sorten sind hinterher gegen alle drei Erregerarten deutlich widerstandsfähiger (Abb. 4).

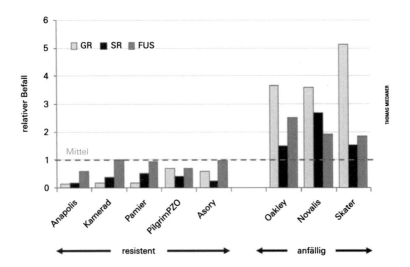

Abb. 4 Resistenzspektrum Relativer Befall (jeweils bezogen auf den Versuchsmittelwert) von acht Weizensorten mit drei Pilzkrankheiten, ausgewählt aus einem Versuch mit 280 Sorten. GR = Gelbrost; SR = Schwarzrost; FUS = Ährenfusariosen. (Thomas Miedaner)

Unsere Versuche haben gezeigt, dass sich die Resistenz gegenüber Gelb- und Schwarzrost recht gut steigern lässt, die gegen *Fusarium*-Erkrankungen dagegen weniger einfach. Das liegt daran, dass die entsprechenden Resistenzmechanismen auf wesentlich komplexere Weise vererbt werden als jene gegen die Rosterreger. Außerdem ist es schwieriger, eine gute *Fusarium*-Resistenz mit bestimmten anderen Eigenschaften wie „Kurzstrohigkeit" (kurze Halme), Frühreife und Ertrag zu kombinieren. Nichtsdestoweniger ist es bei manchen Sorten gelungen, die Mehrfachresistenz erheblich zu verbessern.

Pilze bereiten anhaltende Probleme in der Landwirtschaft, weil sie evolutionär sehr anpassungsfähig sind. Sie verfügen über mehrere Möglichkeiten, sich fortzupflanzen.

Wenn sie sich während der Vegetationsperiode auf einer Wirtspflanze festgesetzt haben und die Witterung stimmt, vermehren sie sich oft ausschließlich asexuell. Die Sporen, die sie dann zu Tausenden produzieren, sind – von Zufallsmutationen abgesehen – identisch und verbreiten sich rasch in der Umgebung. Asexuelle Vermehrung ist derart rasant, dass beispielsweise bei Braunrosterregern im Sommer alle sechs Tage eine neue Generation entsteht. So verseuchen die Pilze in kurzer Zeit ganze Regionen.

Reift die Kulturpflanze irgendwann und stirbt ab, oder werden die Witterungsbedingungen sehr ungünstig, schwindet die Ernährungsbasis des Pilzes und er stellt auf sexuelle Vermehrung um. Wenn die Hyphen (Zellfäden) von verschiedengeschlechtlichen Partnern verschmelzen, kommt es zur Bildung eines Fortpflanzungsorgans, des Fruchtkörpers. Dieser ist häufig schwarz gefärbt und in ihm entstehen die sogenannten Meiosporen. Deren Erbgut stellt eine Mischung aus den Genomen beider Partner dar – und ist in jeder Meiospore etwas anders zusammengesetzt. Die Nachkommen, die daraus entstehen, sind genetisch heterogen. Finden im nächsten Jahr einige von ihnen einen geeigneten Wirt und passen die Umweltbedingungen, gehen sie erneut zu ausschließlich asexueller Vermehrung über und verbreiten ihr Genom dabei rasch.

Manche Pilze weichen von diesem Schema ab. Rostpilze etwa vollziehen häufig einen Wirtswechsel und springen von Getreide (Hauptwirt) auf einen Zwischenwirt, wo sie ihren sexuellen Zyklus vollenden und mittels einer speziellen Sporenform wieder auf Getreide umsteigen. Von einigen Pilzen ist überhaupt kein sexueller Zyklus bekannt; andere sorgen für genetische Variation, indem die Pilzkörper verschiedener Partner ohne Meiose miteinander verschmelzen und genetische Information austauschen, was als Parasexualität bezeichnet wird.

Plantagenkiller im Tropengürtel

Pflanzliche Pilzerkrankungen verursachen in den Tropen erheblichen Schaden. Davon nehmen wir vor allem dann Notiz, wenn beliebte Lebens- und Genussmittel wie Bananen oder Kaffee betroffen sind oder wenn das Urlaubsflair leidet, weil Palmen fehlen.

Obstbananen *(Musa×paradisiaca)* können sich nicht geschlechtlich fortpflanzen: Sie besitzen keine Kerne, weshalb sie angenehm zu verzehren sind. Junge Pflanzen entstehen üblicherweise als Seitensprosse von älteren Exemplaren. Heute beschleunigt man ihre Vervielfältigung mithilfe von Zell- und Gewebekulturen im Labor. Darum bestehen aktuelle Bananensorten, die hier zu Lande auf den Markt kommen, aus praktisch identischen Klonen, die so gut wie keine genetische Variation besitzen. Das macht sie anfällig für Pilzkrankheiten.

Schon in den 1960er Jahren fiel die damals beliebteste Bananensorte Gros Michel dem Pilz *Fusarium oxysporum* zum Opfer. Eine andere Sorte aus Südchina (Cavendish) erwies sich als resistent und ersetzte weltweit die alte Variante. Jetzt ist auch sie bedroht, denn der Pilz hat durch Mutationen einen neuen Erregertypus hervorgebracht, die „Tropische Rasse 4". Diese tauchte Ende der 1990er Jahre in Taiwan auf und hat heute Südostasien fest im Griff. Zudem ist sie auf die Arabische Halbinsel und nach Ostafrika vorgedrungen. Die in Deutschland verzehrten Bananen stammen hauptsächlich aus Mittel- und Südamerika – eine Region, die der Schadpilz noch nicht erreicht hat. Aber das ist beim weltweiten Handel nur eine Frage der Zeit.

Andere Formen derselben Pilzart bedrohen weiterhin Dattel- und Ölpalmen, bei denen sie die sogenannte *Fusarium*-Welke auslösen. Die betroffenen Pflanzen sterben langsam ab. In Marokko und Teilen Algeriens hat der Schädling bereits die besten Dattelpalmensorten vernichtet, im Westen Afrikas verhindert er den Anbau von Ölpalmen. In Sydney und Los Angeles infizierte er zehntausende Dattelpalmen, die als dekorative Straßenbäume dienten; die Pflanzen mussten gefällt werden. Auch die Kanarische Dattelpalme im Mittelmeerraum, die wir von unseren Urlaubsreisen kennen, ist bedroht.

Beim Kaffee bereitet ein Rostpilz erhebliche Probleme, die Art *Hemileia vastatrix;* „vastratrix" bedeutet Verwüsterin. Der Schädling machte diesem Namen schon im 19. Jahrhundert alle Ehre, indem er den damals auf Ceylon (heute Sri Lanka) florierenden Kaffeeanbau durchkreuzte; die gesamte Insel musste auf Teeproduktion umsteigen. Der Rostpilz verbreitete sich allmählich über Südostasien und Afrika; in den 1970er Jahren erreichte er die großen Kaffeeanbaugebiete Mittel- und Südamerikas. Hier gelang es, ihn durch Fungizideinsatz und Züchtung resistenter Sorten jahrzehntelang in Schach zu halten. Weil die Kaffeepreise auf dem Weltmarkt aber stark fielen, konnten sich die Kleinbauern das Arsenal bald nicht mehr leisten. Seit 2008 kommt es immer wieder zu großen Epidemien, zuletzt zwischen 2012 und 2014. Dabei traten durchschnittliche Ertragsausfälle von 10 bis 45 % auf; in Einzelfällen ging die Ernte komplett verloren.

Für Familien, die nur vom Kaffeeanbau leben, ist so etwas eine Katastrophe. Und der Klimawandel verschärft das Problem: Die steigenden Temperaturen sorgen dafür, dass der Rostpilz sich auf Kaffeeplantagen in immer höheren Lagen verbreiten kann. Das gefährdet vor allem die qualitativ hochwertigen

Arabica-Sorten, die nur auf hoch gelegenen Plantagen gedeihen. Rostresistente Robusta-Sorten wachsen dagegen auch im wärmeren Tiefland und dürften deshalb künftig eine stärkere Rolle auf dem Weltmarkt spielen. Freilich gelten sie als geschmacklich minderwertiger.

Schadpilze profitieren bei Bananen und Kaffee enorm davon, dass diese tropischen ausdauernden Pflanzen in riesigen Monokulturen angebaut werden, auf denen über Jahrzehnte hinweg etliche Millionen Exemplare stehen, die genetisch so gut wie identisch sind. Die Verbreitung der Schädlinge lässt sich daher womöglich verlangsamen, indem man Sortenmischungen anbaut, wie es für Kaffeeplantagen in Kolumbien versucht wird.

Die Masse macht's

Es gibt einen weiteren Grund, warum Pilze evolutionär sehr erfolgreich sind: Sie treten in unvorstellbaren Mengen auf. Ein einziger Mehltau-Fruchtkörper beherbergt hunderte Sporen; auf einem Hektar Ackerfläche mit anfälliger Sorte kommen bis zu zehn Milliarden Sporen vor. Nutzpflanzen wie Weizen werden auf Millionen Hektar in hoher Dichte angebaut – da wundert es nicht, dass irgendwann eine Spore dabei ist, die aufgrund einer Mutation eine einfach vererbte Pilzresistenz überwindet. Das verschafft ihr einen Selektionsvorteil, weshalb sie sich in der Population meist rasch durchsetzt. Bei quantitativen Resistenzen dauert die Anpassung der Pilze hingegen deutlich länger.

Zudem können Pilzsporen beträchtliche Strecken zurücklegen – mit dem Wind, aber auch weltweit mit Handelsgütern wie Saatgut und Ernteprodukten. Beispielsweise kam im Jahr 2011 eine gefährliche Variante von Gelbrosterregern aus dem Himalajagebiet nach Europa. Wie sie das schaffte, ist bis heute nicht klar. Zuerst befiel sie die britische Weizensorte „Warrior", weshalb auch sie selbst so benannt ist. Den martialischen Namen bekam sie zu Recht: Schon ein Jahr nach ihrer Entdeckung in Europa ging rund die Hälfte aller hiesigen Gelbrosterkrankungen auf ihr Konto, wie ein Team um den Agroökologen Mogens Hovmøller von der Universität Aarhus (Dänemark) gezeigt hat. Die Fachleute waren verblüfft, wie schnell und gründlich „Warrior" die einheimischen, seit Jahrzehnten etablierten europäischen Gelbrostrassen verdrängte. Sie vermehrt sich rascher und aggressiver als diese, infiziert Weizen sowie Triticale und überwindet diverse Resistenzen. Das zeigt, wie notwendig es ist, in der Pflanzenzüchtung ständig mit der Evolution und dem Einwandern invasiver Arten Schritt zu halten. Neue

Techniken wie die Genomeditierung mit dem Werkzeug CRISPR-Cas helfen uns hoffentlich, schneller zu werden als die Schadpilze.

Dank ihrer Eigenschaften sind Pilze hochflexibel und passen sich an resistente Pflanzen ebenso wie an Fungizide an. Ein Paradebeispiel sind die Strobilurine, eine völlig neue Fungizidklasse, die 1996 erstmals zugelassen wurde. Vier Jahre später traten beim Echten Mehltau die ersten resistenten Stämme auf, weitere vier Jahre darauf erschienen unempfindliche Erreger der Pilzerkrankung *Septoria*-Blattdürre. So war im April 2004 in Nord- und Nordwestdeutschland bereits jede zweite Probe dieser Schädlinge unempfindlich gegen die Fungizide; die Pflanzenschutzmittel wirkten nur noch im Süden Deutschlands – etwa in Bayern, wo zu jenem Zeitpunkt lediglich rund 3 % der untersuchten Sporen eine Resistenz aufwiesen. Nur 16 Monate später war dieser Anteil dort auf 40 % gestiegen, während er in Norddeutschland bei fast 100 % lag. 2006 wirkten die Strobilurine deutschlandweit überhaupt nicht mehr gegen Erreger von Mehltau und *Septoria*-Blattdürre. In ähnlicher Weise passten sich weitere Pilzarten an; heute richten Strobilurine nur noch gegen Rostpilze etwas aus.

Die rasche und vielgestaltige Vermehrung, die riesige Individuenzahl, die große genetische Heterogenität, die enorme Anpassungsfähigkeit und die weite Verbreitung erklären, warum Pilze uns anhaltende Probleme bereiten. Landwirte müssen immer wieder neu ausloten, wie sich diese Schädlinge am besten bekämpfen lassen: mit neu entwickelten Fungiziden, gezielten pflanzenbaulichen Maßnahmen und resistenten Sorten.

Auch künftig werden wir mit Schadpilzen konfrontiert sein. Durch den globalen Klimawandel verschiebt sich nur deren Spektrum. Kältebeständige Arten werden nach Norden migrieren, wie beim Erreger der Blatt- und Ährenseptoria Bettgenhaeuser schon heute zu beobachten. Wärmetolerante Spezies dürften aus dem Süden einwandern, was etwa bei den Mais-Blattkrankheiten offensichtlich ist. Die Infektionszeiten von Pilzen, die einen hohen Feuchtebedarf haben, werden sich in die wärmer werdenden Winter verschieben (Blattseptoria), während sich andere Schädlinge an die höheren Frühjahrs- und Sommertemperaturen adaptieren (Gelbrost) oder neu darauf einstellen (Schwarzrost).

Literatur

Bettgenhaeuser, J. et al.: Nonhost resistance to rust pathogens – a continuation of continua. Frontiers in Plant Science 5, 2014

Corredor-Moreno, P., Saunders, D.: Expecting the unexpected: Factors influencing the emergence of fungal and oomycete plant pathogens. New Phytologist 225, 2020

Hovmøller, M. S. et al.: Replacement of the European wheat yellow rust population by new races from the centre of diversity in the near-Himalayan region. Plant Pathology 65, 2016

Kislev, M. E.: Stem rust of wheat 3300 years old found in Israel. Science 216, 1982

Savary, S. et al.: The global burden of pathogens and pests on major food crops. Nature Ecology and Evolution 3, 2019

Literaturtipp

Miedaner, T. (Hrsg.): Management von Pilzkrankheiten im Ackerbau. Erling, 2018

Das Buch befasst sich mit wichtigen Pilzkrankheiten in den Hauptkulturen Getreide, Mais, Raps, Zuckerrübe und Kartoffeln. Es zeigt auf, welche Maßnahmen dagegen zu ergreifen sind, und richtet sich an Landwirte, Mitarbeiter in der Landwirtschaftsverwaltung sowie Studenten.

Aus Spektrum der Wissenschaft 7.21

Thomas Miedaner *ist Pflanzenwissenschaftler an der Universität Hohenheim. In der dortigen Landessaatzuchtanstalt leitet er die Arbeitsgebiete Roggen und Biotischer Stress. Seine Spezialgebiete sind molekulare Züchtung und Resistenzgenetik bei Roggen, Triticale, Weizen und Mais.*

Massensterben im Olivenhain

Alison Abbott

Europas Olivenbäume fallen einer verheerenden Krankheit zum Opfer. Mit schuld daran sind offenbar die italienischen Behörden: Laut EU-Kommission gab es schwere Versäumnisse.

Ein teuflischer Pflanzenschädling wütet in Süditalien und zerstört nach und nach die uralten Olivenhaine Apuliens. Nun wandert er immer mehr nordwärts und bedroht auch den Rest Europas. Laut Ergebnis eines Audits der Kommission Ende Mai 2017 haben es die italienischen Behörden wohl versäumt, die Ausbreitung der Infektion über das Jahr 2016 zu verfolgen und die mit der Europäischen Kommission vereinbarten Eindämmungspläne umzusetzen. Die Wissenschaftler aus der Region wundert es gar nicht, dass nun die offizielle Rüge kam. Seitdem das Bakterium *Xylella fastidiosa* – in Deutschland auch Feuerbakterium genannt – vor etwa vier Jahren als Ursache des Olivenbaumsterbens ins Gespräch kam, wurden sie immer wieder behindert in ihren Bemühungen, die Krankheit in den Griff zu bekommen.

„Die ganze Situation ist lächerlich", sagt der Pflanzenpathologe Giovanni Martelli von der Universität Bari in Nordapulien. „Die Behörden waren einfach immer zu langsam, wenn rasche Aktionen nötig gewesen wären", kritisiert er. Der Schädling stammt wahrscheinlich aus Amerika, wo er endemisch ist. In Europa war er noch nie aufgetreten, bis er im Jahr 2013 erstmals in Apulien entdeckt wurde. Eine Abhilfe gibt es bis heute nicht.

A. Abbott (✉)
München, Deutschland
E-Mail: alison.abbott.consultant@springernature.com

Laut den Wissenschaftlern verursachte *Xylella* schon damals an den Olivenbäumen Apuliens die Krankheit OQDS, „olive quick decline syndrome" – auch wenn dies von etlichen Gegnern der These immer noch bezweifelt wird. Im Jahr 2015 protestierten verärgerte Umweltaktivisten gegen das Fällen der uralten Olivenbäume und brachten sogar einen lokalen Staatsanwalt dazu, eine offizielle Untersuchung darüber einzuleiten, ob die Infektion nicht eher von den Forschern selbst verursacht würde.

Behörden behindern Forscher

Die Kommission veröffentlichte am 31. Mai ihre Untersuchungsergebnisse und listete dabei eine ganze Reihe von Versäumnissen der italienischen Behörden auf. Ihrer Meinung nach wurde nicht nur das systematische Monitoring der Infektion zu spät begonnen, auch die infizierten Bäume wären nur mit „extremer Verzögerung" beseitigt worden. Darüber hinaus zeigt der Bericht, dass die nationalen und regionalen Behörden bisher lediglich etwas mehr als die Hälfte der bereitgestellten zehn Millionen Euro für Eindämmungsmaßnahmen ausgegeben haben. „Nature" hat noch weitere Hinweise auf sehr träge Reaktionen. So wurden in den italienischen Labors im Jahr 2016 fast keine Proben von *Xylella* aufgearbeitet, weshalb das Monitoring mehr oder weniger stillstand. Auf Anfragen hierzu haben die Behörden nicht geantwortet.

Nachdem inzwischen bekannt ist, dass die Subspezies *X. fastidiosa pauca* die Krankheit OQDS verursacht, fürchtet die Kommission um die gesamte europäische Olivenindustrie, sollte der Schädling nicht in den Griff zu bekommen sein. Aber nicht nur das: Die Kommission koordiniert seit einiger Zeit ein neues Monitoring, bei dem inzwischen weitere Subspezies von *Xylella* in anderen Ländern der EU entdeckt wurden. So gaben die spanischen Behörden im Mai 2017 das Auftreten der am meisten gefürchteten Spezies *X. fastidiosa fastidiosa* bekannt, die die Pierce-Krankheit hervorruft und immer wieder ganze Weinrebenbestände in Kalifornien vernichtet. Nun wurde der Erreger auf Weinstöcken im spanischen Mallorca gefunden. Auch wenn er dort noch relativ gut zu beherrschen war, befürchten die Wissenschaftler, dass bisher unbekannte Subspezies Epidemien auch in anderen Obstkulturen auslösen könnten.

Die Kleinstadt Oria machte jetzt vor, was der Kampf gegen die Zerstörungen durch *Xylella* in den süditalienischen Olivenhainen bedeutet. Vor zwei Jahren ketteten sich Umweltschützer an einige uralte Bäume, um deren Rodung zu verhindern – und gewannen einen Pyrrhussieg: *Xylella* wurde als endemisch erklärt, und die Bäume der ganzen Gegend sterben langsam ab. Der Streit in Oria begann aber erst richtig, als Italien Anfang 2015 den Notstand ausrief und den General der Militärpolizei Giuseppe Silletti einsetzte, der harte Eindämmungsmaßnahmen umsetzte, im Zuge derer auch gesunde Bäume im Umkreis der befallenen Exemplare gefällt werden sollten.

Oria wurde zum Hotspot des Protestes

Wie von den EU-Regularien gefordert, erstellte Silletti eine Karte der betroffenen Regionen und setzte eine 20 km breite Pufferzone fest, die im Wesentlichen frei von Infektionen war und deren Bäume von den Behörden besonders aufmerksam beobachtet werden sollten. Oria am nördlichen Rand wurde daraufhin zum Hotspot des Protestes. Apuliens Staatsanwalt hob im Verlauf seiner Ermittlungen die Anweisung zur Vernichtung der Bäume wieder auf, und Silletti trat im Dezember 2015 zurück, weil sein Plan zur Eindämmung der Epidemie von allen Seiten blockiert worden war. Erst im Juli 2016, als die Kommission mit Anklage gegen Italien beim Europäischen Gerichtshof drohte, wurde die Entscheidung des Staatsanwalts wieder rückgängig gemacht.

Doch die Bemühungen zur Infektionskontrolle sahen sich auch noch anderen Hürden gegenüber. Anfang 2016 verkündete Apuliens Regionalgouverneur Michele Emiliano die Ablösung von Sillettis Notfallgruppe durch eine andere Arbeitsgruppe, deren genaue Zusammensetzung und Aufgabenstellung nie öffentlich gemacht wurde. Im April legte die Kommission dann eine neue, nördlicher gelegene Eindämmungszone fest, die anfangs noch frei von Schädlingen war. Die südlichste Spitze Apuliens war damit als Region mit endemischer *Xylella*-Infektion abgeschrieben. Doch wie die Auditoren der Kommission bei ihrem Besuch in Apulien im November 2016 feststellen mussten, hatte das Monitoring der Olivenbäume überhaupt erst Ende August begonnen, wodurch das Risiko einer Ausbreitung der Infektion gestiegen war. Nun wurde zumindest ein Teil der Daten des ausgiebigen Monitorings von Ende 2016 veröffentlicht, wobei schon fast 900 *Xylella*-positive Proben von Pflanzen aus der neuen Eindämmungszone ans Licht kamen.

Die Kommission investierte bisher etwa zehn Millionen Euro in internationale Forschungsprogramme zur Untersuchung von *Xylella*, doch die Region Apuliens ist bis jetzt ihrem Versprechen nicht nachgekommen, die lokale Forschung zu unterstützen. Nach einem Aufruf zur Antragseinreichung 2016 wurden im September Projekte in der Summe von 2,5 Mio. € angekündigt; doch die beteiligten Wissenschaftler haben bis heute kein Geld erhalten.

Umweltschützer reichen Beschwerde ein

So mancher Protestler will immer noch nicht glauben, dass *Xylella* wirklich die Ursache für OQDS ist. Die Untersuchungen des Staatsanwalts gegen Apuliens Wissenschaftler werden eingestellt, wenn bis Juli 2017 keine Anklage erhoben wird. Mitte Mai 2017 reichten dann ein paar Umweltschützer eine neue Beschwerde bei der Staatsanwaltschaft ein. Ihrer Meinung nach seien die Forschungsprogramme ungerecht verteilt, weil andere mögliche Ursachen der Infektion wie Pilze außer Acht gelassen würden (auch wenn die Kommission diese Möglichkeit bereits ausgeschlossen hat).

In der Zwischenzeit wurden die Überwachungsmaßnahmen ausgeweitet und Subtypen von *Xylella* in Frankreich, Deutschland, der Schweiz und auf den spanischen Balearen einschließlich Mallorca entdeckt, wo der lebhafte Tourismus das Risiko einer Ausbreitung noch fördert. „Wir sind sehr besorgtis", sagt Cinta Calvet, die ein Pflanzenschutzprogramm am IRTA, Kataloniens Institut für Agrarforschung und Technologie in Barcelona, leitet. Die Stadt ist zweifelsohne Drehkreuz für die Besucher der Balearen. Etliche Forscher der EU sind sich angesichts der inzwischen bekannt gewordenen Vielfalt an Subspezies einig, dass *Xylella* vermutlich nicht einmal, sondern schon mehrfach nach Europa eingeschleppt wurde – und dass dies auch noch häufiger geschehen wird. Wie außerdem gezeigt wurde, wechseln die relevanten Gene „ziemlich leicht" zwischen verschiedenen Subspezies hin und her, sagt Rodrigo Almeida, der in Berkeley an der University of California an *Xylella* forscht und die Arbeiten seines Teams im März 2017 veröffentlichte. Seiner Meinung nach steigert der Genflow das Risiko, dass verschiedene Subspezies miteinander rekombinieren und so noch stärker pathogene Varianten von *Xylella* entstehen – ein Grund mehr, den Ausbruch in Italien schleunigst in den Griff zu bekommen.

Trotz alledem gibt es auch gute Nachrichten. Die Wissenschaftler in Apulien haben zwei relativ resistente Olivenbaumarten entdeckt. Die Kommission schlug deshalb vor, diese in den Infektionsgebieten anzupflanzen, um dort die toten Bäume zu ersetzen. Bis allerdings vollständig resistente Bäume zur Verfügung stehen, könnte es noch mehr als ein Jahrzehnt dauern, fürchtet Martelli.

Dieser Artikel erschien unter dem Titel „Italy rebuked for failure to prevent olive-tree tragedy" bei „Nature".
Aus Spektrum.de Hintergrund, 05.07.2017
https://www.spektrum.de/news/xylella-zerstoert-europas-olivenhaine/1478793

Alison Abbott ist leitende Europakorrespondentin für „Nature".

Bakterium *Xylella fastidiosa:* Gefährlicher Pflanzenschädling stammt aus Kalifornien

Robert Gast

Ein hartnäckiger Schädling macht unter anderem italienischen Olivenhainen und spanischen Mandelbäumen zu schaffen. Nun haben Forscher entschlüsselt, wie er nach Europa kam.

Seit Jahren sorgen Bakterien der Art *Xylella fastidiosa* für Schlagzeilen: Wissenschaftler machen sie unter anderem für das verheerende Olivenbaumsterben in Italien verantwortlich. Auch in Spanien und Frankreich ist eine Unterart des Bakteriums aufgetaucht. Nun haben Wissenschaftler um Blanca Landa vom Institut für Nachhaltige Landwirtschaft in Cordóba, Spanien, das Erbgut der *X. fastidiosa*-Unterart *multiplex* aus verschiedenen Erdteilen verglichen. Sie hat unter anderem spanische Mandelbäume und italienische Feigenbäume infiziert.

Den Forschern zufolge kommt der Schädling aus Kalifornien, wie sie im Fachmagazin „Applied and Environmental Microbiology" berichten. Von dort sei er mehrfach nach Europa eingeführt worden, vermutlich durch Pflanzenhandel.

Den eigentlichen Ursprung hat die Epidemie aber wohl im Südosten der USA: Dort sei die Vielfalt von *X. fastidiosa*-Stämmen am größten. Die Wissenschaftler betonen, dass Schädlingsübertragung eines der Risiken des globalen Pflanzenhandels sei – und plädieren für bessere Kontrollmechanismen. Um die weitere Ausbreitung des Bakteriums zu verhindern, müsse man auch mehr über die bisherigen Wege von *X. fastidiosa* lernen.

R. Gast (✉)
Berlin, Deutschland
E-Mail: robert.gast@zeit.de

39

E. Gottfried (Hrsg.), *Landwirtschaft – Wege aus der Krise*,
https://doi.org/10.1007/978-3-662-64960-2_6

Aus Spektrum.de News, 27.11.2019

https://www.spektrum.de/news/gefaehrlicher-pflanzenschaedling-stammt-aus-kalifornien/1688550

Robert Gast ist Physiker und war Redakteur bei „Spektrum.de" und „Spektrum der Wissenschaft".

Kakao: Die größte Bedrohung, seit es Schokolade gibt

Roman Goergen

In den kommenden 10 bis 30 Jahren könnte Schokolade zur Mangelware werden. Vom Klimawandel geschwächte Kakaobäume in Westafrika sind immer öfter von Seuchen befallen. Forscher sorgen sich dabei besonders über einen Ausbruch der Swollen-Shoot-Krankheit in Ghana.

Die Vorhersage klingt für Schokoladenliebhaber wie die Ankündigung des Weltuntergangs: Schon im Jahr 2030 werden Kakaoproduzenten den weltweiten Bedarf nicht mehr decken können. Bis zu zwei Millionen Tonnen Kakao werden fehlen. In den darauffolgenden 20 Jahren wird der Klimawandel in Westafrika den Anbau zusätzlich erschweren.

Die Region ist derzeit für rund drei Viertel der weltweiten Kakaoproduktion verantwortlich. „Die für 2050 in Westafrika prognostizierten höheren Temperaturen werden wahrscheinlich nicht mit mehr Niederschlag einhergehen", warnt die amerikanische Wetter-und Ozeanografiebehörde NOAA. Die NOAA bezieht sich mit dieser Aussage unter anderem auf Studien des International Center for Tropical Agriculture (CIAT) und berechnet auf dieser Basis, dass 2050 in Ghana und der Elfenbeinküste, den beiden größten Kakaoproduzenten, fast 90 % der derzeitigen Ertragsflächen nicht mehr geeignet sein werden und der gesamte Anbau auf Hochlagen stattfinden müsse.

„Diese Prognosen zirkulieren schon seit einer Weile. Aber jetzt sehen wir, dass der Klimawandel in Westafrika die Realität ist", sagt Judith Brown,

---

R. Goergen (✉)
Thermopylae Gate, Boston, Vereinigtes Königreich

E. Gottfried (Hrsg.), *Landwirtschaft – Wege aus der Krise*,
https://doi.org/10.1007/978-3-662-64960-2_7

eine Pflanzenvirologin von der University of Arizona. „Die Kakaobäume dort sind unter Stress, weil sie keinen Regen mehr erhalten, wenn sie ihn benötigen. Und später im Jahr ist es dann zeitweise zu viel Regen", erläutert die Virenforscherin. Doch damit nicht genug: Aggressive Krankheiten, die dem Kakao in Afrika schon seit fast einem Jahrhundert zu schaffen machen, würden den bereits geschwächten Bäumen noch mehr schaden, sagt Brown. „Wenn zu den Effekten des Klimawandels die derzeit großen Auswirkungen von Pflanzenviren, Pilzbefall und Schädlingen hinzukommen, gelangen wir zu einer erschreckenden Lage."

Kakaoseuche reduziert Anbau massiv

Die momentan wohl größte Gefahr geht dabei von der Cacao Swollen Shoot Disease aus, kurz CSSD. Ein schon seit einigen Jahren andauernder Ausbruch der Seuche in Ghana hat 2019 seinen Höhepunkt erreicht und dazu geführt, dass das Land seine Lieferzusagen an den Weltmarkt für Kakao nach unten korrigieren musste. Dort sind bereits bestätigte 16 % aller Kakaobäume infiziert. Die tatsächliche Zahl liegt nach Einschätzung von Brown noch höher, da die Symptome der Krankheit erst nach ein bis drei Jahren deutlich zu sehen sind. Wissenschaftler versuchen zu verhindern, dass die Seuche auf die Gewächse der Elfenbeinküste übergreift, den weltweit mit Abstand größten Kakaoproduzenten.

Die Kakaopflanze stammt ursprünglich aus dem Amazonas-Becken und wurde zunächst in Zentralamerika und dem südlichen Mexiko angebaut. Portugiesen brachten die Pflanze erstmals Mitte des 19. Jahrhunderts nach Westafrika. Kolonialmächte wie Portugal, England und vor allem Frankreich begannen schließlich um 1930 mit kommerziellem Anbau in der Region.

Die klimatischen Bedingungen Westafrikas mit hohen Temperaturen und viel Niederschlag machten die Gegend schnell zum Weltführer im Anbau der Pflanze, die nur jeweils bis zu 20 Grad nördlich und südlich des Äquators wachsen kann. Nach fünf bis sieben Jahren entwickelt der Kakaobaum seine Früchte, die an einen Rugbyball erinnern. Aus deren gerösteten Samen, den Kakaobohnen, wird Kakaopulver hergestellt.

50 Mio. Menschen sind abhängig vom Kakaoanbau

Allein die Elfenbeinküste und Ghana produzieren inzwischen rund die Hälfte des (gesamten) Kakaos weltweit. Nach Angaben des Marktforschungsinstituts Zion Market Research hatte der internationale Handel mit Kakao 2017 einen Wert von rund 103 Mrd. $, 2024 soll der jährliche Handel ein Volumen von über 161 Mrd. erreichen. Die wirtschaftliche Abhängigkeit westafrikanischer Staaten von diesen Verkäufen ist enorm. In der Elfenbeinküste leben mehr als 600.000 Kleinbauern vom Anbau, und rund sechs Millionen Menschen arbeiten in der Kakaoindustrie.

Weltweit leben nach Statistiken der Stiftung World Cocoa Foundation (WCF) rund 50 Mio. Menschen von der Kakaoindustrie. „Viele Menschen im ländlichen Westafrika leben in extremer Armut und sind für ihr Einkommen beinahe völlig vom Kakao abhängig", warnt Brown. Ein von Klimawandel und Pflanzenkrankheiten verursachter Niedergang der Industrie könnte nach Browns Einschätzung zu schweren Unruhen und politischer Instabilität führen.

Forscher haben sich vorgenommen, die schlimmsten Bedrohungen des Kakaos genauer zu untersuchen. Judith Brown und Kollegen beschäftigten sich in einer im Juli 2019 in der Fachzeitschrift Phytopathology erschienenen Analyse mit den gefährlichsten Krankheiten. Die Autoren warnen eindrücklich: „Die Aktivitäten des Menschen stellen die größte Gefahr für die Verbreitung dieser Pathogene dar." Mitautor und Pflanzenpathologe Jean-Phillipe Marelli betont: „Krankheiten und Schädlinge zerstören schon jetzt jährlich mehr als ein Drittel der weltweiten Kakaoernte."

Marelli erforscht diese Krankheiten an dem vom Schokoriegelhersteller Mars und dem amerikanischen Landwirtschaftsministerium USDA betriebenen Kakaolabor in Miami. 2008 gelang es den dort ansässigen Forschern in Zusammenarbeit mit weiteren Labors, darunter auch das von Judith Brown, die DNA des Kakaos zu entschlüsseln. Eine vollständige Genomsequenz des Kakaos wurde online publiziert. Von solchem Wissen erhoffen sich die Forscher auch bessere Mittel im Kampf gegen Krankheiten.

Der Kakaobaum hat keine natürliche Resistenz gegen die Seuche

Die Seuche CSSD sei besonders gefährlich für den Kakao, weil die meisten Badnaviren, die sie verursachen, in Afrika vorkommen, sagt Jean-Phillipe Marelli, die Pflanze selbst aber aus Lateinamerika stamme. „In seiner Entwicklung im Amazonas und bei der späteren Kultivierung in Zentralamerika war der Kakaobaum nie den afrikanischen Viren ausgesetzt und konnte deswegen auch keine natürliche Resistenz gegen die Krankheit entwickeln", so Marelli.

Der erste wissenschaftlich dokumentierte Ausbruch der Swollen-Shoot-Krankheit fand 1936 in Ghana statt. „Innerhalb von sieben Monaten hatte die Seuche ein Kakaoanbaugebiet von über 500 km^2 vernichtet", schreibt WCF-Direktor Hervé Bisseleau in einem Beitrag für die Stiftung. Damals fanden Wissenschaftler heraus, dass die Badnaviren von Schmierläusen übertragen werden, die von heimischen Baumarten aus den Kakao befielen.

Nach einer Inkubationszeit von bis zu sieben Wochen kann der Baum erste Symptome zeigen: Die Venen seiner Blätter verfärben sich oder verändern ihre Muster. Später schwellen der Stamm und junge Triebe an (shoot swelling), was der Krankheit ihren Namen gibt. Im ersten Jahr verringert sich das Wachstum von Früchten um 25 %. Sie entwickeln weniger Bohnen, die auch oft von niedriger Qualität sind. Der Baum stirbt nach ein bis drei Jahren. „Weil die Symptome oft erst spät erkannt werden und die Bäume relativ langsam sterben, tragen die Bauern häufig zur Verbreitung der Viren bei, indem sie das Saatgut kranker Bäume weitergeben", so Bisseleau.

Obwohl CSSD bereits in der ersten Hälfte des 20. Jahrhunderts auftrat, war die Krankheit für die gesamte Kakaoproduktion nie so gefährlich wie jetzt. Angetrieben von der Nachfrage in neuen Absatzmärkten wie China und Indien, wo Schokolade früher weniger konsumiert wurde, wachsen die Kakaoplantagen in Westafrika immer weiter. Mehr Kakaobäume bieten jedoch den Badnaviren auch mehr Wirte zur Verbreitung der Seuche.

Viele Wirte und Spezies

In einer Analyse von 2016, die untersucht, ob die sofortige Entfernung und Vernichtung kranker Bäume und ihrer Nachbarpflanzen in Ghana seit 1946 die Verbreitung der Viren stoppen konnte, stießen Forscher um George Ameyaw vom Kakaoforschungsinstitut von Ghana auf ein weiteres

Problem: Die verarmten Bauern akzeptierten lieber die geringen Erträge infizierter Bäume bis zu deren Tod, als diese sofort zu vernichten – zumal die Regierung für entfernte Bäume keine Kompensation bot. „Hinzu kommt: Es ist inzwischen klar, dass eine ganze Reihe verschiedener Spezies des Badnavirus die Krankheit auslösen. Diese verursachen regional sehr unterschiedliche äußere Symptome, was das Erkennen weiter erschwert", sagt George Ameyaw.

Noch 1999 gingen Wissenschaftler von nur einer Virusspezies aus, dem Cacao-swollen-shoot-Virus (CSSV). Mit dem Fortschritt in der Genforschung konnten seither immer mehr Spezies nachgewiesen werden. Bei einer umfangreichen Studie in der Elfenbeinküste 2017 konnten die gängigen Testmethoden – inklusive DNA-Sequenzierung für die bislang bekannten Spezies – allerdings nur in 50 % der Bäume, die eindeutige Symptome aufwiesen, Badnaviren auch identifizieren.

Im Juni 2019 verglichen Brown und Kollegen in einer Studie 82 Genomsequenzen des Virus. Noch 2015 seien lediglich sieben Sequenzen bekannt gewesen, so Brown: „Es wurde angenommen, dass sie nur eine Spezies des Virus repräsentieren." Die Forscher gehen jetzt davon aus, dass es weltweit zehn verschiedene Spezies des Badnavirus gibt, die CSSD verursachen können, vielleicht sogar mehr. „Zum ersten Mal erkennen wir nun, dass es vielfältige Spezies, verschiedene Wirte und verschiedene Quellen gibt", so Brown.

Man kann der Krankheit nicht davonlaufen

All dies müsse erst in neue Testmethoden und -geräte einfließen. An der University of Queensland in Australien arbeiten Forscher derzeit an einem mobilen DNA-Test-Gerät, das die Bauern direkt an den Bäumen anwenden können. Doch die Testphase ist noch nicht abgeschlossen. Vorläufige Methoden für das Labor, die von amerikanischen Forschern wie Brown und Marelli entwickelt wurden, können derzeit fünf der westafrikanischen Spezies nachweisen.

Schokolade könnte bald knapp werden

Die Kakaopflanze, aus der die Rohstoffe für Schokolade stammen, ist ein empfindliches Gewächs und braucht ein geeignetes Klima. Modelle sagen zum Beispiel für die Kakaoregion Elfenbeinküste/Ghana einen Temperaturanstieg von über einem Grad bis 2030 voraus. Kakaoplantagen liegen bevorzugt in feuchten Regionen mit Jahresmitteltemperaturen zwischen 22 und

25 Grad – bei einer weiteren Erwärmung verschieben sich die für den Kakao-anbau geeigneten Regionen in größere Höhen, wo es kühler ist. Und da Berge zum Gipfel hin meistens schmaler werden, schrumpfen die Anbauflächen dort drastisch. Außerdem ist *Theobroma cacao* sehr anfällig für Schädlinge und Pilzinfektionen. Dass die Kakaobohne in ihrer Herkunftsregion Mittel-amerika global nur noch eine geringe Rolle spielt, dafür ist zum Teil der Pilz *Moniliophthora perniciosa* verantwortlich. Andere Pilze verursachen erheb-liche Ernteverluste in Westafrika. In Asien richten die Larven der Miniermotte enormen Schaden an. Die meisten Kakaobauern sind schlicht zu arm, um Schädlinge effektiv zu bekämpfen.

In der Zwischenzeit bleiben die althergebrachten Methoden zur Bekämpfung. Doch Brown ist skeptisch. „Die infizierten Bäume abzuholzen, funktioniert einfach nicht mehr", so die Expertin. So würde nach und nach alles abgeholzt, und es bliebe kein Platz mehr zum Ausweichen. „Elfenbein-küste und Ghana haben versucht, der Krankheit davonzulaufen, indem sie Plantagen immer weiter entfernt von den ursprünglichen Ausbruchsherden errichten. Nun wird aber klar, dass die Krankheit auch auf diesen neuen Plantagen auftritt", so Brown.

Stattdessen die Überträger zu bekämpfen, scheint kaum Chancen zu bieten. Schmierläuse sind wenig erforscht, der Einsatz von Pestiziden aus Gründen des Umweltschutzes problematisch. „Und selbst wenn Schädlings-bekämpfungsmittel eingesetzt würden, haben die Läuse effektive Schutz-mechanismen", berichtet Brown. Ameisen, die Schmierläusen melken, helfen bei der Verbreitung der Viren, indem sie die Schädlinge von Baum zu Baum transportieren. Außerdem verstecken sie die Schmierläuse unter einer feinen Schicht Erde, wodurch Pestizide sie nur schwer erreichen können.

Genetische Veränderung soll Kakao resistenter machen

Jean-Phillipe Marelli arbeitet in der Elfenbeinküste an einem anderen Ansatz: Zusammen mit der Regierung und dem World Agroforestry Center erstellt er sogenannte grüne Barrieren, die einen Gürtel um die Kakao-plantagen bilden sollen. Pflanzen, die gegenüber dem Virus nicht anfällig sind und ihn nicht weitergeben, sollen ihn vom Kakao fernhalten. Dazu zählen Zitrusfrüchte, Palmölplantagen und Kautschuk. „Außerdem bieten diese den Bauern ein Zusatzeinkommen", sagt Marelli.

Dennoch sind sich die meisten Forscher darüber einig, dass vor allem der Kakaobaum selbst auf genetischer Ebene widerstandsfähiger werden muss. Deswegen hatte das Mars/USDA-Labor das gesamte Genom der Pflanze nach seiner Entschlüsselung 2008 allen Wissenschaftlern zur Verfügung gestellt. „Wir wussten, dass dies auch die Forschung zum Widerstand der Pflanze gegen Krankheiten beschleunigen würde", so Marelli.

Für den Kakao sind inzwischen entscheidende Markergene identifiziert – also jene, die einen direkten Einfluss auf Ertrag, Geschmack oder eben auch auf Krankheitsresistenz haben. Wenn dann für den Kakaoanbau geeignete Hybride geschaffen werden sollen, werden jene Sämlinge ausgewählt, welche die meisten der entsprechenden Markergene aufweisen.

Werden die Verbraucher gentechnisch veränderten Kakao akzeptieren?

Ob damit Swollen Shoot besiegt werden kann, bleibt dennoch ungewiss. Den wohl schnellsten Fortschritt gegen die Krankheit bietet indes die zugleich umstrittenste Methode: genetische Modifizierung (GMO). „Gerade die CRISPR-Technologie bietet uns ein begeisterndes Potenzial – besonders bei Pflanzen wie Kakao, die anfällig für Krankheiten sind", so Marelli. Judith Brown hofft, schon bald die anfälligen Gene des Kakaos durch widerstandsfähige zu ersetzen. Wegen des Klimawandels verändern sich auch die Viren immer schneller, erklärt Brown: „Wir haben zum Beispiel gerade erst eine neue aggressive Spezies entdeckt, welche die Bäume nach nur einem Jahr tötet."

George Ameyaw gibt zu bedenken, dass die Skepsis der Konsumenten dabei problematisch werden könnte: „Schokolade wird besonders in Europa konsumiert, und die Menschen dort halten GMO für nicht akzeptabel." Judith Brown hingegen prognostiziert, dass sich die Verbraucher schon anpassen werden an die Realität einer sich verändernden Umwelt: „Wenn die Menschen ihre Produkte andernfalls nicht mehr erhalten können, werden sie ihre Meinung vielleicht ändern."

Aus Spektrum.de News, 19.01.2020

https://www.spektrum.de/news/schokolade-koennte-wegen-schaedlingen-knapp-werden/1696364

Roman Goergen *ist Journalist und berichtet von Johannesburg in Südafrika aus über Umweltthemen, Ökologie, Biologie, Technologie und Innovation. Einer seiner Schwerpunkte sind die Ökosysteme Afrikas mit ihrer Tierwelt.*

Sind bald die Bananen alle?

Annika Röcker

Wer gern Bananen isst, muss wohl bald tiefer in die Tasche greifen – oder findet gar leere Regale vor. Ein Pilz droht, die Ernte unserer wichtigsten Lieferanten zu vernichten.

Der gefürchtete Bananenschädling *Fusarium oxysporum f. sp. cubense* Tropical Race 4 (TR4) hat die Anbaugebiete Lateinamerikas erreicht. Bisher war der Kontinent frei von der unaufhaltsamen Seuche, die schon Bananenernten auf den Philippinen, in China, Australien und in afrikanischen Staaten vernichtete. Ein Team um Fernando García-Bastidas von der University of Wageningen wies den Pilz 2019 in Kolumbien auf zwei Plantagen im Anbaugebiet Departamento La Guajira nach. Vermutlich hat sich der Pilz aber schon vor Monaten in kolumbianische Bananenpflanzen eingeschlichen. Bereits seit Jahren fürchteten Forscher und Bananenzüchter den Einzug des *Fusarium*-Stammes nach Lateinamerika.

Mittlerweile bestätigte das kolumbianische Agrarinstitut (ICA) auch den TR4-Befall von Bananenfarmen in der karibischen Küstenregion. In Anbetracht der drohenden Bananenseuche rief das kolumbianische Institut einen nationalen Notstand aus. Der Bananenexport ist für die Wirtschaft vieler Länder Lateinamerikas und der Karibik enorm wichtig. Jährlich werden etwa 13 Mio. t verschifft und ausgeflogen. Ein großer Teil davon geht nach Europa. In einem Informationspapier erklärt der

A. Röcker (✉)
Ulm, Deutschland
E-Mail: Annika.roecker@wubv.de

E. Gottfried (Hrsg.), *Landwirtschaft – Wege aus der Krise*,
https://doi.org/10.1007/978-3-662-64960-2_8

49

Deutsche Fruchthandelsverband (DFHV), TR4 bedrohe das mit Abstand bedeutendste Herkunftsgebiet von Bananen für den europäischen und nordamerikanischen Markt.

Deutschland bezieht 99 % seiner Früchte aus Mittel- und Lateinamerika, mehr als ein Drittel davon stammte im letzten Jahr aus Kolumbien. Damit könnte nun Schluss sein, denn TR4 schlägt schonungslos zu – und ist gegen gängige Fungizide resistent. Ein weiterer wichtiger Grund für den Erfolg des Schädlings ist die genetische Einfalt seiner Wirtspflanze. 95 % der weltweit angebauten Bananen gehören zur Sorte Cavendish und sind somit genetisch identisch. Bei diesen Pflanzen hat der heimtückische Pilz leichtes Spiel: Er dringt in die Wurzelspitzen der Bananenpflanze ein, verwächst mit ihrem Gefäßsystem und sorgt dafür, dass die Pflanze verwelkt und keine Früchte mehr trägt. Der DFHV befürchtet „dass in absehbarer Zeit keine Bananen der Sorte Cavendish für den deutschen Markt mehr zur Verfügung stehen werden". Das heißt auch, dass es hier zu Lande vielleicht bald gar keine Bananen mehr gibt, denn 90 % der Früchte in unseren Regalen gehören dieser Sorte an.

Dabei ist die Cavendish schon so etwas wie eine Banane 2.0. Ihre Vorgänger-Version Gros Michel fiel bereits in den 1960er Jahren einem Verwandten von TR4 zum Opfer. Die von dem *Fusarium*-Stamm TR1 verursachte Panama-Krankheit fegte vor allem über die Bananenplantagen Mittelamerikas. Gegen diesen Pilzstamm kann sich die Cavendish-Banane verteidigen – nicht so gegen TR4. Neue, TR4-resistente Sorten zu züchten, ist leider nicht so einfach. Denn die Bananenpflanze vermehrt sich über Rhizome – eine Art Ableger, die seitlich aus der Mutterpflanze herauswachsen. Setzt man diese in die Erde, entsteht eine genetisch identische Tochterstaude. Vielleicht kann die CRISPR-Cas-Technologie in Zukunft Abhilfe schaffen. Einem Team um James Dale von der Queensland University of Technology ist es bereits gelungen, zwei TR4-resistente Carvendish-Linien herzustellen. Die Pflanzen, die mit je einem zusätzlichen Gen ausgestattet waren, blieben bei einem dreijährigen Feldtest von dem Pilz verschont. Auch andere Arbeitsgruppen arbeiten an Methoden, um TR4-resistente Bananen herzustellen. Bisher werden diese jedoch noch auf keiner Plantage angebaut.

Für Menschen ist der Schädling ungefährlich. Der Pilz überträgt sich hauptsächlich über das Erdreich auf die Wurzeln und andere Pflanzenteile, aber nicht auf die Früchte. Bananen von TR4-befallenen Stauden können also bedenkenlos verzehrt werden – solange sie welche hervorbringen. Darum will Kolumbien auch weiterhin Bananen exportieren. Um zu vermeiden, dass sich der Schädling über kontaminierte Container oder Gegenstände verbreitet, hat das Land strengere Kontrollen und Desinfektionsanlagen eingeführt. Außerdem setzt die ICA Drohnen ein, um pilzbefallene Pflanzen möglichst früh auf den Plantagen zu erkennen. Die einzige Möglichkeit TR4 einzudämmen, besteht darin, die befallenen Flächen zu roden und dort keine Bananen mehr anzupflanzen.

Aus Spektrum.de News, 14.08.2019

https://www.spektrum.de/news/sind-bald-die-bananen-alle/1667640

Annika Röcker ist promovierte Biochemikerin und Autorin. Bis Ende September 2020 war sie Volontärin bei „Spektrum.de".

Panamakrankheit: In Zukunft nur noch Genbananen?

Juliette Irmer

Ein aggressiver Pilz gefährdet den weltweiten Bananenanbau. Mithilfe von Gentechnik ist es Forschern gelungen, resistente Bananen zu züchten. Doch werden Verbraucher sie akzeptieren?

Nur Äpfel sind bei den Menschen noch beliebter als Bananen. Allein die EU importierte 2016 gut fünf Millionen Tonnen Bananen. Die weltweit hohe Nachfrage hat ihren Preis: Für den Export setzen Plantagenbesitzer fast ausschließlich auf eine Sorte und bauen diese massenweise in Monokultur an. Das aber macht Bananenpflanzen überaus anfällig für Krankheiten.

Seit einigen Jahren schon warnen Agrarexperten vor der Panamakrankheit, die der bodenlebende Pilz Tropical Race 4 (TR4) auslöst: TR4 infiziert die Bananenpflanzen über die Wurzeln und verstopft die Leitbahnen, sodass die Pflanzen verkümmern und schließlich vertrocknen. 1990 wurde TR4 erstmals im Jemen nachgewiesen. Von dort breitete sich der Pilz nach Indonesien, Malaysia, China, Mosambik und in den Norden Australiens aus. 2017 wurden erste Fälle in Vietnam und Laos bekannt.

Der Pilz ist eine ernst zu nehmende Bedrohung für die Bananenindustrie weltweit, denn es existiert bis heute kein wirksames Mittel, um ihn zu bekämpfen. Einmal befallen, sind Bananenpflanzen verloren. Doch es gibt einen Lichtblick: Forscher um James Dale von der University of Queensland in Brisbane, Australien, berichteten im Fachblatt „Nature

J. Irmer (✉)
Buchenbach, Deutschland
E-Mail: jirmer@gmx.de

E. Gottfried (Hrsg.), *Landwirtschaft – Wege aus der Krise*,
https://doi.org/10.1007/978-3-662-64960-2_9

Communications", dass es ihnen gelungen ist, Bananenpflanzen zu züchten, denen TR4 nichts anhaben kann. Sie schleusten dazu Resistenzgene in das Erbgut der Bananensorte Cavendish ein, jener Sorte, zu der 99 % unserer Supermarktbananen gehören.

Vielversprechender Feldversuch

Dale kreierte mehrere Pflanzenlinien: Ein Teil der Bananenpflanzen erhielt unterschiedlich viele Kopien des Gens *RGA2*, das aus einer widerstandsfähigen, wilden Bananenart isoliert wurde. Der andere Teil erhielt das Gen *Ced9* aus dem bodenlebenden Nematoden *Caenorhabditis elegans;* es ist bekannt dafür, Resistenz gegen Pflanzenpilze zu verleihen. 2012 pflanzten Wissenschaftler die neu geschaffenen Pflanzenlinien in Nordaustralien an, einem Gebiet, in dem TR4 schon länger wütet. Um sicherzugehen, dass der Pilz die jungen Bananenpflanzen infizieren würde, vergruben die Forscher kontaminierte Erde in den Boden rund um die Wurzelballen.

Die Ergebnisse des Feldversuchs sind vielversprechend: Während die Kontrollpflanzen fast alle eingingen oder Krankheitssymptome wie gelbe Blätter und verfaulende Stämme aufwiesen, überlebten 80 % der transgenen Bananen. Zwei der Pflanzenlinien, eine mit *Ced9* und eine mit *RGA2* versehen, waren vollständig resistent – ohne dass die Größe der Bananenstauden gelitten hätte, ebenfalls ein wesentliches Kriterium für Bananenbauern. „Am besten schnitt einer der *RGA2*-Ansätze ab", sagt Dale. „Je stärker *RGA2* exprimiert wurde, desto stärker war die Resistenz. Wir nehmen an, dass das Gen eine Wächterfunktion hat: Wird der Pilz entdeckt, löst *RGA2* eine starke Abwehr aus."

„Kollege Dale und sein Team haben mit der Entwicklung einer TR4-resistenten Cavendish-Banane Großartiges geleistet", kommentiert Altus Viljoen, Pflanzenpathologe und TR4-Experte an der Universität Stellenbosch in Südafrika, die Arbeit. „Aber ob sich genetisch veränderte Bananen verkaufen lassen, ist eine andere Frage. Cavendish-Bananen werden in Massen produziert, um Geld zu verdienen. Wenn Verbraucher sie nicht essen, hat eine resistente Pflanze keinerlei Wert."

Tatsächlich gilt die Vermarktung genetisch veränderter Bananen – je nach Land – als schwierig bis unmöglich. Doch Dale hält dagegen. Die üblichen Kritikpunkte von Gentechnikgegnern würden für transgene Bananen nicht gelten: „*RGA2* etwa ist ein Gen, das natürlicherweise auch in der Cavendish-Banane vorkommt; der Verzehr ist also gesundheitlich unbedenklich", versichert Dale. In den Cavendish-Bananen ist *RGA2* allerdings nicht aktiv, weswegen TR4 auch so leichtes Spiel hat. Warum das Resistenzgen abgeschaltet ist, wissen die Forscher nicht. Mit den neuen Methoden des Genome Editing könnte es sich womöglich „ankurbeln" lassen, um TR4 abzuwehren, spekuliert Dale am Ende seiner Publikation. Ein solcher Eingriff, der ohne klassischen Gentransfer auskommt, wird in der EU aber seit Juli 2018 als Gentechnik angesehen und ist daher verboten.

Genbananen in vier bis fünf Jahren zum Anbau frei?

Doch zurück in die Gegenwart: Die TR4-resistenten Bananen unterscheiden sich noch in einem anderen Punkt von anderen transgenen Pflanzen: „Bananen vermehren sich asexuell über Schösslinge. Das heißt, Bauern müssen nicht Jahr für Jahr neues Saatgut kaufen, sondern sind unabhängig von Samen, und große Agrarkonzerne sind auch nicht involviert", erklärt Dale. Der Biotechnologe hat gerade den nächsten Feldversuch mit weiteren genetisch veränderten Bananensorten gestartet und rechnet damit, dass TR4-resistente Bananen in vier bis fünf Jahren zum Anbau freigegeben werden können.

Auch auf traditionellem Weg versuchen Forscher die Banane gegen die Bedrohung zu wappnen. Aufgrund der asexuellen Fortpflanzung von Bananen lassen sich neue Eigenschaften aber nur mühsam erzeugen. Im Ansatz ist es jedoch gelungen: Die Cavendish-Variante GCTCV-218 aus Taiwan ist zwar nicht vollständig resistent gegen TR4, aber immerhin weniger anfällig. „Die Varietät wurde auf dem internationalen Markt akzeptiert und wird gerade in großem Maßstab angepflanzt", berichtet Viljoen.

Mithilfe der Ernährungs- und Landwirtschaftsorganisation der Vereinten Nationen FAO wurde in den vergangenen Jahren global und lokal über das TR4-Risiko aufgeklärt – vor allem gilt es, Mittelamerika zu schützen, ein Hauptanbaugebiet für Bananen, das bislang noch frei von TR4 ist. Allerdings verbreitet sich der Pilz nur allzu leicht: Ein bisschen Erde an einer Bananenkiste reicht aus, um TR4 per Schiff oder Flugzeug auf andere Kontinente zu übertragen, denn einmal im Boden, bildet der Pilz Dauerstadien, die mehrere Jahrzehnte in der Erde überleben.

Andere Anbaumethoden wichtig für Nachhaltigkeit

Um den Bananenanbau langfristig nachhaltig und weniger anfällig zu machen, müssten sich die Anbaumethoden jedoch grundlegend ändern. Für den Export setzt man weltweit fast ausschließlich auf eine Sorte. All diese Bananenpflanzen, egal ob sie in Mittelamerika, China oder Australien wachsen, sind genetisch identisch. Baut man sie auch noch in Monokultur an, haben es Schädlinge ausgesprochen leicht. Das lehrt schon die Geschichte: In der ersten Hälfte des 20. Jahrhunderts breitete sich die Panamakrankheit, damals von Tropical Race 1 (TR1) ausgelöst, schon einmal in Mittelamerika aus. Dem Pilz fiel die damals vorherrschende Bananensorte Gros Michel zum Opfer. Nach und nach waren Plantagenbesitzer gezwungen, sie durch die Sorte Cavendish zu ersetzen: kleiner und weniger schmackhaft als Gros Michel, aber resistent gegen TR1. „Leider macht *RGA2* nicht resistent gegen TR1", sagt Dale, „aber wir sind dabei, auch eine resistente Gros Michel zu entwickeln."

Genetisch veränderte, resistente Bananen sind eine mögliche Lösung im Kampf gegen TR4. Allerdings passt sich der Pilz an und könnte mit der Zeit auch diese Resistenz überwinden. Kleinbauern zeigen, wie man das ewige Wettrüsten zumindest verlangsamen könnte: Sie sind von der Panamakrankheit nicht so stark betroffen, weil sie auf Artenvielfalt und genetische Variabilität setzen, indem sie etwa Getreide und verschiedene Bananensorten anpflanzen. „Der Verbraucher wird in Zukunft vermutlich die Wahl haben zwischen transgenen Bananen und anderen Sorten", erläutert Dale. „Ob transgene Sorten angenommen werden oder nicht, wird auch der Verkaufspreis entscheiden."

Aus Spektrum.de Hintergrund, 02.01.2018
https://www.spektrum.de/news/gentechnik-rettet-bananen-vor-panama-krankheit/1526987

Juliette Irmer ist Wissenschaftsjournalistin und wohnt im Dreisamtal bei Freiburg.

Weiße Fliege: Mit Genklau zum Superschädling

Jan Dönges

Einer der bedeutendsten Schädlinge der Welt ist immun gegen die Gifte der Pflanzen. Denn er hat, als erstes und bislang einziges Insekt, Gene von seinen Opfern übernommen.

Eine Weiße Fliege hat von Pflanzen ein Gen übernommen, das Pflanzen-abwehrstoffe unschädlich macht. Das berichtet ein Team um Youjun Zhang von der Chinesischen Akademie für Agrarwissenschaft in Peking im Fachblatt „Cell". Damit sei zum ersten Mal überhaupt ein Fall entdeckt worden, bei dem ein Insekt von einer Pflanze Gene übernimmt.

Der wissenschaftliche Name des Insekts ist Tabakmottenschildlaus oder *Bemisia tabaci*. Es zählt weltweit zu den wirtschaftlich bedeutsamsten Schädlingen. Die Tiere saugen Pflanzensaft und hinterlassen dabei klebrigen Honigtau, in dem sich Pilze ansiedeln. Außerdem übertragen sie krank machende Viren. Dieser Attacke haben die Pflanzen nur wenig entgegenzusetzen, denn zumindest gegen eine bestimmte Klasse von Abwehrstoffen, die Phenolglykoside, ist die Schildlaus dank des übernommenen Gens immun. Es liefert die Bauanleitung für ein Enzym, das die Glykoside neutralisiert. Ursprünglich stammte es wohl aus genau derjenigen zellulären Maschinerie, mit der die Pflanzen heute noch die Glykoside produzieren. Vermutlich gelangte es schon vor mehreren Millionen Jahren, wohl über den Umweg eines Virus, in die Schildlaus-DNA.

J. Dönges (✉)
Heidelberg, Deutschland
E-Mail: doenges@spektrum.com

E. Gottfried (Hrsg.), *Landwirtschaft – Wege aus der Krise*,
https://doi.org/10.1007/978-3-662-64960-2_10

Diese spezielle Fähigkeit könnte sich nun als Schwachstelle der Weißen Fliege entpuppen. Der Schädling, der bereits gegen eine Reihe von Insektiziden resistent geworden ist, lässt sich womöglich mithilfe von Wirkstoffen bekämpfen, die das Enzym gezielt ausschalten. In einem Experiment hat das Team um Zhang das bereits demonstriert. Es hat Versuchstomaten genetisch so verändert, dass sie mithilfe von RNA-Interferenz einen genetischen Ausschalter für das Enzym produzieren. Schildläuse, die an diesen Tomaten saugten, waren daraufhin plötzlich nicht mehr immun gegen die Glykoside und starben ab. Das eröffne Möglichkeiten für ein hochspezifisches Bekämpfungsmittel, sagt Joshua Gershenzon vom Max-Planck-Institut für chemische Ökologie in Jena, der nicht an der Studie beteiligt war. „Man könnte die Weißen Fliegen fernhalten, aber gleichzeitig nützliche Insekten wie zum Beispiel Bestäuber verschonen", sagt er im Wissenschaftsmagazin „Nature".

Dass Gene von einem Lebewesen auf ein anderes überspringen, ist ein häufiges Phänomen bei einfachen Organismen wie Einzellern oder Pilzen, aber auch bei Pflanzen selbst. Wenn bisher jedoch bei Insekten Gene fremder Herkunft gefunden wurden, dann stammten sie ausschließlich von Mikroorganismen. Dass das Enzym, das Zhang und Kollegen jetzt entdeckten, tatsächlich aus Pflanzen stammt, ergibt sich aus seiner genetischen Ähnlichkeit mit Enzymen der gleichen Funktion im Pflanzenreich.

Nicht alle Arten, die als Weiße Fliege bezeichnet werden, tragen es: Die ähnlich aussehende Gewächshausmottenschildlaus muss ohne es auskommen. Es könne sich aber lohnen, nach weiteren solchen übernommenen Genen bei anderen Insekten Ausschau zu halten, schreibt das Team. Dank immer umfangreicherer Gendatenbanken sollte dies künftig einfacher werden. Manche dieser Gene könnten sich dann ebenfalls als vielversprechende Angriffsstellen für eine gezielte Schädlingsbekämpfung mittel RNA-Interferenz erweisen.

Update, 29.03.2021: Die vorliegende Studie ist offenbar, anders als von den Autoren nahegelegt, nicht die erste, die bei der Tabakmottenschildlaus Hinweise auf horizontalen Gentransfer entdeckt hat. Im Jahr 2020 veröffentlichten Wissenschaftler um Maximiliano Juri Ajub von der argentinischen Universidad Nacional de San Luis eine Studie, in der sie den Nachweis antreten, dass Schildläuse und Moskitos Gene von Pflanzen übernommen haben.

Aus Spektrum.de News, 29.03.2021

https://www.spektrum.de/news/weisse-fliege-mit-genklau-zum-superschaedling/1853191

Jan Dönges ist Redakteur bei „Spektrum.de".

Bestäuber im Sinkflug

Sara Diana Leonhardt

Insekten bestäuben rund 80 % aller Wild- und Nutzpflanzen. Doch weltweit schwinden die Bestände der Tiere in erheblichem Ausmaß. Die Auswirkungen auf Ökosysteme und Landwirtschaft sind dramatisch.

Im Oktober 2018 rüttelte ein kleiner Verein aus Krefeld die Öffentlichkeit förmlich über Nacht wach: Die Mitglieder hatten in der Fachzeitschrift „PLOS ONE" eine Studie veröffentlicht, nach der Insekten innerhalb der letzten 30 Jahre um bis zu 80 % zurückgegangen waren. Seit 1989 hatten die Hobby-Entomologen des Vereins regelmäßig auf einer kleinen, naturbelassenen Fläche inmitten einer für heute so typischen Agrarlandschaft mit großen Feldern, ein paar Hecken und vereinzelten Wäldchen fliegende Insekten gefangen und gezählt. Während anfangs an einem Tag durchschnittlich knapp zehn Gramm der Tiere in ihren Fallen gelandet waren, waren es am Ende weniger als zwei. Über die Studie berichteten neben klassischen Medien auch renommierte Fachzeitschriften wie „Nature" oder „Science". Politiker sowie Umweltschützer richteten anschließend mahnende Worte an die Öffentlichkeit und beriefen sich auf die Besorgnis erregenden Ergebnisse aus Krefeld.

Kritiker bemängelten allerdings, dass wichtige Fragen unbeantwortet blieben: Bedeutet der ermittelte Mengenverlust wirklich, dass Insekten weniger werden? Es könnten etwa nur einst häufige Arten zurückgehen,

S. D. Leonhardt (✉)
Research Department Life Science Systems, TUM School of Life Sciences,
Freising, Deutschland
E-Mail: Sara.Leonhardt@tum.de

© Der/die Autor(en), exklusiv lizenziert an Springer-Verlag GmbH, DE, ein Teil von Springer Nature 2022
E. Gottfried (Hrsg.), *Landwirtschaft – Wege aus der Krise*,
https://doi.org/10.1007/978-3-662-64960-2_11

während es anderen besser geht. Lassen sich die Ergebnisse tatsächlich auf ganz Deutschland oder sogar darüber hinaus übertragen? Womöglich ist das Phänomen lokal begrenzt.

Doch schon ein Jahr später lieferte eine neue Studie einer Forschergruppe um Sebastian Seibold und Wolfgang Weisser von der Technischen Universität München traurige Gewissheit: Der beobachtete Trend ist an verschiedenen Standorten über ganz Deutschland zu beobachten und schließt zahlreiche Insektenarten mit ein, so das Fazit. Weitere Studien folgten und bestätigten den mitunter dramatischen Rückgang der Insekten sowohl in Deutschland als auch in anderen Ländern.

Dieser Befund ist deshalb so bedenklich, weil viele Ökosysteme ohne Insekten nicht funktionieren. Die Tiere dienen etwa als Nahrungsgrundlage für andere Arten, darunter Vögel oder Amphibien. Darüber hinaus bestäuben etliche Insektenarten Pflanzen und sorgen so dafür, dass diese sich vermehren. Zu den Bestäubern zählen unter anderem Schmetterlinge, Fliegen, Käfer, Wespen, Hummeln und natürlich das bekannteste Beispiel, die Bienen.

Mittlerweile ist belegt, dass fast alle bestäubenden Insekten von einem mengenmäßigen Abwärtstrend betroffen sind. Ironischerweise stellt die einzige Ausnahme jene Bienenart dar, die den meisten Menschen beim Stichwort Insektensterben als Erstes in den Sinn kommt: die Europäische Honigbiene. Selbstverständlich stehen diese Tiere vor ähnlichen Herausforderungen wie ihre Verwandten – kaum naturbelassene Landschaften, Nahrungsknappheit und Pestizide. Im Gegensatz zu den Wildbienen werden sie jedoch von Imkerinnen und Imkern im Land umsorgt, und entsprechend sind ihre Bestände kaum gefährdet.

Anders sieht es bei den wilden Exemplaren aus; das sind in Deutschland 561 bekannte Arten. Gemäß der aktuellsten Einschätzung aus dem Jahr 2011 von führenden deutschen Wildbienenexperten sind davon 293 in ihrem Bestand bedroht, das entspricht mehr als der Hälfte. Lediglich etwas mehr als ein Drittel gilt als nicht gefährdet. Sieben Prozent sind entweder schon ausgestorben oder zumindest verschollen. Die restlichen Arten befinden sich auf einer sogenannten Vorwarnliste, oder es liegen nicht genügend Daten vor. Am stärksten bedroht sind wohl jene Arten, die vor allem im Spätsommer in ländlichen Gebieten fliegen, wie eine 2019 publizierte Studie einer Gruppe um Susanne Renner von der Ludwig-Maximilians-Universität München nahelegt.

Bei Schmetterlingen ist die Lage ähnlich düster. Hier gelten mehr als 40 % der 189 in Deutschland vorkommenden oder ehemals beheimateten Tagfalter als bestandsgefährdet oder als bereits ausgestorben. Nur weniger als ein Drittel ist nicht bedroht. Unter diesen Arten ist bei fast zwei Dritteln in den letzten Jahrzehnten ein kontinuierlicher Rückgang ihres Bestands zu verzeichnen. Lediglich für magere zwei Prozent wurde ein Zuwachs beobachtet. Wohlgemerkt enthalten diese Daten allenfalls einen kleinen Ausschnitt der Schmetterlingsarten. Der große Teil zählt zu den Nachtfaltern, insgesamt mehr als 3500 Spezies. Ihre Bestände wurden bisher weit weniger erforscht. In Bayern gilt schon ein Drittel der dort vorkommenden Nachtfalter als bedroht.

Kaum Schwebfliegen in der Falle

Noch schlechter ist die Situation der Schwebfliegen. Etwa die Hälfte der 463 Arten in Deutschland galten bereits im Jahr 2011 als gefährdet. 2020 erschien in der „Deutschen Entomologischen Zeitschrift" ein Artikel des Teams um Wulf Gatter. Die Entomologen hatten über 40 Jahre an der Forschungsstation Randecker Maar auf der Schwäbischen Alb Schwebfliegen, Waffenfliegen und Schlupfwespen gefangen. Im Vergleich zu der Situation zwischen 1978 und 1987 fanden sie von 2014 bis 2019 über 90 % weniger Schwebfliegenarten – vor allem solche, deren Larven sich von anderen Insekten wie Blattläusen ernähren.

Im Januar 2021 publizierte die Fachzeitschrift „Proceedings of the National Academy (PNAS)" eine Spezialausgabe zum Thema Insektensterben. Sie basierte auf einem Treffen der US-amerikanischen Entomologischen Gesellschaft in St. Louis, Missouri, bei dem zahlreiche Experten das Thema Insektensterben und die Gründe dafür beleuchtet hatten. Das kaum überraschende Fazit der Fachwelt lautete: Die Schuldigen sind die „üblichen Verdächtigen", allen voran die intensive industrielle Landwirtschaft. Mit ihr gehen ein erheblicher Einsatz von giftigen Pestiziden und ein massiver Rückgang naturbelassener Landschaften einher. Auf den meisten Agrarflächen fehlen diejenigen Pflanzen, die den Bestäubern als Nahrungsgrundlage oder Nistplatz dienen. In Städten und Siedlungsgebieten ist die Situation oft ähnlich. Zusätzlich kommt in urbanen Regionen noch die Lichtverschmutzung hinzu, die vielen nachtaktiven Insekten wie Nachtfaltern zum Verhängnis wird. Auch der Klimawandel macht den Tieren zunehmend zu schaffen. Da Insekten besonders gut an ihren Lebensraum angepasst sind, reagieren sie sensibel auf minimale Veränderungen in ihrer Umwelt. Schätzungen zufolge könnten bei einer Temperaturerhöhung um zwei Grad rund 20 % der Insekten die Hälfte ihres Lebensraums verlieren.

Das Verschwinden der Insekten hat erhebliche ökologische Auswirkungen. 2006 zeigte ein Team um den Ökologen Koos Biesmeijer vom holländischen Naturalis Diversity Center, dass Wildpflanzen und Bienen in den Niederlanden und im Vereinigten Königreich gleichermaßen zurückgingen. Solche korrelativen Studien können nicht klären, ob die Tiere weniger werden, weil sie keine passenden Nahrungspflanzen finden, oder ob Pflanzen schwinden, weil die Bestäuber fehlen. Sie weisen aber darauf hin, dass Kultur- wie Wildpflanzen mit bestäubenden Insekten derart eng miteinander verbunden sind, dass der Verlust der einen sich auf die anderen auswirkt.

Zudem dienen zahlreiche Insekten als Nahrung, allen voran vielen Singvögeln, aber auch anderen Insekten wie Wespen. Oder sie leisten als Larven wichtige „Dienstleistungen" für die Pflanzenwelt – etwa indem sie Schädlinge vertilgen. Schwebfliegenlarven verspeisen zum Beispiel zuhauf Blattläuse. Der Erhalt insbesondere der bestäubenden Insekten ist also unmittelbar mit dem Schutz funktionierender Ökosysteme verknüpft. Fehlen diese Tierarten, werden viele andere Lebewesen und Pflanzen ebenfalls von unserem Planeten verschwinden.

Der Diversitätsverlust hat auch unmittelbare ökonomische Folgen. Bereits 2009 ermittelte ein Team um Nicolas Gallai und Bernhard Vaissière, damals am Institut national de la recherche agronomique (INRA) in Avignon, Frankreich, dass tierische Bestäuber – Insekten, Vögel, Fledermäuse und andere Wirbeltiere – weltweit eine Leistung für Kulturpflanzen erbringen, die einem Geldwert von etwa 153 Mrd. € entspricht. Das sind knapp zehn Prozent des Gesamtbetrags der landwirtschaftlichen Produktion im Jahr 2005.

Manche Kulturpflanzen, wie zum Beispiel Kiwi, Wassermelone oder Kürbis, können ohne tierische Bestäuber kaum Früchte ausbilden. Andere, darunter viele Obstsorten, Gurken oder Avocado, haben nach der Bestäubung durch Tiere bis zu 90 % mehr Fruchtansätze. Bei Raps, Sonnenblumen oder vielen Erdbeersorten steigt der Ertrag durch Insektenbestäubung immerhin um bis zu 40 % an. Eine umfassende Liste über die Abhängigkeit verschiedener Kulturpflanzen von Bestäubern hat Alexandra-Maria Klein, heute an der Universität Freiburg, gemeinsam mit internationalen Kollegen und Kolleginnen 2006 in „Proceedings of the Royal Society B" veröffentlicht. Demnach hängen drei Viertel aller Kulturpflanzen auf der Erde mehr oder weniger stark von tierischen Bestäubern ab. Dieser Anteil macht weltweit fast ein Drittel der pflanzlichen Nahrungsmittelproduktion aus.

Auf Grundlage verschiedener Parameter wie Bestäuberabhängigkeit, jährliches Produktionsvolumen und Weltmarktpreis der jeweiligen Kulturpflanze lässt sich näherungsweise der finanzielle Beitrag schätzen, der auf das Konto der Bestäuber geht. 2013 wendeten wir dieses Berechnungsprinzip auf die Länder der Europäischen Union (EU) an. Außerdem ermittelten wir für jedes EU-Land das jeweilige Gefährdungspotenzial im Fall eines massiven Rückgangs oder gar Ausfalls der Bestäuber. Dazu betrachteten wir, welchen Anteil die bestäuberabhängigen Kulturpflanzen am Gesamtertrag ausmachen. Für Deutschland lag dieser zwischen 1991 und 2009 beispielsweise bei 13 %. Der durch die Tiere erwirtschaftete Betrag summierte sich im Schnitt auf mehr als eine Milliarde Euro pro Jahr. Äpfel, verschiedene Kohlsorten und Raps gehören dabei zu denjenigen Kulturpflanzen, die hier zu Lande am meisten von den Bestäubern profitieren. Die größten ökonomischen Einbußen aufgrund eines Bestäuberschwunds müssen allerdings die südlichen EU-Länder fürchten, darunter Spanien, Italien, Frankreich und Griechenland. Dort ist man am stärksten auf die Arbeit der fleißigen Insekten angewiesen, wie unsere Berechnungen demonstrieren.

Höhere Diversität, größerer Ertrag

Zwei in den Tropen durchgeführte Studien veranschaulichen wiederum die Bedeutung der Bestäuberdiversität. Klein und zwei weitere Forscher zeigten 2003, dass ein Anstieg an Bestäubern von 3 auf 20 Arten bei Kaffeepflanzen in Indonesien zu einem 30 % höheren Fruchtansatz führte, und dies völlig unabhängig von der Häufigkeit, mit der die Blüten besucht wurden. Die Anzahl der in den Kaffeeplantagen vorkommenden Spezies war ihrerseits abhängig von der Entfernung zum Regenwald: Je näher am Wald, desto mehr Arten flogen die Kaffeepflanzen an.

2005 stellten der US-amerikanische Ökologe Taylor Ricketts und sein Team auf einer Konferenz eine zuvor veröffentlichte Studie vor. Sie hatten den Gewinn aus dem Ernteertrag von Kakaoplantagen in Costa Rica berechnet. Die Plantagen befanden sich ebenfalls unterschiedlich weit von Regenwaldresten und damit dem Zuhause zahlreicher bestäubender Insekten entfernt. Farmen in Reichweite der im Wald beheimateten Bestäuber erwirtschaften jährlich 60.000 US-Dollar mehr als solche, die weiter entfernt waren. Ich nahm damals als Studentin mit Forschungsgebiet tropische Bienen teil und war begeistert von dem Vortrag. Enttäuschung machte sich allerdings in mir breit, als Ricketts auf meine Frage, ob diese Ergebnisse auch den Bauern und Interessenvertretern vor Ort mitgeteilt worden waren, mit einem verständnislosen „Nein" antwortete.

Immerhin hat sich inzwischen ein Bewusstsein dafür entwickelt, dass es sowohl aus ökologischer als auch aus ökonomischer Sicht sinnvoll ist, wenn möglichst viele unterschiedliche Bestäuberarten vorkommen. Das liegt an einem gerade für Ökosysteme typischen Phänomen: der Absicherung durch Diversität. Fällt aus irgendwelchen Gründen eine Art aus, weil sie etwa einem plötzlichen Aussterbeereignis zum Opfer fällt, dann können die anderen Arten diesen Ausfall kompensieren.

Ein weiterer Vorteil einer solchen Systemstruktur heißt Komplementarität. Beispielsweise meiden gerade Honigbienen kühle regnerische Temperauren, wie sie häufig im Frühjahr vorkommen. Zu diesen Zeiten sind dann vor allem die an Kälte angepassten Hummeln als Bestäuber unterwegs und damit essenziell für früh blühende Obstsorten. Auch mögen Honigbienen keinen Wind, wie 2012 Klein und ihre Kollegen herausfanden. Sie hatten das Verhalten von Honig- und Wildbienen auf Mandelplantagen in Kalifornien untersucht und dabei festgestellt, dass Honigbienen lieber zu Hause bleiben, wenn es stark bläst. Die wilden Pendants zeigten sich hingegen von solchen Wetterbedingungen wenig beeindruckt. Mandelbaumblüten wurden daher an windigen Tagen in Plantagen, in denen außer Honigbienen keine weiteren Bestäuber aktiv waren, nicht befruchtet.

Passend zu diesem Ergebnis berichtete eine Forschergruppe um Lucas Garibaldi von der argentinischen Universidad Nacional de Río Negro 2013, dass der Ertrag von mehr als 40 der weltweit angebauten Kulturpflanzen in Anwesenheit von Wildbienen doppelt so hoch ist, wie wenn lediglich Honigbienen vorkommen. Nur auf Letztere zu setzen, ist also auch aus rein wirtschaftlicher Perspektive keine gute Idee.

Es gibt demnach ökologische wie ökonomische Gründe, den kontinuierlichen Verlust an Bestäubern aufzuhalten. Einzig auf solche Weise lässt sich sicherstellen, dass neben der faszinierenden Vielfalt dieser Tiere ebenfalls deren herausragende Leistung, die Bestäubung zahlreicher Wild- und Kulturpflanzen, erhalten bleibt. Es ist daher allerhöchste Zeit, der Bedeutung dieser Tiere mit großer Vehemenz Aufmerksamkeit zu verschaffen und alles daranzusetzen, ihren beeindruckenden Artenreichtum dauerhaft zu erhalten.

Aus Spektrum.de Hintergrund, 14.10.2021

https://www.spektrum.de/news/insektensterben-bestaeuber-im-sinkflug/1921891

Sara Diana Leonhardt ist Professorin für Pflanzen-Insekten-Interaktionen an der Technischen Universität München. Ihre Forschungsgruppe untersucht biologische, ökologische, physiologische und chemische Aspekte dieser wechselseitigen Beziehung in gemäßigten und tropischen Regionen mit Fokus auf Bienen.

Neue Wege in der Landwirtschaft

Pestizidverbot – und nun?!

Gunther Willinger

Das Freilandverbot der drei Neonikotinoide Imidacloprid, Clothianidin und Thiamethoxam wird kurzfristig zu einem verstärkten Einsatz anderer Insektizide führen. Um einen Wandel in Richtung weniger Pestizide in der Landwirtschaft einzuleiten, sind weitere Schritte und ein Umdenken bei Landwirten, Politikern und Verbrauchern notwendig.

Fatalismus erntet, wer derzeit den ein oder anderen Landwirt fragt, welche Folgen das Verbot der drei Neonikotinoide Imidacloprid, Clothianidin und Thiamethoxam für ihre Zukunft hat. „Uns wirft das Verbot zurück in die Pflanzenschutzsteinzeit", sagt Martin Pfeuffer, Zuckerrübenbauer aus dem fränkischen Ochsenfurt und Assistent der Geschäftsführung beim Verband Süddeutscher Zuckerrübenanbauer. Mit dem Verbot der drei wirksamsten Insektizide zum Schutz von Rübensamen müssen sich die Rübenbauern ab 2019 etwas anderes einfallen lassen, um den Keimling und die aufwachsenden Pflänzchen vor Mooskopfkäfern, Viren übertragenden Blattläusen und Rübenfliegen zu schützen.

Die gut 27.000 deutschen Rübenbauern fühlen sich ungerecht behandelt. „Wir sind auch interessiert am Schutz von Bienen und anderen Insekten", betont Pfeuffer. Es gebe keinen direkten Berührungspunkt zwischen Insektizid und Biene, da die Rüben vor der Blüte geerntet würden. Die Saatgutbeizung, bei der der Pflanzensame maschinell mit einer Pestizidschicht

G. Willinger (✉)
Tübingen, Deutschland
E-Mail: info@guntherwillinger.de

E. Gottfried (Hrsg.), *Landwirtschaft – Wege aus der Krise*,
https://doi.org/10.1007/978-3-662-64960-2_12

umhüllt wird, wirke sehr spezifisch genau da, wo die Pflanze am meisten Schutz brauche, und sei darum der umweltfreundlichste Schutz vor Schadinsekten.

Tobias Bokeloh vom Saatgutproduzenten Strube aus Söllingen hat ausgerechnet, dass die deutschen Rübenbauern statt der rund 20 t Insektizidwirkstoff mit der Beiztechnik in Zukunft möglicherweise bis zu 120 t herkömmlicher Insektizide wie Pyrethroide und Carbamate oberirdisch verspritzen müssen, um die Kulturen effektiv zu schützen. Pfeuffer sieht dadurch die Gefahr von pestizidresistenten Schädlingen steigen. „Wenn wir weniger Wirkstoffe zur Verfügung haben, die voraussichtlich mehrfach jährlich unspezifischer eingesetzt werden müssen, als es bei der Beiztechnik der Fall war, werden Resistenzen gefördert", befürchtet er.

Pflanzenschutz- und Schädlingsbekämpfungsmittel

Chemikalien zur Bekämpfung von Schädlingen aller Art, die unmittelbar oder mittelbar die Gesundheit von Mensch und Tier gefährden, die aber auch dem Schutz der Kultur- und Nutzpflanzen vor tierischen Schädlingen, mikrobiell bedingten Krankheiten sowie Unkräutern dienen. Im englischen und französischen Sprachgebrauch werden Pflanzenschutzmittel als Pestizide bezeichnet. Im Sinne des Pflanzenschutzgesetzes wird der Begriff breiter gefasst, und es werden beispielsweise auch nicht-chemische oder biologische Verfahren einbezogen.

Die Einteilung der im chemischen Pflanzenschutz eingesetzten Pflanzenschutzmittel erfolgt meist hinsichtlich ihrer Verwendung zur Bekämpfung von tierischen, mikrobiellen und pflanzlichen Schädlingen.

Pflanzenschutz- und Schädlingsbekämpfungsmittel

Bekämpfte Schadorganismen	Wirkstoffklassen
Insekten	Insektizide
Pflanzenparasitäre Pilze	Fungizide
Pflanzenparasitäre Bakterien	Bakterizide
Milben	Akarizide
Fadenwürmer, Älchen	Nematizide
Schnecken	Molluskizide
Nagetiere	Rodentizide
Unkräuter	Herbizide

Während die vorstehend genannten Wirkstoffklassen überwiegend zur Vernichtung der jeweiligen Gruppe der Schadorganismen führen, zielen andere Stoffklassen nicht auf die unmittelbare Vernichtung, wie z. B. Pheromone, Chemosterilantien, Juvenilhormone, Wachstumsregulatoren.

Von der Wirkungsweise her unterscheidet man Kontaktmittel, die beim direkten Kontakt zwischen Pflanzenschutzmittel und Schadorganismus wirken und systemische Mittel, die über den Saftstrom transportiert werden und so an den Schadorganismus in Blättern, Früchten, Wurzeln und anderen Orten gelangen. Bei Warmblütern reagieren einige Insektizide in ähnlicher Weise, z. B. gegen Ektoparasiten.

Nach offiziellen Schätzungen betragen die Verluste durch die oben erwähnten Schadorganismen im Weltdurchschnitt bereits vor der Ernte etwa 35 % des erwarteten Ertrages. Rund 12 % dieser Verluste werden durch mikrobiell bedingte Pflanzenkrankheiten verursacht, etwa 14 % von Insekten und anderen Schädlingen und etwa 9 % von Unkräutern.

Die Entwicklung eines Pflanzenschutzmittels ist langwierig und dauert 8–10 Jahre. Nur eine von 10.000–15.000 in der Forschung synthetisierten Verbindungen wird letztlich ein Handelsprodukt. Zur Benennung der Wirkstoffe haben sich wie bei den Pharmaka Kurznamen, sogenannte *common names* eingebürgert, die international registriert werden.

Neben den vollsynthetischen Pflanzenschutzmitteln befinden sich auch teilsynthetische und natürliche Wirkstoffe in Verwendung. Im Bereich der Insektizide z. B. die natürlichen Pyrethrine und das Nikotin, im Bereich der Rodentizide Derris und im Bereich der Herbizide die natürlich vorkommenden Phytohormone. Die Hoffnung, dass von diesen natürlichen Pflanzenschutzmitteln keine toxikologischen oder Umweltwirkungen ausgehen, hat sich nicht erfüllt. Trotzdem spielen sie im integrierten Pflanzenschutz eine wichtige Rolle. Pflanzenschutzmittel dürfen nur in Verkehr gebracht werden, wenn sie staatlich zugelassen sind. Dies setzt umfangreiche Untersuchungen zur Wirkung und Pflanzenverträglichkeit, aber auch zur Toxizität und zur Umweltverträglichkeit voraus.

Heftige Nebenwirkungen der Pestizide

Wie bei einer starken Medizin wird die hohe Wirksamkeit der Pestizide mit einer langen Liste an Risiken und unerwünschten Nebenwirkungen erkauft. Im Falle der verbotenen Neonikotinoide wurde diese Liste in den vergangenen Jahren immer länger. „Man musste da einiges dazulernen", sagt Horst-Henning Steinmann, Agrarwissenschaftler an der Universität Göttingen. Erst als sich die Hinweise häuften, dass bestimmte Beizgifte über Wasserausscheidungen der Pflanzen (Guttationswasser) im Ökosystem verbreitet werden oder über Jahre im Boden oder Folgekulturen nachweisbar bleiben, seien die Nachteile des Systems deutlich geworden.

Pestizide und ihre Abbauprodukte reichern sich im Boden und in Gewässern an. Die wasserlöslichen Neonikotinoide etwa schädigen Bachflohkrebse oder im Wasser lebende Insektenlarven wie Steinfliegen, Eintagsfliegen oder Köcherfliegen – ihrerseits die Basis der aquatischen Ökosysteme.

Caspar Hallmann und sein Forscherteam von der Universität Nimwegen, belegten in einer 2014 im Fachmagazin „Nature" veröffentlichten Studie eine Korrelation zwischen den Konzentrationen des Neonikotinoids Imidacloprid im Oberflächenwasser und einem deutlichen Rückgang Insekten fressender Vogelarten in den Niederlanden.

Gerade die langfristigen Auswirkungen von Pestiziden auf die komplexen Nahrungsketten in Böden und Gewässern seien bislang zu wenig beachtet worden, bemängelt das Umweltbundesamt. So würden bei den Zulassungsverfahren nur einzelne Pestizide betrachtet, obwohl die meisten Kulturpflanzen jedes Jahr mehrfach mit verschiedenen Wirkstoffen behandelt würden. Man müsse sich dringend verstärkt mit der Gesamtintensität des chemischen Pflanzenschutzes und nicht nur mit den Schwellenwerten einzelner Pestizide auseinandersetzen.

Lebensgrundlagen sind in Gefahr

Auch die Forscherinnen und Forscher der nationalen Wissenschaftsakademie Leopoldina fordern im Diskussionspapier „Der stumme Frühling" ein grundsätzliches Umdenken und konkrete Veränderungen wie ein verbessertes Kontrollsystem bei der Pestizidausbringung und realitätsnähere Zulassungsverfahren. Es sei ein Punkt erreicht, an dem wichtige Ökosystemfunktionen und Lebensgrundlagen ernsthaft in Gefahr seien, schreiben die Wissenschaftler.

Für den Agrarexperten Steinmann liegt die Zukunft vorrangig in alternativen, umweltschonenden Methoden. Dazu zählen schädlingsresistente Sorten, eine längere Fruchtfolge, mechanische Feldbearbeitung, der Einsatz von moderner Technik wie Robotern und Drohnen, die Förderung und das gezielte Einsetzen von Nützlingen und sogenannte Biopestizide, die Schadorganismen ohne synthetische Gifte bekämpfen.

Der Ökolandbau und einzelne pestizidfreie Anbauinitiativen machen vor, dass es auch ohne geht. So haben sich im Kraichgau und in der Kurpfalz 45 konventionelle Getreidebauern und 40 regionale Bäcker zur Kraichgau-Korn-Initiative zusammengeschlossen und produzieren auf über 1000 ha garantiert ungespritztes Brotgetreide. Und der Naturschutzbund Baden-Württemberg rechnet in seinem Pestizidbericht vor, wie die im Ländle eingesetzte Pestizidmenge bis 2025 halbiert werden könnte.

Viele alternative Methoden sind schon lange bekannt, wurden aber vernachlässigt, weil der Griff zu den relativ wirksamen und billigen synthetischen Pflanzenschutzmitteln einfacher war. Jonathan Kern,

Agrarwissenschaftler und Anbauberater beim Bioland-Verband, sagt: „Der Pflug ist für den Biobauern Herbizid, Fungizid und Insektizid in einem." Wer nicht zu tief pflüge, könne die Nachteile wie eine höhere Erosion minimieren und dabei trotzdem viele Schädlinge wie etwa den Maiszünsler schwächen.

Der Maiszünsler ist ein kleiner, unscheinbarer Nachtfalter, dessen Raupen sich in Maisstängel und -kolben fressen und so großen Schaden anrichten können. Der Pflug kann einen Teil der in Maisstoppeln und anderen Ernterückständen überwinternden Zünslerraupen unschädlich machen. Eine andere pestizidfreie Methode, den Maiszünsler zu bekämpfen, kommt aus der Schweiz. Dort züchtet man parasitische Schlupfwespen, deren Larven sich in den Faltereiern entwickeln und so den Schädling im Zaum halten. Inzwischen setzen auch in Baden-Württemberg viele Maisbauern auf die nützlichen Wespen. Stark im Kommen ist dabei eine Methode, bei der die winzigen Wespeneier maschinell in biologisch abbaubare Kugeln aus Maisstärke geklebt und mit einer Drohne gezielt auf die Felder gebracht werden.

Roboter und Drohnen statt Gift

Drohnen, Kameras, Sensoren, Roboter und künstliche Intelligenz: Hightech auf dem Acker kann helfen, den Pestizideinsatz zu verringern. Das Schweizer Start-up-Unternehmen „ecorobotics" und der in Stuttgart-Leonberg ansässige Bosch-Ableger „Deepfield Robotics" arbeiten an autonomen Landmaschinen, die auf dem Rübenacker gezielt nur kleine Mengen Herbizide spritzen beziehungsweise das Unkrautjäten übernehmen sollen. Auch im Wein- und Obstbau werden solche Roboter erprobt.

Die Sorgen der Rübenbauern vor schädlichen Insekten lindern diese Techniken indes noch nicht. Immerhin, bei den durch Blattläuse übertragenen Pflanzenviren sieht Martin Pfeuffer Chancen in der Pflanzenzüchtung. Die Entwicklung virusresistenter Sorten dauere allerdings erfahrungsgemäß fünf bis zehn Jahre, sei also kurzfristig auch keine Lösung. Neue gentechnische Verfahren wie die Genschere CRISPR/Cas könnten solche Züchtungen beschleunigen. „Wir sollten das nicht unkritisch, aber doch offen diskutieren, ohne den Ballast der alten Gentechnikdiskussion", meint Agrarexperte Steinmann.

Wahrscheinlich gibt es wenige Landwirte, die bestreiten würden, dass es beim Pestizideinsatz ein hohes Einsparpotenzial gibt. Es fehlen aber die Anreize beziehungsweise der Druck, das auch auszuschöpfen. Auf die chemische Industrie, die mit dem Verkauf von Pestiziden Milliarden verdient, kann man dabei naturgemäß nur eingeschränkt zählen. Neben Maßnahmen wie gesetzlichen Vorgaben, Forschung und staatlicher landwirtschaftlicher Beratung seien aber auch die Bauern in die Pflicht zu nehmen, sagt Horst-Henning Steinmann: „Mehr Grips und Engagement für nicht chemische Methoden sind gefragt. Wir müssen dahin kommen, dass Landwirte nicht mehr über chemische Pflanzenschutzmittel fachsimpeln, sondern Interesse an nicht-chemischen Alternativen entwickeln."

Weniger Pestizide bedeutet mehr Arbeit bei weniger Ertrag

Die meisten dieser alternativen Methoden erfordern von den Bauern mehr Arbeitseinsatz bei gleichzeitig höheren Ernteverlusten, was wiederum die Produktionskosten und damit auch den Preis im Ladenregal steigert. Die Frage, die wir uns als Verbraucher stellen müssen, ist, ob es das nicht wert ist. Ein anderer verbrauchergesteuerter Aspekt ist das Verlangen nach 100 % makellosen Früchten. Wer greift schon zu den Äpfeln mit den (harmlosen) Rostpilzflecken, wenn daneben unbefleckte Exemplare liegen? Kaum jemand macht sich aber Gedanken darüber, dass die Großhändler diesen Druck an die Landwirte weitergeben, die dann entsprechend stark etwa Fungizide einsetzen müssen, um fleckenfreie Äpfel zu ernten.

Dem Gesetzgeber steht ein ganzes Arsenal von Maßnahmen zur Verfügung, um pestizidreduzierende Methoden zu unterstützen. Was am wirkungsvollsten ist, müsse aber im Einzelfall geprüft werden, meint Robert Finger, Agrarökonom an der ETH in Zürich. Finger und sein Team spielen die Auswirkungen verschiedener Maßnahmen mit Computermodellen durch. Eine Modellierung ergab, dass der Maisanbau im Westen Deutschlands sehr gut ohne Glyphosat auskommen könnte. Man müsse das aber regional betrachten, sagt Finger, der höhere Preise für Glyphosat besser fände als ein Totalverbot – denn so würde man sich keine Handlungsoptionen verbauen.

Dies ließe sich etwa durch eine Steuer auf Pflanzenschutzmittel erreichen, wie Finger und Kollegen untersucht haben. Eine Pestizidabgabe fordern auch Wissenschaftler am Helmholtz-Zentrum für Umweltforschung (UFZ) in Leipzig. Ähnliche Modelle gibt es bereits in Norwegen, Dänemark, Schweden und Frankreich. Und nicht zuletzt böte auch eine Umverteilung der Agrarsubventionen von der Fläche hin zu besonders umweltschonenden Landwirten eine vielversprechende Maßnahme auf dem Weg zu einer pestizidfreien Landwirtschaft.

Pestizide in Deutschland

Die Stoffgruppe der Neonikotinoide (kurz: Neoniks) greifen direkt das Nervensystem der Insekten an, indem sie dort Transportkanäle in Nervenzellen blockieren. Die drei im April 2018 EU-weit im Freiland verbotenen Stoffe Thiamethoxam, Imidacloprid und Clothianidin gelten als besonders wirksam und machten 2012 fast 85 % der verkauften Neoniks weltweit aus. Als erstes Neonikotinoid wurde 1991 Imidacloprid synthetisiert. Heute gibt es sieben Hauptwirkstoffe, die ein Viertel des weltweiten Pestizidmarktes ausmachen. Ein Großteil davon wird in Lateinamerika, Nordamerika und Asien verkauft, 11 % in Europa. Die drei Wirkstoffe waren in der EU bereits seit 2013 bei der Saatgutbehandlung von Mais, Raps und Getreide verboten, nun trifft es vor allem den Zuckerrübenanbau.

Rund 280 verschiedene Wirkstoffe in Pflanzenschutzmitteln hat das Bundesamt für Verbraucherschutz und Lebensmittelsicherheit für die Anwendung in Deutschland zugelassen. Die Mittel sollen Kulturpflanzen vor Schädlingen wie Pilzen, Insekten oder Milben schützen oder vor der Konkurrenz durch andere Pflanzen, sogenannte Unkräuter. Von diesen Wirkstoffen kommen bei uns jedes Jahr über 30.000 t zum Einsatz. In den meisten Kulturen ist es mit einer Anwendung nicht getan. Häufig wird mehrfach gespritzt, im Weinbau oder in Obstkulturen wie Apfelplantagen können das über 20 Spritzungen im Jahr sein. Um die Wirkstoffe gezielter an den gewünschten Einsatzort zu bringen, wurde für den Ackerbau das Beizen von Saatgut entwickelt. Dabei wird das Samenkorn etwa von Mais, Raps oder Rüben maschinell mit einer Pestizidschicht umgeben, die nach der Aussaat den Keimling und die aufwachsende Pflanze vor Schädlingen wie Pilzen oder Insekten schützt.

Die Geschichte der synthetischen Pestizide ist ein Wettlauf von Entwicklung, Zulassung, Überprüfung und Verboten. Vertraute man nach dem Zweiten Weltkrieg noch bedenkenlos auf die Vorteile der Pflanzenschutzmittel, kamen spätestens in den 1960er Jahren mit Bekanntwerden der fatalen Wirkung von DDT (und anderen Chlorkohlenwasserstoffen) auf die Vogelwelt erste Zweifel auf. Seither wurden ständig neue Wirkstoffe auf den Markt gebracht, überprüft und wieder verboten.

Die Neonikotinoide gibt es seit Anfang der 1990er Jahre. Aber weder gentechnische Entwicklungen wie die Kombination von Glyphosat und glyphosatresistenten Pflanzensorten, noch bessere Wirksamkeit etwa der Neonikotinoide konnten die insgesamt eingesetzten Pestizidmengen bislang reduzieren. In Deutschland ist die im Anbau verwendete Pestizidmenge seit Anfang der 1990er Jahre in etwa auf dem gleichen Niveau geblieben, während sie weltweit deutlich gestiegen ist. Zwar kommt auch der Bioanbau nicht ganz ohne Pestizide aus, allerdings werden dort nur in der Natur vorkommende Wirkstoffe eingesetzt, wie zum Beispiel Kupfer-, Schwefel- oder Eisenverbindungen, oder natürliche Gegenspieler von Schädlingen wie bestimmte Bakterien oder Nützlinge.

Aus Spektrum Kompakt, Pestizide – Pflanzenschutz mit Risiken und Nebenwirkungen 2018

Gunther Willinger ist Biologe und Wissenschaftsjournalist in Tübingen.

Die Landwirtschaft wetterfest machen

Quirin Schiermeier

Der Klimawandel stellt eine große Gefahr für die Lebensmittelproduktion dar. Wissenschaftler helfen nun Landwirten, den Ackerbau widerstandsfähiger zu machen.

Frank Untersmayr wuchs nahe des österreichischen Amstetten auf und sah als Kind zu, wie sein Vater bis Ende April warten musste, bis er endlich seinen Mais pflanzen konnte: Der Boden musste sich nach dem Winter erst aufwärmen. „Seitdem wurde es hier immer wärmer, sodass wir jetzt schon vor Mitte April mit dem Einsäen beginnen können", erzählt Untersmayr, mittlerweile 44 Jahre alt und ebenfalls Landwirt. „Das ist gut, denn es bedeutet, dass Mais, der in unserem Klima eigentlich nicht vollkommen reift, jetzt zwei Wochen länger wachsen kann."

Doch der Wandel geht noch weiter – weshalb sich Untersmayr und ein halbes Duzend anderer Bauern aus der Region an einem verregneten Tag im Mai 2015 in der örtlichen Landwirtschaftskammer zusammensetzen. Sie wollen mit Wissenschaftlern darüber diskutieren, inwiefern steigende Temperaturen und veränderte Niederschläge den regionalen Ackerbau beeinträchtigen könnten – und was die Landwirte selbst tun müssen, um sich daran anzupassen.

Martin Schönhart, Agrarökonom am Institut für nachhaltige Wirtschaftsentwicklung der Universität für Bodenkultur Wien, stellt an diesem

Q. Schiermeier (✉)
München, Deutschland
E-Mail: q.schiermeier@nature.com

E. Gottfried (Hrsg.), *Landwirtschaft – Wege aus der Krise*,
https://doi.org/10.1007/978-3-662-64960-2_13

Tag erste Prognosen durchschnittlicher Ernteerträge für das Jahr 2040 vor. Einige Getreide- und Obstsorten profitierten demnach von der erwarteten Klimaerwärmung. Bei anderen Sorten verringerten sich hingegen der Ertrag – darunter auch beim Mais – bis zu 20 %, da veränderte Niederschlagsregime und Wetterextreme jene Gewinne auslöschten, die die wärmeren Temperaturen ursprünglich gebracht hätten.

Als sie diese derart negativen Vorhersagen hörten, schüttelten einige der Landwirte nur ungläubig ihre Köpfe. „Ich verlasse mich lieber auf meine eigenen Erfahrungen als auf solche Vorhersagen", meint Untersmayr. Seine Reaktion offenbart die Kommunikationslücke, die lange Zeit Wissenschaftler und Bauern mit Blick auf den Klimawandel getrennt hat. „Es besteht eine tiefe Kluft zwischen der Forschung und den vermeintlichen Adressaten", erklärt Nora Mitterböck, die die Anpassungsstrategien für den Klimawandel am Bundesministerium für Land- und Forstwirtschaft, Umwelt und Wasserwirtschaft in Wien beaufsichtigt. „Es gibt keinen Mangel an Klimafolgenforschung. Allerdings erreicht letztendlich nur ein winziger Bruchteil der Ergebnisse den Landwirtschaftsbetrieb. Das ist eine traurige Situation, die sich eindeutig ändern muss."

Die Ernährung der Welt

Weltweit bemühen sich Wissenschaftler, Landwirte, Agrarunternehmen und Regierungen, die Anbausysteme anpassungsfähiger zu gestalten, was unerlässlich ist, wenn sie die wachsende Weltbevölkerung ernähren sollen. Einige von ihnen arbeiten mit kurzfristigen Ansätzen, um die heutigen landwirtschaftlichen Betriebe robuster zu machen. Andere wiederum blicken in die Zukunft und liefern die nötigen Informationen, die für umfassendere Änderungen nötig sind – beispielsweise für die Investition in große Bewässerungssysteme.

Schönharts Forschungsarbeit ist Teil eines 14-Mio.-EUR-Programms, des sogenannten „Modelling European Agriculture with Climate Change for Food Security" (MACSUR): einem Ökosystemmodell, das den europäischen Staaten helfen soll, sich auf den Klimawandel vorzubereiten und sich daran anzupassen. Eine weitere internationale Initiative, das „Agricultural Model Intercomparison and Improvement Project" (AgMIP), bringt hunderte Forscher an einen Tisch, um politische Entscheidungsträger in Entwicklungsländern sowie landwirtschaftliche Beratungsunternehmen zu informieren, die die Bauern unterstützen.

Begegnungen wie jene in Amstetten sind Hauptaufgabe dieser Arbeit. Damit die Anpassungsprogramme gelingen, müssen Forscher von Landwirten und Agrarfunktionären lernen, welche Art der Information ihnen am besten helfen könne, meint Anne-Maree Dowd, eine Sozialwissenschaftlerin der Commonwealth Scientific and Industrial Organisation in Kenmore, Australien. „Wissenschaftler neigen dazu, vorrangig Publikationen als Hauptlohn ihrer Arbeit zu betrachten", erklärt sie. „Was die Klimawandelvorsorge angeht, müssen sie gründlich ihre Einstellung ändern und in erster Linie an das praktische Gesamtziel ihrer Arbeit denken."

Anpassen, um zu überleben

Landwirte auf der ganzen Welt produzieren jährlich mehr als eine Milliarde Tonne Mais, dazu 750 Mio. t Reis, mehr als 700 Mio. Weizen und fast zwei Milliarden Tonnen Zuckerrohr. Trotzdem hungern mehr als 800 Mio. Menschen im Jahr. Auch ohne Klimawandel ist die Landwirtschaft einem gewaltigen Druck ausgesetzt, da die Erdbevölkerung bis zum Jahr 2050 von sieben auf etwa neun Milliarden anschwellen wird.

Unbeständige Niederschlags- und Temperaturmuster werden besonders den Bauern in ärmeren Ländern zusätzlichen Stress bereiten. Für mache Regionen werden mehr Hitzewellen, Dürren und extreme Stürme erwartet. Dabei sind landwirtschaftliche Prognosen ohnehin schon schwierig, weil verschiedene Unsicherheitsfaktoren eine Rolle spielen: Wie wandelt sich das Klima regional? Welche Nutzpflanzen können wo angebaut werden? Welche Düngemittel sind verfügbar? Letztes Jahr prognostizierte eine umfassende Studie mit mehreren Klima- und Agrarmodellen, dass die negativen Folgen des Klimawandels für Weizen- und Maisproduktion in den Tropen und Subtropen – wo die Mehrheit der Entwicklungsländer liegt – die positiven Einflüsse bei Weitem übertreffen. In einer weiteren Arbeit untersuchten Wissenschaftler 1700 Simulationen und schätzten, dass ohne Anpassungsbemühungen die Mais-, Weizen- und Reisernten sowohl in gemäßigten als auch in tropischen Zonen zurückgehen werden, sollten die Temperaturen um mehr zwei Grad Celsius steigen.

Einer der ersten Schritte hin zum „Agrarsystem der Zukunft" hilft den Landwirten, mit den gegenwärtigen Wetterextremen umzugehen. Beispielsweise züchten Agraringenieure neue Sorten, die einem höheren Salzgehalt, Überflutungen oder Dürreperioden trotzen können. Millionen von Bauern in den Tieflagen Indiens, Nepals und Bangladeschs kultivieren mittlerweile Reissorten, die vom philippinischen International Rice Research Institute

(IRRI) in Los Baños entwickelt wurden und Hochwasser besser überstehen können als traditionelle Varianten. Überschwemmungstolerante Sorten führten in den vorübergehend überfluteten Feldern zu Ertragssteigerungen um bis zu 45 % und halfen laut IRRI dabei, Ernährungsengpässe nach starken Hochwasserereignissen in Südostasien zu verhindern.

Digitale Revolution

Digitale Kommunikationsmittel bieten ebenfalls die Chance, die Erträge zu sichern und das Einkommen der Landwirte zu gewährleisten. Eine vom IRRI entwickelte App ermöglicht den örtlichen Agrarbehörden, Bauern anhand von Wetterdaten und örtlichen Bodeneigenschaften entsprechende Vorschläge zu schicken, wann sie Dünger benutzen oder ernten können. In den ersten sechs Monaten des Jahres 2015 verschickten sie über die Anwendung 170.000 Empfehlungen. Die Durchschnittserträge für diejenigen, die von dem Tool Gebrauch machten, erhöhten sich um etwa eine halbe Tonne pro Hektar – und damit um fast zehn Prozent, sagt Matthew Morrell, Projektleiter am IRRI. Maßgeschneiderte Echtzeitberatung wird voraussichtlich noch bedeutender werden, da Landwirte versuchen, mit den neuen Wetterbedingungen klarzukommen.

Erfolgreiche Anpassung erfordert über die nächsten Jahrzehnte hinweg noch größere Schritte nach vorne. In manchen Gegenden müssten Bauern wahrscheinlich vom Bewässerungsanbau auf halbtrockene Techniken umschalten oder sogar auf einen Teil ihres Landes verzichten. Oder Regierungen könnten sich dafür entscheiden, in teure Bewässerungssysteme zu investieren; im Mai entschloss sich zum Beispiel Australien, Projekte im Umfang von 65 Mio. australischen Dollar zu finanzieren, um das dürregeplagte Murray-Darling-Becken zu bewässern: Es produziert ein Drittel der Nahrung des Landes.

Die meisten Entwicklungsländer haben bereits damit angefangen, auf längere Sicht zu planen, indem sie groß angelegte Anpassungsstrategien entwickelten. Österreichs Entwurf listet über 130 Maßnahmen auf, die Wirtschaft des Landes „klimafit" zu machen. Im Agrarsektor reichen die geplanten Maßnahmen von veränderten Nutzpflanzen bis dahin, die Felder ganz brach zu legen und die Bodenbearbeitung zu verringern, um Erosion zu verringern. Es bleibt jedoch noch immer anstrengend, die Landwirte erst einmal dazu zu bringen, einige der aktuellen Vorschläge überhaupt umzusetzen, schildert Mitterböck. „Die Landwirte wollen immer möglichst kurzfristig gewinnträchtig zu sein. Für sie ist das Jahr 2040 noch Lichtjahre entfernt." Erfolgreiche Maßnahmen, meint sie, setzten voraus, dass alle wichtigen Interessenvertreter in den wissenschaftlichen Prozess eingebunden werden, damit Landwirte alle nötigen Informationen und Fördergelder bekommen.

Die meisten Studien zu Klimafolgen und -anpassung scheiterten bislang daran, einzukalkulieren, wie komplex die moderne Landwirtschaft mittlerweile ist, erklärt Holger Meinke, Direktor des Tasmanian Institute of Agriculture in Hobart, Australien. „Anpassungsforschung muss ein Querschnittsthema sein, denn nüchterne Entscheidungen beruhen sicherlich nicht allein auf Erwägungen zum Klimawandel." In Amstetten würde man dieser Aussage völlig zustimmen. „Wir passen uns permanent an – an die Lebensmittelpreise, Förderprogramme und modernen Maschinen", berichtet Untersmayr. „Und natürlich müssen wir ständig dem Wetter folgen – Klimawandel hin oder her."

Hilfe für die Zukunft

Regierungen und Forscher beginnen nun zuzuhören: In Australien tauschen sich Wissenschaftler, die an der nationalen Klimaanpassungsinitiative beteiligt sind, beispielsweise regelmäßig mit Landwirten über deren Unkrautbekämpfungsmaßnahmen aus und diskutieren, wie die Wissenschaft auftretende Probleme lösen könnte. Entwicklungsländer besitzen weniger Ressourcen, um derart für die Zukunft zu planen, doch die im AgMIP beteiligten Forscher kontaktieren bereits in 20 Ländern Afrikas und Südasiens Landwirte und Interessenvertreter.

Das im Jahr 2010 gestartete 15-Millionen-Euro-Programm kombiniert Informationen aus dem Klimaschutz sowie aus Ernte- und Wirtschaftsmodellen mit empirischen Daten, die von sieben regionalen Teams vor Ort gesammelt wurden. Um Unstimmigkeiten zwischen den einzelnen Modellen vorzubeugen, planen die AgMIP-Forscher nun, in jeder Region sowohl ein optimistisches als auch ein pessimistisches Szenario für zukünftige Situationen zu entwickeln. In den nächsten fünf Jahren wollen sie einheimische Planer beraten, inwiefern der Klimawandel Landwirte in ihrer Gegend betreffen könnte und welche gesellschaftlichen Gruppen und Hoftypen am stärksten gefährdet sind. Dies soll den Anpassungsstrategien in ärmeren Ländern deutlich helfen, sagt Dumisani Mbikwa Nyoni, ein Berater aus Simbabwes Provinz Matabeleland North.

„Der Klimawandel bringt häufiger Dürre über unser Land", erklärt er. „Darum müssen wir Fruchtsorten ausfindig machen, die Trockenheit und unzureichende Bodenfeuchtigkeit vertragen können. Und wir müssen wissen, welche weiteren Optionen unsere Farmer noch haben. Ich hoffe, dass die Wissenschaft uns dabei hilft, das alles zu erreichen." Die Informationen von AgMIP können zudem simbabwischen Beamten bei der Entscheidung helfen, wo man zukünftig Bewässerungssysteme mit einer Gesamtfläche von 15.000 ha in den nächsten drei bis fünf Jahren errichten kann, fügt er hinzu.

AgMIP ist fest dazu entschlossen, eine derart nachhaltige Verständigung zu gewährleisten, meint Cynthia Rosenzweig, eine Klimafolgenforscherin am NASA Goddard Institute for Space Studies in New York City und Leiterin des Projekts. „Es ist sehr wichtig, dass die Verantwortlichen in jedem Bezirk und in jeder Ortschaft über das gesamte nötige Wissen verfügen", ergänzt sie. „Es gibt keine dummen Bauern, aber sie müssen sich nun mal nach aktuellen Gegebenheiten richten. Wir dürfen nichts unversucht lassen, ihnen bei der Anpassung an eine wärmere Zukunft zu helfen."

Der Artikel erschien unter dem Titel „Quest for climate-proof farms" in Nature 523, S. 396–397, 2015.

Aus Spektrum.de News 2015
https://www.spektrum.de/news/wie-besteht-die-landwirtschaft-im-klimawandel/1365059

Quirin Schiermeier ist Korrespondent von „Nature".

Getreide für alle Bedingungen

Roland Knauer

Auch nach 12.000 Jahren Getreideanbau sind die Züchter von Weizen noch längst nicht am Ziel. Sie suchen mit einer Mischung aus jahrtausendealten Prinzipien und den Hightech-Methoden des 21. Jahrhunderts Sorten, die zukünftigen Dürren trotzen und gefräßigen Insektenmäulern Widerstand leisten.

2018 war ein Dürrejahr, das einen guten Teil der Getreideernte Mitteleuropas vernichtet hat. Es unterstreicht die Mahnungen der Klimaforscher, nach denen solche Extremereignisse häufiger werden dürften. Das hat Züchter bestätigt, die schon seit Jahren an neuen, dürreresistenten Weizensorten arbeiten.

Allerdings sollten sich die Züchter keineswegs auf die Entwicklung von Getreidesorten beschränken, die künftig auf den Feldern der Bauern besser mit Dürren zurechtkommen. Könnte uns doch der Klimawandel noch andere Überraschungen bescheren. Vielleicht werden in Zukunft Insekten wie befürchtet massenweise über das Getreide der Welt herfallen und große Teile der Ernte vernichten. Ein vorausschauender Weizenzüchter sollte also mit dem Züchten neuer Sorten anfangen, an denen sich nicht nur die gefräßigen Mäuler der Schädlinge die Kauwerkzeuge ausbeißen, sondern die auch den Dürresommern der Zukunft standhalten.

Zusätzlich braucht ein erfolgreicher Weizenzüchter unserer Zeit für seinen Job neben den Hightech-Methoden des 21. Jahrhunderts auch noch hellseherische

R. Knauer (✉)
Lehnin, Deutschland
E-Mail: roland@naturejournalism.com

E. Gottfried (Hrsg.), *Landwirtschaft – Wege aus der Krise*,
https://doi.org/10.1007/978-3-662-64960-2_14

Fähigkeiten, die ihm zukünftige Trends verraten: Welche Backqualitäten könnten gefragt sein, welche Einschränkungen gibt es dann bezüglich Dünger und Pflanzenschutzmitteln? Kommt zum Beispiel hier zu Lande das in der Türkei und im Nahen und Mittleren Osten sehr beliebte Fladenbrot in Mode, braucht der Bäcker dazu einen Weizen mit ganz anderen Backeigenschaften als für Ciabatta.

Einfach aus dem Ärmel schütteln lassen sich die Zutaten für die besten Sorten also kaum. Muss doch der Züchter von der vermuteten Entwicklung der Ernährungsgewohnheiten über mögliche Wetterkapriolen durch den Klimawandel bis zu politischen Vorgaben an die Landwirtschaft zum Einsatz von Düngern und Pflanzenschutzmitteln einen großen Teil der Entwicklung im kommenden Jahrzehnt und darüber hinaus im Auge behalten – und sollte sich bei dieser Hellseherei möglichst keine Fehler leisten. Obendrein ist das Züchten neuer Weizensorten selbst ohne solche Einflüsse deutlich schwieriger als bei anderen Pflanzen, weil dieses für die Welternährung und die Menschen Mitteleuropas gleichermaßen immens wichtige Getreide eine komplizierte Entwicklung durchlaufen hat, die umfassende Spuren in seinem Erbgut hinterlassen hat.

Unklare Vorfahren des Weizens

Vielleicht werden die Forscher ja nie genau herausfinden, wie die Jäger und Sammler der Steinzeit vor vielleicht 12.000 Jahren sich langsam in Richtung Ackerbau orientierten. Auch der exakte Ort des Geschehens lässt sich wohl nicht mehr klären. Irgendwo im „Fruchtbaren Halbmond" zwischen den heutigen Staaten Iran, Irak, Jordanien und Syrien jedenfalls kreuzten sich vielleicht schon vor einer halben Million Jahren zwei Gräser miteinander. Heraus kam der Urahn der heutigen Weizenarten, den Bauern Emmer und Forscher *Triticum dicoccum* nennen.

Einer der Vorfahren dieses auch Zweikorn genannten Getreides heißt *Triticum urartu* und ist ein sehr naher Verwandter des Einkorns *Triticum monococcum*, das bereits vor knapp 10.000 Jahren am Oberlauf des Euphrat und vor fast 9000 Jahren im biblischen Jericho angebaut wurde – und noch heute von traditionsbewussten Spezialisten zu Nudeln, Brot und Bier verarbeitet wird. Den anderen Ahnen konnten die Forscher noch nicht dingfest machen, es muss sich aber um einen nahen Verwandten des Süßgrases *Aegilops speltoides* handeln.

Im Erbgut beider Vorfahren des Emmers lag genau wie beim Menschen und den meisten Tieren und Pflanzen ein doppelter Satz von Chromosomen vor, von dem normalerweise je eine Hälfte von einem Elternteil stammt. Der Emmer aber hat von jedem seiner beiden Ahnen diesen doppelten Erbgutsatz behalten. Daher steckt in seinen Zellen ein vierfacher Chromosomensatz. Dieser Emmer wird mancherorts noch immer angebaut. Bekannter ist aber sein Nachkomme, der Hartweizen, aus dem vor allem in Italien, aber auch in Frankreich, Spanien und Griechenland Pasta und andere Teigwarenköstlichkeiten hergestellt werden.

Sechsfacher Chromosomensatz führt nicht zur reinerbigen Sorte

Lange vor seinem Anbau durch die ersten Steinzeitbauern aber hatte der Wilde Emmer mit dem Ziegengras *Aegilops tauschii* vor ungefähr einer viertel Million Jahren eine weitere Liaison, aus der die Vorfahren des heutigen Weizens und Dinkels entstanden. Wie schon bei der Entstehung von Emmer behielten auch Weizen und Dinkel jeweils die vier Chromosomensätze des Emmers und die beiden des Ziegengrases bei. Das heutige Brotgetreide hat daher gleich einen sechsfachen Erbgutsatz. Diese extrem hohe Vielfalt ermöglicht einerseits sehr viele unterschiedliche Kombinationen. Die Züchter sehen diese riesige Spielwiese aber mit einem lachenden und einem weinenden Auge: Schließlich wollen sie möglichst reinerbige Sorten züchten, was bei einem sechsfachen Chromosomensatz eine mehr als herausfordernde Aufgabe ist.

Es gibt aber noch ein weiteres Problem: Genau wie der Züchter im 21. Jahrhundert Sorten entwickelt, die zum Beispiel mit den Wetterunbilden des Klimawandels möglichst gut fertigwerden, hatten auch alle seine Vorgänger bestimmte Ziele vor Augen. So waren die Ähren der wilden Vorfahren unserer heutigen Weizenfamilie noch recht brüchig. Schon ein kräftiger Windstoß konnte das Korn herausschleudern, aus dem auf dem Boden bald eine neue Pflanze keimte. Für die Verbreitung der Gräser war dieser Mechanismus genial. Für die Steinzeitbauern aber bedeuteten solche leeren Ähren Hunger. Also suchten sie Pflanzen mit stabileren Ähren, aus denen nicht der Wind, sondern die Bauern die Körner herausdreschen konnten.

Um dauerhaft gezüchtet zu werden, ist aber noch eine zweite Eigenschaft nötig: Die Nutzpflanze Einkorn befruchtet sich meist selbst. Daher können sich ihre wilden Vorfahren kaum mit ihr kreuzen und so den Nachkommen unter Umständen die brüchigen Ähren zurückbringen. Dank dieser Selbstbestäubung wächst Einkorn noch heute mit festen Ähren gut auf den sandigen und armen Böden, auf denen seine wilden Vorfahren zu Hause waren. Leider ernten die Bauern auf einem 100 mal 100 m großen Feld allenfalls zwei Tonnen Einkorn, bei Weizen holen deutsche Landwirte dagegen rund 9 t von einem ebenfalls einen Hektar großen Acker.

Getreide

Alle wegen ihrer stärkehaltigen Früchte kultivierten, einjährigen Pflanzen (z. B. auch Buchweizen, Reismelde/Gänsefuß); im engeren Sinne nur Süßgräser, die wegen ihrer stärkehaltigen Nussfrüchte angebaut werden. Die Getreide sind die ältesten und wichtigsten bekannten Kulturpflanzen. So sind Emmer (Weizen) und Gerste schon seit ca. 8000–10.000 Jahren in Kultur. Getreide warmer Klimate sind vor allem Reis, Mais und Hirsen, in kühl gemäßigten Gebieten sind Weizen (das wirtschaftlich bedeutendste Getreide überhaupt), Gerste, Roggen und Hafer wichtig. Für den Anbau ist eine gute Versorgung mit Wasser, Kalium und Stickstoff besonders zu Beginn der Vegetationsperiode notwendig. Nur die Hirsen sind trockenresistent. Wegen des hohen Nährstoffverbrauchs ist Getreide eine schlechte Vorfrucht. Durch Wachstumsregulatoren (z. B. Chlorcholinchlorid) und zusätzliche Stickstoffspät-Düngung können Qualität und Proteingehalt der Körner beeinflusst werden. Günstige Bestockungszahlen (mittlere Halmzahl pro Pflanze) können durch eine entsprechende Saattiefe erreicht werden (2–3 bei Winterweizen, 1–2 bei Sommerweizen). Die Aussaat erfolgt in Mittel-Europa im Frühjahr (Sommergetreide) oder im Herbst (Wintergetreide). Nach der Wasseraufnahme des Getreidekorns (Quellung) wachsen je nach Art 3 bis 8 Keimwurzeln und das Keimblatt aus. Bei der anschließenden Bestockung entwickeln sich das sekundäre Wurzelsystem, die Blätter, ein Haupt- und mehrere Seitentriebe. Das anschließende Schossen ist durch ein starkes Längenwachstum der Internodien gekennzeichnet, bei dem zuletzt der Blüten- oder Fruchtstand aus der schützenden Blattscheide geschoben wird (Ährenschieben). Weizen, Gerste und Hafer zeigen Selbstbefruchtung, während z. B. Roggen windbestäubt ist. Bei der Fruchtreife unterscheidet man 4 Reifestadien. Beim Spelzgetreide sind im Gegensatz zum Nacktgetreide Vorspelze und Deckspelze mit der Frucht verwachsen (Hafer, Gerste, Reis). Die Bestandteile des Getreidekorns sind ballaststoff-, mineralstoff-, protein-, fett- und vitaminhaltig. Ca. 14 % der Kornmasse bestehen aus verwachsener Frucht- und Samenschale sowie innenliegender Aleuronschicht, ca. 83 % der Kornmasse aus dem kohlenhydratreichen Mehlkörper, ca. 3 % der Kornmasse aus dem fett- sowie proteinreichen Keimling. Die Getreidekörner werden vor dem Verzehr i. d. R. weiterverarbeitet: Weizen und Roggen sind Brotgetreide und werden zur Herstellung von Mehl verwendet; die anderen sind Breigetreide, aus denen Flocken, Graupen oder Gries hergestellt werden. Getreideprodukte werden auch als Cerealien bezeichnet. Vor allem Gerste, Roggen und Weizen werden außerdem zur Bereitung von Bier und anderen alkoholischen Getränken sowie als Ersatz für Kaffee verwendet. In Deutschland werden 60–70 % der Getreideernte als Viehfutter verwendet. Neben den Körnern werden auch die Getreidehalme als Streu, Futter, Flechtmaterial und Cellulosequelle (Bioenergie) genutzt.

Die Spreu vom Weizen trennen

Schon in der Steinzeit versuchten die Bauern daher immer die Pflanzen weiterzuzüchten, die größere Körner und Ähren hatten und so höhere Erträge garantierten. Und sie achteten noch auf weitere Eigenschaften: Beim Einkorn lösen sich ähnlich wie bei anderem „alten" Getreide wie dem Dinkel die Körner nur schwer aus ihrer schützenden Hülle. Diese Spelzen müssen daher in einem zusätzlichen Arbeitsschritt entfernt werden. Beim Weizen konnte bereits beim Dreschen die Spreu leichter vom Korn getrennt werden. Auf andere Eigenschaften achteten die Züchter dagegen weniger, von ihnen gingen daher im Lauf der Zeit einige mehr oder weniger zufällig verloren.

Manche dieser Verluste würden die Weizenzüchter des 21. Jahrhunderts gerne wieder zurückholen. So gibt es jedes Jahr massive Verluste bei der Weizenernte durch Krankheiten wie die durch Eipilze ausgelöste Wurzelfäule oder durch die sehr giftigen Mutterkornpilze. Einkorn dagegen hat starke Widerstandskräfte gegen solche Schädlinge, die Züchter gerne dem Weizen zurückgeben würden.

Andreas Börner, Agrarwissenschaftler am Leibniz-Institut für Pflanzengenetik und Kulturpflanzenforschung (IPK), ist Herr über mehr als 28.000 Weizen- und mehr als 23.000 Gerstesaatgutproben. In Sammelaktionen in verschiedenen Weltgegenden und im Tausch mit anderen Saatgutbanken oder botanischen Gärten sowie bei vielen anderen Aktivitäten sind nicht nur Sorten aus aller Herren Länder, sondern auch die Wildformen unseres Getreides in das Vorland des Harzes gelangt und werden dort fein säuberlich geordnet in Kühlkammern bei Temperaturen von minus 18 °C gelagert.

Das IPK ist aber weit mehr als ein Zentraldepot für alte Sorten. Untersuchen die Forscher in Gatersleben doch nicht nur die genetische Vielfalt; sie analysieren auch die Widerstandsfähigkeit von Wildformen gegen Pflanzenkrankheiten, die unsere Ernten gefährden, und kreuzen solche Resistenzen in die herkömmlichen Weizensorten ein. Vor allem aber bekommen Züchter und andere Interessenten auf Anfrage Proben der Sorten und können damit ihre eigenen Züchtungen beginnen.

Welche Gene sorgen für Dürreresistenz?

Nicht weit entfernt arbeiten einige dieser Interessenten in der Welterbestadt Quedlinburg im Institut für Resistenzforschung und Stresstoleranz des Julius-Kühn-Instituts (JKI) an neuen Technologien beim Züchten von Weizen. Institutsleiter Frank Ordon und seine Kollegen konzentrieren sich dabei auf das Erbgut dieses Getreides, das im August 2018 mit etwa 94 % fast vollständig entschlüsselt wurde und das mit 17 Mrd. Bausteinen rund fünfmal größer als das Erbgut eines Menschen ist. 107.891 Gene identifizierten IPK-Forscher Nils Stein und seine mehr als 200 Kollegen aus 73 Forschungsinstituten in 20 Ländern im Weizen. Obendrein haben sich die Forscher bereits angeschaut, wie aktiv diese Gene sind, wenn die Pflanzen zum Beispiel während einer Dürre unter Wassermangel leiden.

Ergebnisse dieser Art helfen natürlich Frank Ordon und seinen Kollegen enorm weiter. Denn sie sind genau diesen Regionen im Erbgut des Getreides auf der Spur, die dem Weizen und seiner Verwandtschaft helfen, widrigen Umweltbedingungen wie den Dürren zu trotzen. Die JKI-Forscher fahnden aber auch nach Widerstandskräften gegen Pilze, Bakterien und Viren, die jedes Jahr erhebliche Ernteschäden verursachen. Solche Schäden aber werden mit dem Klimawandel zunehmen, weil langfristig die Herbste milder werden dürften. Davon profitieren viele Insekten, die bei kalter Witterung nicht mehr unterwegs sind. Von denen wiederum knabbern nicht nur etliche Arten am keimenden Wintergetreide, viele übertragen zudem auch noch die Erreger von Pflanzenkrankheiten.

Da gibt es zum Beispiel das Weizenverzwergungsvirus WDV (Wheat Dwarf Virus), das genau genommen aus zwei unterschiedlichen Viren besteht, von denen eines Gerste und das andere Weizen befällt. Als dem Hitzesommer 2003 auch noch ein außergewöhnlich warmer Herbst folgte, konnten winzige Zikaden diese Viren offensichtlich effektiv übertragen, und vor allen in Franken litt das Wintergetreide sehr. Im kommenden Jahr vergilbten die Pflanzen, viele hatten sterile Ähren und konnten so keine Getreidekörner bilden. Mancherorts fiel so die Getreideernte im Jahr 2004 komplett ins Wasser.

Weizen mit Viren lässt sich kaum behandeln

Lassen sich schon beim Menschen Virusinfektionen nur schwer behandeln, ist gegen Infektionen mit den WDV-Erregern, deren Erbgut aus einem Ring von Einzelstrang-DNA besteht, erst recht kein Kraut gewachsen. Auch Insektizide entpuppen sich als stumpfe Waffe im Kampf gegen diese Infektion, weil die sehr beweglichen Zikaden den Giften leicht aus dem Weg gehen und WDV auch unter der chemischen Keule gut übertragen können. Wenn der Klimawandel häufiger für einen warmen Herbst sorgt, dürften die Probleme mit dieser Weizenkrankheit also zunehmen.

Aus gutem Grund säen die JKI-Forscher in Quedlinburg also hunderte der in Gatersleben lagernden Weizensorten in tunnelförmigen Vertiefungen aus, die mit Vlies abgedeckt werden. Dort werden dann Zikaden ausgesetzt. Anschließend schauen sich die Forscher das Erbgut der Pflanzen und Sorten genauer an, die diese Prozedur überlebt haben und die daher vielleicht Widerstandskräfte gegen WDV besitzen. Seit das Weizengenom identifiziert ist, fällt es ihnen viel leichter, die Erbeigenschaften einzugrenzen, die für solche Resistenzen verantwortlich sein könnten. Einen Genotyp, der WDV-Infektionen zumindest toleriert, konnten die JKI-Forscher bereits identifizieren. Nach einer solchen Infektion liefert er 60 % höhere Erträge als Pflanzen ohne derartige Widerstandskräfte.

Zur Identifizierung entsprechender Sorten nutzen die Forscher modernste Technologie. So fotografieren Kameras die Pflanzen in Wellenlängen zwischen 400 und 4000 nm. Mit einer Hyperspektralanalyse erkennt man auf den Bildern die Symptome von Erkrankungen schon nach zwei Tagen, während das bloße Auge erst nach einer Woche fündig wird. In den betroffenen Pflanzenteilen untersuchen die JKI-Forscher dann, welche Erbeigenschaften dort aktiv sind, und können so die Stellen im Erbgut einkreisen, die dem Getreide Widerstandskräfte gegen WDV verleihen. Sind diese Sequenzen erst einmal bekannt, erleichtern sie die Suche nach resistenten Sorten natürlich enorm.

Mit ähnlichen Methoden suchen Frank Ordon und seine Mitarbeiter auch Sorten, die besser mit der von *Septoria-tritici*-Pilzen verursachten Weizen-Blattdürre fertig werden, die ebenfalls den Ertrag um 40 % senken kann. Lässt der Klimawandel die Temperaturen steigen, vermehren die Pilze sich schneller und die Schäden nehmen zu. Obendrein sind die Erreger oft bereits gegen herkömmliche Pflanzenschutzmittel resistent. Da kommt eine von den JKI-Forschern isolierte Winterweizenlinie mit Resistenzen gegen die Weizen-Blattdürre gerade recht. In weiteren Versuchen lassen die

Forscher Weizensorten in Böden wachsen, die 30 oder 70 % Bodenfeuchte haben. Nach einiger Zeit sollten sich Sorten herauskristallisieren, die mit 30 % Bodenfeuchtigkeit besser zurechtkommen und so den mit dem Klimawandel drohenden Dürresommern wie im Jahr 2018 Paroli bieten können.

60 % mehr Weizen braucht die Welt 2050

Bei diesen Versuchen sind die JKI-Forscher und ihre IPK-Kollegen in Gatersleben keine Einzelkämpfer. Bereits 2011 haben die Agrarminister der G20-Staaten eine Weizeninitiative angeregt, der 16 Staaten, neun Züchtungsunternehmen und zwei internationale Forschungszentren angehören, die ihre Ressourcen bündeln und ihr Wissen und ihre Ideen miteinander teilen: Weil die Weltbevölkerung weiterwächst, dürfte bis 2050 rund 60 % mehr Weizen als heute benötigt werden. Gleichzeitig aber kommen kaum neue Anbauflächen dazu. Daher sollten die bereits heute hohen Erträge in jedem Jahr um weitere 1,6 % steigen. Gelingen dürfte das nur mit neuen Sorten, die einerseits die vorhandenen und zugeführten Nährstoffe besser verwerten und die andererseits mit den dräuenden Witterungsphänomenen wie Dürren oder häufigeren Pflanzenkrankheiten gut fertigwerden.

Einer der treibenden Kräfte in dieser Weizeninitiative ist Ebrahim Kazmann von der Syngenta Seeds GmbH in Hadmersleben. Dieser Standort hat eine uralte Tradition, steht doch in Hadmersleben ein Benediktinerkloster, das 1809 in napoleonischen Zeiten in weltliche Hände überging. 1885 übernahm dann der Ornithologe Ferdinand Heine als fünfter Besitzer das ehemalige Kloster und begann dort Zuckerrüben, Kartoffeln, Hülsenfrüchte und vor allem Weizen zu züchten. Mit 106 Knechten, 32 Kaltblutpferden und 130 Zugochsen sowie 30 Rindern und 1800 Schafen, die insgesamt 600 ha mit Dünger versorgten, entwickelte man damals Sorten und lieferte Saatgut, das auf diversen Weltausstellungen zwischen 1894 und 1910 mit höchsten Auszeichnungen den Weltruhm von Hadmersleben als Mekka der Pflanzenzüchter begründete. Die Forschungstradition aus der Kaiserzeit überstand ungebrochen die Weimarer Republik, das Dritte Reich und die DDR, bis sie 2014 von der Syngenta Seeds GmbH übernommen wurde.

Längst sind die Weizenzüchter aus dem Kloster ausgezogen und entwickeln ihre neuen Sorten auf fetten Schwarzerdeböden auf der anderen Seite von Hadmersleben. Dabei baut Ebrahim Kazmann vor allem auf seine langjährige Erfahrung, aber auch auf die Ergebnisse der Forscher in Quedlinburg und in Gatersleben. Selbst mit diesem geballten Wissen dauert es zwölf Jahre, bis Syngenta eine neue Sorte verkaufen kann. Ganz am Anfang sucht sich Ebrahim Kazmann die richtigen Eltern für seine Neuentwicklung aus. Und die wollen gut überlegt sein. Schließlich bringt es wenig, wenn er einen Weizen züchtet, der zwar Dürren gut meistert, dessen Körner nach dem Mahlen aber nur mittelmäßige Backeigenschaften haben. Im Prinzip sollte eine neue Weizensorte nämlich am besten alles mitbringen: hervorragende Backeigenschaften, Widerstandskraft gegen diverse Schädlinge und Krankheiten sowie gleichzeitig auch sparsam mit Nährstoffen umgehen und hohe Erträge liefern, die ebenfalls steigen sollen.

Eine Pflanze als Eier legende Wollmilchsau

Nur lässt sich ein solcher Weizen, der einer Eier legenden Wollmilchsau gleicht, gar nicht so einfach züchten, weil einige dieser gewünschten Eigenschaften eigentlich gar nicht zusammenpassen. So hängen die Backeigenschaften des Mehls entscheidend vom Proteingehalt der Körner ab: Je mehr Proteine ein Weizenkorn enthält, umso lockerer wird der Kuchen oder das Brötchen, das der Bäcker daraus backt. Andererseits steckt in diesen Proteinen viel Energie, die den Pflanzen dann bei der Produktion von Stärke fehlt, die ihrerseits für den Ertrag wichtig ist. Hohe Erträge und sehr gute Backeigenschaften scheinen sich also auszuschließen.

Allerdings gibt es auch Sorten, die sehr gute Backeigenschaften mit niedrigeren Proteingehalten als andere erreichen. Der Trick dieser Sorten liegt an der Zusammensetzung der Klebereiweiße, die aus den beiden Gruppen der Glutenine und Gliadine bestehen. Beim Backen halten diese dehnbaren Eiweiße das entstehende Kohlendioxid in kleinen Bläschen fest, beim Abkühlen werden diese Kleberproteine dann fest und stabilisieren so die lockere Form mit vielen Bläschen. Enthält das Getreide dagegen wenig Klebereiweiß, wird der Teig viel fester.

Jedoch kleben einige Mischungen dieser Kleberweiße besser als andere. Züchter wie Ebrahim Kazmann suchen daher auch Sorten mit einer möglichst optimalen Zusammensetzung von Klebereiweißen, die gute Backeigenschaften bei hohen Erträgen ermöglichen.

Stroh wird knapp

Noch eine weitere Eigenschaft könnte in Zukunft eine wichtige Rolle spielen: Bei hohen Erträgen sind die Ähren natürlich schwerer als bei niedrigen, und die Getreidehalme brechen leichter. Daher haben moderne Hochleistungssorten kurze Halme, in denen auch weniger Energie steckt, die wiederum dem Ertrag zugutekommt und ihn erhöht. Demnach bleibt bei heutigem Weizen weniger Stroh übrig als in früheren Zeiten, in denen Stroh eine wertvolle Ressource war.

Genau diese wertvolle Ressource aber scheint Stroh heute wieder zu werden. So ist es zum Beispiel als Dämmstoff oder als Rohmaterial für die Herstellung von Biotreibstoffen gefragt. Das deutsche Biomasseforschungszentrum in Leipzig vermutet, man könne aus dem in Deutschland anfallenden Stroh im Jahr genug Methan herstellen, um damit vier Millionen Erdgasfahrzeuge fahren zu lassen. Bieten die Züchter in Zukunft also Sorten mit längeren Halmen an, die auch bei hohen Erträgen stabil sind, fällt auch mehr Stroh an und es könnten mehr Fahrzeuge mit Erdgas versorgt werden.

Ebrahim Kazmann muss sich also sehr gut überlegen, welche Eltern er miteinander kombiniert, um Sorten auf langen Halmen mit hohen Erträgen zu erhalten, die eine optimale Zusammensetzung der Klebereiweiße haben, die Nährstoffe gut verwerten und daher weniger Dünger brauchen sowie gleichzeitig den Unbilden des Klimawandels von Dürren bis zu häufiger zuschlagenden Schädlingen und Krankheiten Paroli bieten.

Sorgfältige Auswahl von Hand

Solche Kombinationen werden ausgesät, und in einer Parzelle in Hadmersleben reifen dann eineinhalb Millionen Weizenpflanzen. Unter diesen sucht Ebrahim Kazmann die besten aus. Das sind die Pflanzen, deren Blatt bis zur Reife des Getreides gesund bleibt und bis dahin wertvolle Inhaltstoffe an die Körner liefert. Das Getreide sollte auch weder zu früh noch zu spät reifen. Schließlich erntet der Bauer später ja nicht jeden Halm einzeln, sondern das ganze Feld gleichzeitig. Da ist es natürlich auch wichtig, dass die Halme in etwa gleich lang sind und möglichst stabil stehen.

Jahr für Jahr wählt er eigenhändig die jeweils besten Pflanzen aus, die dann weitergezüchtet werden. So bleiben von den anfänglich 1,5 Mio.

Pflanzen im ersten Jahr gerade noch 100.000 übrig, aus denen im zweiten Jahr 40.000, im dritten 2000 und im vierten Jahr 500.

Natürlich ergänzt der Züchter seine Erfahrung mit Analysen im Labor, mit denen er die wichtigsten Backeigenschaften untersucht. Dort trennen Polyacrylamid-Gelelektrophoresen die Proteine der Weizenkörner in Peptide auf. Aus dem Muster dieser Peptide kann man die Backqualitäten der Körner abschätzen. Daneben geben die Laboranten sieben Gramm Mehl in destilliertes Wasser, das nach ausgiebigem Schütteln in kochendes Wasser gestellt wird. Dabei quillt die Stärke ähnlich wie beim Backen auf, ein Viskosimeter misst, wie zäh die Flüssigkeit dabei wird und bestimmt so, wie viel quellfähige Stärke enthalten ist. 3,2 g Mehl werden in Wasser mit Bromphenylblau geschüttelt, danach mit Isopropylsäure und gekochter Milchsäure weitergeschüttelt. Je höher sich das Mehl danach am Boden absetzt, umso flockiger und damit backfähiger ist es. Obendrein bestimmen die Laboranten im nahen Infrarotlicht mit 200 g Körnern zerstörungsfrei die Feuchte, den Proteinwert sowie den Gehalt an Stärke und Klebern.

Nach diesen vier Jahren hat Ebrahim Kazman schließlich eine Sorte in der Hand, von der er weiß, ob es sich lohnt, sie weiterzuzüchten. In drei weiteren Jahren muss er dann den Wert dieser neuen Sorte prüfen, danach nehmen die Behörden sie noch fünf Jahre unter die Lupe. Vom Anfang der Züchtung bis zur Zulassung einer Sorte dauert es so leicht zwölf Jahre. So weit müssen Züchter wie Ebrahim Kazmann also in die Zukunft schauen, wenn sie mit der Arbeit an einer neuen Sorte beginnen. Und sollten sich dabei möglichst nicht irren. Schließlich bringen dürreresistente Sorten wenig, wenn der Klimawandel zwar heiße, aber auch verregnete Sommer bringen sollte, die ganz andere Sorten erfordern. Auf jeden Fall aber sollten die neuen Züchtungen höhere Erträge und hervorragende Backeigenschaften liefern. Es sei denn, auch in Mitteleuropa kommt in Zukunft Fladenbrot in Mode.

Aus Spektrum der Wissenschaft Kompakt Landwirtschaft – Neue Wege auf dem Acker 2019

Roland Knauer ist Wissenschaftsjournalist in Lehnin.

Capsaicin: Mit Schärfe gegen Mäuse

Daniel Lingenhöhl

Hungrige Mäuse können eine Plage sein. Um Saatgut zu schützen, haben Biologen womöglich eine neue Wunderwaffe gefunden.

Natürliche Grasländer gehören zu den am stärksten bedrohten Ökosystemen der Erde. Wo sich die Gelegenheit bietet, versuchen Ökologen daher, manche Gebiete wieder in einen naturnahen Zustand zurückzuversetzen. In den Prärien der Vereinigten Staaten werden aber ihre Versuche immer wieder von hungrigen Hirschmäusen sabotiert, wie Dean Pearson von der Rocky Mountain Research Station und sein Team in „Restoration Ecology" schreiben. Die Nager fressen rasch die Samen, welche die Wissenschaftler in der Natur ausbringen, um einheimische Pflanzen wieder anzusiedeln. Da Pearson und Co kein Gift gegen die Tiere einsetzen wollten, mussten sie eine alternative Abschreckung entwickeln – und kamen dabei auf Capsaicin, jenen legendären Stoff, der Chilis ihre Schärfe verleiht.

Das Unterfangen war nicht ganz einfach, wie die Forscher berichten: Sie mussten es schließlich irgendwie schaffen, dass das pulverisierte Chilipräparat an den Samen haften blieb, diese aber weiterhin keimfähig blieben. Zudem sollte der Überzug längerfristig aktiv sein und nicht schon nach kurzer Zeit durch Regen oder andere Umwelteinflüsse abgetragen werden. Vier Jahre lang testeten sie unterschiedliche Chilipräparate und Kombinationen im Labor und im Freiland, bis sie ein geeignetes Mittel

D. Lingenhöhl (✉)
Spektrum der Wissenschaft, Heidelberg, Deutschland
E-Mail: lingenhoehl@spektrum.de

E. Gottfried (Hrsg.), *Landwirtschaft – Wege aus der Krise*,
https://doi.org/10.1007/978-3-662-64960-2_15

gefunden hatten: ein Pulver basierend auf der Chilisorte Bhut Jolokia aus dem Nordosten Indiens, die zeitweilig als schärfster Chili der Welt galt. Derart behandelte Samen brachten Pearson und Co in Versuchsfeldern aus und verglichen die Fraßraten mit nahe gelegenen Arealen, in denen sie chilifreie Samen ausbrachten. Letztlich reduzierte die Capsaicinhülle die Fraßrate um 86 %; auf entsprechend ausgesäten Feldern wuchsen deshalb deutlich mehr Keimlinge einheimischer Pflanzenarten. Wichtig war allerdings auch der Aussaattermin gegen Ende des Winters, wenn die Mäuse zwar akuten Nahrungsmangel haben, aber auch der Bestand gleichzeitig deutlich dezimiert ist.

Die Wissenschaftler hegen jetzt die Hoffnung, dass diese Beschichtung vielleicht auch bei anderen Sämereien eingesetzt werden könnte. Saatgut für die Landwirtschaft ist zumeist mit Pestiziden gebeizt, um sie gegen Pilze oder Insektenfraß zu schützen. Capsaicin könnte womöglich eine umweltschonendere Variante liefern.

Aus Spektrum.de News, 07.08.2018

https://www.spektrum.de/news/mit-schaerfe-gegen-maeuse/1583426

Daniel Lingenhöhl ist Chefredakteur von „Spektrum der Wissenschaft", „Gehirn&Geist" und „Spektrum.de".

Mit Spürnasen gegen die Zitrusplage

Annika Röcker

Die Nasen von Hunden sind offenbar noch feiner als gedacht. Sie erschnüffeln einen Schädling, der Zitrusbäume killt – und zwar früher und zuverlässiger als der Labortest.

Hunde haben bekanntlich eine feine Nase: Sie erschnüffeln, wenn Menschen bestimmte Krankheiten haben oder Käfer Bäumen schaden und spüren auch bedrohte Tierarten in der Wildnis auf. Zudem können die Vierbeiner offenbar sogar einzelne Bakterienstämme unterscheiden, wie nun ein Team um den Agrarwissenschaftler Timothy Gottwald vom US Department of Agriculture vermutet. Gottwald hatte mit seinen Kollegen Schäferhunde darauf trainiert, Zitrusbäume zu erkennen, die von einem tödlichen Schädling befallen sind. Dabei unterschieden die Hunde nicht nur gesunde und kranke Orangen-, Zitronen- oder Grapefruitbäume: Sie witterten das krank machende Bakterium *Candidatus Liberibacter asiaticus,* den Auslöser der Gelbe-Trieb-Krankheit, auch auf anderen Pflanzenarten und weiteren Proben. Demnach erschnuppern die Hundenasen offenbar nicht die Symptome der sich entwickelnden Krankheit, sondern den Keim selbst – und dies sogar früher und zuverlässiger als molekularbiologische Untersuchungen, schreibt das Forscherteam in „PNAS".

Die Gelbe-Trieb-Krankheit, auch als Citrus Greening oder Huanglongbing bezeichnet, bedroht weltweit die Zitrusindustrie: In Florida

A. Röcker (✉)
Ulm, Deutschland
E-Mail: Annika.roecker@wubv.de

sind Schätzungen zufolge bereits 90 % der Zitrusbäume mit dem Bakterium infiziert. Der Erreger befällt das Phloem, die siebartigen Leitbahnen der Pflanzen. Sie sind dafür zuständig, Nährstoffe aus den Blättern in andere Pflanzenteile zu transportieren. Das Bakterium bringt diesen Stofftransport zum Erliegen. Die Folge: Die Blätter werden fleckig, die Triebe gelb, die Früchte bleiben klein – und die Pflanze verhungert nach und nach.

Bei den 20 Vierbeinern, die Gottwalds Team nun auf die Spur der Zitrusbakterien setzte, handelte es sich um Belgische oder Deutsche Schäferhunde sowie Mischlinge beider Rassen. Trainer, die Hunde normalerweise auf das Erschnüffeln von Drogen oder Sprengstoffen abrichten, setzten den Vierbeinern Kübel mit gesunden und von *C. Liberibacter asiaticus* infizierten Zitruspflanzen vor. Glaubten die Tiere, eine kranke Pflanze erkannt zu haben, sollten sie sich danebensetzen und brav warten. Deckte sich ihr Verdacht mit den Ergebnissen einer molekularbiologischen Untersuchung, wurden sie gelobt und durften kurz mit einem Spielzeug spielen. Nach acht bis zehn Wochen Training identifizierten die Hunde zuverlässig kranke Bäume. Und zwar nicht nur auf einer Art Spielfeld, sondern auch auf echten Zitrusplantagen in Florida, Texas und Kalifornien.

Ein Schädlingsbefall in Zitruskulturen kann mit Polymerase-Kettenreaktion (PCR) eindeutig nachgewiesen werden. Dabei vervielfältigt man das Erbgut eines Erregers aus Blättern oder anderen Pflanzenteilen – was bei *C. Liberibacter asiaticus* allerdings frühestens ein paar Monate nach dem ersten Befall sicher funktioniert. Dann zeigen die betroffenen Pflanzen jedoch oft schon Symptome, und es ist zu spät, um sie zu retten. Damit sich die Seuche nicht auf benachbarte Bäume überträgt, müssen sie sofort gefällt und entfernt werden. Die Hunde können den Bakterienbefall dagegen wohl viel früher erschnüffeln: Bereits nach 30 Tagen erkannten sie 18 von 30 Zitrusbäumen, die die Forscher absichtlich mit dem Schädling infiziert hatten. Im Lauf der Zeit wurden sich die Vierbeiner zudem immer sicherer und schlugen bei mehr als 90 % der Pflanzen Alarm. Die PCR-Methode hingegen stufte fast die Hälfte der kranken Bäume während des gesamten Untersuchungszeitraums von 32 Monaten als gesund ein.

Denkbar war nach den ersten Experimenten von Gottwald und Kollegen, dass die Hunde nicht den Erreger, sondern spezielle Duftstoffe erkennen, die die Zitruspflanzen aufgrund der Infektion herstellen. Die Tiere rochen einen Bakterienbefall aber auch bei Tabakpflanzen und dem Madagaskar-Immergrün; Pflanzen, die nicht mit Zitrone, Grapefruit und Co verwandt und auf Pathogene subtil anders regieren. Im nächsten Schritt sollten die Tiere dann Zitrusblattflöhe beschnuppern, die mit *C. Liberibacter asiaticus* infiziert waren. Diese Insekten sind – gemeinsam mit einer weiteren Art – für die

Übertragung des Bakteriums von Baum zu Baum zuständig. Die sensiblen Vierbeiner konnten befallene von bakterienfreien Blattflöhen unterscheiden. Dabei reagierten die Hunde aber nur auf den Bakterienstamm, den sie aus den Experimenten davor bereits kannten: Andere Schädlinge, wie das Citrus-tristeza-Virus oder eine verwandte *Liberibacter*-Spezies, interessierten sie hingegen nicht.

Das Team um Gottwald plädiert nach diesen Erkenntnissen nun dafür, trainierte Hunde als Frühwarnsystem einzusetzen, um Zitrusplantagen vor der Gelbe-Trieb-Krankheit zu bewahren. In Computersimulationen kamen die Forscher zu dem Ergebnis, dass man mit der Schnüffel-Methode über einen Zeitraum von zehn Jahren weniger als acht Prozent der Bäume fällen müsste. Auf einzelnen Plantagen in Florida und Süd-Kalifornien wird die Methode laut den Forschern schon angewendet. Am besten funktioniere sie, wenn erst wenige Bäume, etwa fünf bis zehn Prozent einer Plantage, betroffen sind. Hat sich die Krankheit bereits verbreitet, schlagen die Hunde oft Alarm und brauchen mehr Pausen. Dementsprechend brauche man sehr lange, um eine Plantage zu durchkämmen, schreiben die Forscher. Statt auf *C. Liberibacter asiaticus* könnte man die Hunde zudem auf andere Schädlinge trainieren. Möglicherweise könnten sie sogar mehrere Krankheiten zur selben Zeit diagnostizieren und Pflanzenzüchtern teure Labortests ersparen, spekuliert das Team um Gottwald.

Aus Spektrum.de News, 04.02.2020

https://www.spektrum.de/news/mit-spuernasen-gegen-die-zitrusplage/1703042

Annika Röcker ist promovierte Biochemikerin und Autorin. Bis Ende September 2020 war sie Volontärin bei „Spektrum.de".

Mit CRISPR und Mikroben gegen Ernteausfälle

Brooke Borel

Immer mehr Resistenzen schwächen die Waffen der Landwirtschaft im Kampf gegen Insekten, Unkraut und Krankheitserreger. Neue Ansätze aus der Biologie könnten Abhilfe schaffen. Doch die Gentechnologie erschafft vielleicht auch Pflanzen, die noch toleranter gegenüber Herbiziden sind und deren Einsatz steigern.

Jeden Morgen sieht sich Broc Zoller erst einmal die Wettervorhersage an. Wie alle Farmer in Kalifornien hat er in den letzten Jahren teils extreme Dürrezeiten erlebt. 2017 macht gerade das Gegenteil Probleme. Hier in Kelseyville hat es nämlich in den ersten Monaten des Jahres schon mehr als im ganzen Jahr davor geregnet. Zoller baut Weintrauben und Walnüsse an und hat etwas Land an andere verpachtet, die dort Birnen wachsen lassen. Das Wetter hat die Schnittmaßnahmen verzögert, und das Versprühen von Insektenschutzmitteln gegen die Schädlinge im Winter musste ebenfalls verschoben werden. Wenn es nun im Frühjahr mit dem Regen so weitergeht, wird die Kombination aus Wärme und Feuchtigkeit den Pilz- und Bakterienbefall stark befördern. Deshalb vermutet Zoller schon jetzt, dass er wohl bald mehrere Pestizide einsetzen muss, um seine Pflanzen zu schützen.

Doch die Auswahl wird immer geringer, weil sich zunehmend Resistenzen entwickeln. Feuerbrand ist eine durch Bakterien verursachte Pflanzenkrankheit, bei der die Blätter von Birnenbäumen plötzlich welken. Normalerweise wirken hier Antibiotika recht gut, aber wenn diese zu häufig eingesetzt

B. Borel (✉)
New York, USA

© Der/die Autor(en), exklusiv lizenziert an Springer-Verlag GmbH, DE, ein Teil von Springer Nature 2022
E. Gottfried (Hrsg.), *Landwirtschaft – Wege aus der Krise*,
https://doi.org/10.1007/978-3-662-64960-2_17

werden, verringert sich der Effekt. Der Birnenschorf wird ebenfalls von einem Pilz verursacht, der unschöne braune Flecken auf der Frucht hinterlässt und während der Wachstumsperiode mit einer ganzen Reihe von Fungiziden bekämpft wird. Zoller arbeitet auch als Berater in Sachen Schädlingsbekämpfung und weiß, dass bei einigen der Substanzen die Wirkung schon nach einmaligem Einsatz nachlässt. „Die Resistenzen treten unglaublich schnell auf", sagt er. „Wir können nur hoffen, dass es nicht zu viel regnet und wir mit dem vorhandenen Arsenal gut durch die Saison kommen".

Weltweit klagen die Farmer über Resistenzen gegen die gängigen Pestizide zur Abwehr von Insekten, Unkraut und Pflanzenpathogenen. Der in Brüssel ansässige Industrieverband CropLife International unterstützt Untersuchungen zur Resistenz von Pathogenen; bisher zeigten sich bei 586 Arthropodenspezies, 235 Pilzarten und 252 Unkräutern Resistenzen gegen mindestens ein synthetisches Pestizid. Dabei handelt es sich aber nur um die bisher von den Wissenschaftlern formal erkannten und beschriebenen Fälle. Die agrochemische Industrie bringt seit Jahrzehnten immer neue Substanzen auf den Markt, um die alten zu ersetzen. Doch bei vielen Nutzpflanzen wird die Luft langsam dünn. Die Entdeckung und Entwicklung neuer Pestizide „ist in den letzten zehn Jahren auf fast null zurückgegangen", weiß Sara Olson, die Leiterin der Abteilung für Forschungsanalyse bei Lux Research in Boston/Massachusetts, die sich auf neue Technologien spezialisiert haben. Neue Chemikalien sind nämlich nur schwierig und für viel Geld zu finden, und sobald ein Produkt in der Landwirtschaft eingesetzt wird, vor allem nicht mit Bedacht, entwickeln die Schädlinge sofort Resistenzen dagegen (Abb. 1).

Um den Einsatz synthetischer Pestizide auf den Feldern zu mindern oder gar umgehen zu können, suchen die Wissenschaftler nun nach Alternativen. Besonders interessant sind hierbei Lösungen aus der Biologie, weshalb sie auf Mikroorganismen, Gentechnik und Biomoleküle schielen, in deren Entwicklung auch große Chemieunternehmen schon kräftig investieren. Das bedeutet natürlich keineswegs das Ende der synthetischen Pestizide, aber vielleicht könne man mit neuen Möglichkeiten die Ausbreitung von Resistenzen eindämmen. Möglicherweise ließen sich auch die Ausgaben der Farmer senken, die Feldarbeiter besser schützen und die Bevölkerung beruhigen, die über den Einsatz von immer mehr synthetischen Substanzen zunehmend besorgt ist. „Die rasante Entwicklung von Resistenzen ist der eigentliche Driver auf der Suche nach Alternativen", erklärt Olson. „Meist geht es gar nicht um die Wahl zwischen chemischen, biologischen oder anderen Möglichkeiten – es ist mehr die Erkenntnis, dass sich mit den neuen Tools viel spezifischer gegen Schädlinge vorgehen lässt".

IMMER MEHR RESISTENZEN

Die Zahl der Schädlinge, einschließlich Insekten und verschiedener Pflanzenarten, die gegen mindestens eine Form synthetischer Pestizide resistent sind, steigt seit Jahrzehnten stetig an. Ebenso verlief die Entwicklung immer neuer Chemikalien.

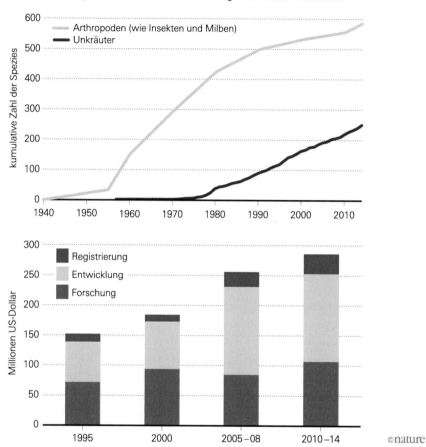

Abb. 1   Immer mehr Resistenzen. Die Zahl der Schädlinge, einschließlich Insekten und verschiedener Pflanzenarten, die gegen mindestens eine Form synthetischer Pestizide resistent sind, steigt seit Jahrzehnten stetig an. Ebenso verlief die Entwicklung immer neuer Chemikalien. (Nature; Borel, B.: When the pesticides run out. In: Nature 543, S. 302–304, 2017; oben, nach Daten von: Croplife international: insecticide resistance action commitee & international survey of herbicide resistant weeds; unten, nach Daten von: Phillips McDougall. The cost of new agrochemical product discovery, development and registration in 1995, 2000, 2005–8 and 2010 to 2014; dt. Bearbeitung: Spektrum der Wissenschaft)

Anfang des 20. Jahrhunderts rottete eine mysteriöse Epidemie in ganz Japan die hoch geschätzte Seidenraupe aus. Schon 1901 hatte der Bakteriologe Ishiwata Shigetane ein unbekanntes Bodenbakterium in toten Seidenraupen als Ursache beschrieben. Ein Jahrzehnt später entdeckte der Biologe Ernst Berliner aus Thüringen das Bakterium in den Raupen der Mehlmotte, einem allseits bekannten Schädling. In seiner Beschreibung gab er dem Insektenkiller den Namen *Bacillus thuringiensis* (Bt). Die von Bt gebildeten Proteine durchlöchern den Darm verschiedener Insektenarten und wurden jahrzehntelang als natürliches Pestizid eingesetzt. Die Wissenschaft sucht schon länger nach neuen Mikroorganismen zum Einsatz als Schädlingskiller. „Als ich vor fast 45 Jahren studierte, war es schon kein ganz neues Feld mehr", erzählt Roger Beachy, der als Biologe und Pflanzenpathologe an der Washington University in St. Louis in Missouri tätig ist.

Inzwischen gibt es immer mehr Mikroorganismen als Helfer in der Agrochemie. Im Jahr 2012 kaufte Bayer CropScience für 425 Mio. US-$ das Unternehmen AgraQuest, das in Davis in Kalifornien Biopestizide entwickelte. Im Lauf der letzten Jahre haben auch andere multinationale Unternehmen, darunter DuPont, Monsanto und Syngenta, in diesem Bereich investiert. Beachy galt als Pionier in der Entwicklung gentechnisch veränderter Nutzpflanzen und hat sich zusammen mit dem bei Boston ansässigen Start-up Indigo Agriculture ins Bakterienbusiness gestürzt. Die Forscher von Indigo wollen mit bestimmten Bakterien das Endobiom der Pflanzen verbessern, sprich die Gesamtheit der Mikroorganismen, die im Gewebe der Pflanzen sitzen. Aus ihnen wollen die Forscher eine Art Hülle für den Samen entwickeln. Wenn sich der junge Spross beim Keimen durch diese harte Hülle drängen muss, fügt sie ihm kleinste Kratzer zu, über die gute Bakterien die Pflanze besiedeln und sie vor Stress durch die Umwelt, beispielsweise Dürre, schützen können. Das Unternehmen konnte nach eigenen Angaben im Jahr 2016 100 Mio. US-$ an Fördergeldern einwerben.

Farmer sind bereit für Neues

Über den speziellen Bakterienstamm will sich Indigo natürlich nicht äußern. Doch ein paar Farmer haben auf 20.000 ha Baumwoll- und 8000 ha Weizenfeldern in den USA bereits umhüllte Samen ausgesät. Im Vergleich zu den vier Millionen Hektar mit Baumwolle und 21 Mio. ha mit Weizen bepflanzten Feldern der USA im Jahr 2016 ist das natürlich nicht viel – aber es zeigt, dass die Leute gewillt sind, Neues auszuprobieren. Beachy war anfangs leitender Wissenschaftler und ist immer noch im wissenschaftlichen

Beratungsgremium des Unternehmens tätig. Wie er erzählt, will Indigo unbedingt zeigen, dass diese Samenhülle von Vorteil ist und zur Resistenz gegen Schädlinge führt: „Ich hoffe, innerhalb von fünf Jahren wird es zumindest eine Hand voll Produkte geben".

Andere Firmen nutzen Bakterien bereits jetzt als Pestizide. Marrone Bio Innovations aus Davis beispielsweise züchtet Bakterien und setzt diese neben ihren chemischen Produkten gegen Schädlinge ein. Das Unternehmen hat 18.000 Bakteriengenome gescreent und bisher fünf Produkte auf den Markt gebracht. Einer seiner Kandidaten ist ein Stamm der Gattung *Burkholderia,* der je nach Kulturbedingungen unterschiedliche Substanzen produziert: Das kann ein Insektizid oder ein Nematizid (gegen bestimmte Würmer) sein oder auch ein Herbizid. *Burkholderia* „besitzt die genetische Maschinerie, um Substanzen ganz verschiedener Klassen zu produzieren", erklärt Pamela Marrone, die Geschäftsführerin und Gründerin des Unternehmens. Die Ursache für den Schutz der Pflanze könnte letztlich in der Entwicklung pflanzeneigener Abwehrmechanismen liegen.

Farmer waren schon immer skeptisch gegenüber Biopestiziden, nicht zuletzt weil sie etwas schwieriger in der Handhabung sind als synthetische Pflanzenschutzmittel. So zerfallen manche sehr schnell im Sonnenlicht oder unter großer Hitze, und sie sind in der Regel nicht so potent und wirksam wie synthetische Produkte. Aber es geht gar nicht unbedingt darum, die bisherigen Substanzen völlig zu umgehen. Stattdessen sollen die Biopestizide dazu beitragen, den Einsatz synthetischer Chemikalien zu reduzieren, sagt Marrone. Die Schutzbakterien „müssen gar nicht so perfekt wie die chemischen Mittel wirken, auch wenn einige unserer Kandidaten es wahrlich mit ihnen aufnehmen könnten", fügt sie hinzu. „Schon wenn man sie als Zusatz nutzt, steigen Ertrag und Qualität gegenüber dem alleinigen Einsatz von Chemikalien".

CRISPR als neue Hoffnung und Gefahr

Neue Möglichkeiten bietet nun das sehr leistungsstarke Gene-Editing-Tool CRISPR-Cas9. Mit bisherigen Ansätzen wie der Entwicklung sogenannter GVOs (gentechnisch veränderter Organismen) durch das Einbringen neuer Gene in Organismen lassen sich Schadinsekten direkt abtöten oder Nutzpflanzen unempfindlich gegen starke Herbizide machen. Die Entwicklung krankheitsresistenter Pflanzen ist allerdings schwieriger. Ein Grund dafür ist die Regulation von Resistenzgenen in Pflanzenzellen. „Resistenzgene haben in der Natur relativ wenig Spielraum", sagt der Pflanzenpathologe Adam

Bogdanove von der Cornell University in Ithaca in New York. Wenn sie zu aktiv würden, könnten sie nämlich die Pflanze schädigen. In gewöhnlichen GVOs lässt sich nicht steuern, wo sich das zugefügte Gen ins Genom integriert. Das wäre aber wichtig, weil Resistenzgene nicht richtig exprimiert werden, wenn sie an falscher Stelle eingefügt sind. CRISPR ist deshalb besonders hilfreich, erklärt Bogdanove, weil sich damit „die Insertionsstelle genau bestimmen und so die Expression kontrollieren lässt".

Bogdanove entwickelt mit dieser Methode Reis, der von Haus aus resistent gegenüber Rußtau und Blattbrand ist, zwei der verheerendsten Pflanzenkrankheiten überhaupt. Sein Kooperationspartner Jan Leach forscht als Pflanzenpathologe an der Colorado State University in Fort Collins. Er möchte mittels CRISPR und anderen, älteren Gene-Editing-Tools das Immunsystem der Pflanzen modulieren, um auf diese Weise Reis zu züchten, der gegen eine ganze Reihe von Krankheiten resistent ist, nicht nur gegen eine einzelne. Auch andere Nutzpflanzen sollen mit CRISPR verändert werden, insbesondere solche, bei denen bisher weniger GVOs entwickelt wurden, weil dies zu schwierig war. Wissenschaftler von der Rutgers University in New Brunswick in New Jersey wollen mithilfe der Technologie Weintrauben entwickeln, die dem Falschen Mehltau trotzen. Außerdem wurden in den USA schon Tomaten gezogen, die gegen mehrere *Pseudomonas*- und *Xanthomonas*-Arten resistent sind, und in Peking eine gegen den Echten Mehltau gewappnete Weizensorte. Die Modifikation von Weizen ist aber nicht so einfach, weil die Pflanzen drei fast identische Genome besitzen. Das Team in Peking musste damit drei Versionen eines Resistenzgens verändern. Mit CRISPR „lassen sich mehrere Gene gleichzeitig ausschalten", erklärt der Pflanzenbiologe und Gruppenleiter Caixia Gao vom Institut für Genetik und Entwicklungsbiologie der Chinesischen Akademie der Wissenschaften.

Auch die Industrieforschung ist schon auf CRISPR angesprungen. So unterschrieb Monsanto im September 2016 einen nichtexklusiven Lizenzvertrag mit dem Broad Institute in Cambridge (Massachusetts), das im Februar 2017 einen Patentstreit zur CRISPR-Technologie gewonnen hatte. Wie Tom Adams, der Vizepräsident der Sektion Biotechnologie bei Monsanto, sagt, beschäftigt sich sein Unternehmen derzeit damit, wie CRISPR für Fortschritte in der Krankheitsresistenz, Dürretoleranz und dem Ertrag von Nutzpflanzen genutzt werden kann. Allerdings besteht die Gefahr, dass aufgrund der neuen Ansätze eher noch mehr Pestizide eingesetzt werden als bisher. Laut Adams könnten mittels Gene-Editing nämlich auch Pflanzen entstehen, die noch toleranter gegenüber Herbiziden sind, so wie die glyphosattoleranten Sorten der Firma Monsanto. Das wird natürlich sehr kontrovers diskutiert, weil die Farmer damit Glyphosat großzügig einsetzen können und zu sehr darauf vertrauen.

Stummschalten von Genen mit Hürden

Schon lange bevor CRISPR versprach, die Welt zu verändern, waren die Biowissenschaftler von einer anderen Methode zur Schädlingskontrolle begeistert: der RNA-Interferenz (RNAi). Hierbei wird Doppelstrang-RNA von Zellen aufgenommen, die dann ein bestimmtes Gen effizient abschaltet. Mit dieser Methode schien es einfach, Schädlinge ganz gezielt zu treffen. Man startet mit einer spezifischen Gensequenz und baut kleine Moleküle, die mit der Genaktivität interferieren, erklärt Sonny Ramaswamy, der Direktor des National Institute of Food and Agriculture, des Organs des amerikanischen Landwirtschaftsministeriums, das verschiedene RNAi-Studien fördert. Der Trick ist dabei, das Molekül zum richtigen Zeitpunkt an die richtige Stelle am Zielgen zu bringen. Die RNA muss natürlich über die ganze Pflanze verteilt sein, um überall saugende Insekten abzuwehren. Das lässt sich gentechnisch zwar erreichen, ist aber teuer und hat dieselben Zulassungshürden und Anfeindungen der Öffentlichkeit zu überwinden wie sonstige GVOs. Außerdem müssen komplett neue Pflanzen entwickelt werden, wenn die Schädlinge resistent gegen die RNAi werden.

Laut Wissenschaftlern in Forschung und Industrie könnte es besser sein, die RNAi direkt in den Blättern oder Wurzeln der Pflanzen anzuwenden. Das ist „einfacher und flexibler als transgene Pflanzen", erklärt Xuexia Miao, die als Expertin für Pflanzen-Insekten-Interaktionen am Institut für Pflanzenphysiologie und Ökologie der Shanghai Institutes for Biological Sciences in China arbeitet. Im Jahr 2015 konnte sie mit ihrem Team zeigen, wie das Einbringen von RNAi über die Wurzeln von Reis und Mais die Pflanzen gegen Insekten schützt. Allerdings könnte es schwierig sein, die benötigten Beregnungsanlagen in der Praxis umzusetzen. Das Problem ist, dass die Böden voll von Bakterien und Enzymen sind, welche die RNA schon wegfangen, bevor sie überhaupt die Pflanze erreichen. Neben diesem Ansatz arbeitet Miao zudem an Sprays, mit denen sich die RNAi direkt auf die Pflanzen und Insekten aufbringen ließe.

Unternehmen wie Monsanto und Syngenta interessieren sich natürlich auch für die Möglichkeiten der RNAi-Technologie. Monsanto will Mitte 2020 die ersten Entwicklungen auf den Markt bringen: ein Produkt gegen die Honigbienenmilbe Varroa destructor und eines gegen einen Flohkäfer, der Raps attackiert. Und Syngenta will seine ersten Produkte gegen den Kartoffelkäfer *Leptinotarsa decemlineata* „in den frühen 2020er Jahren" bereit haben, sagt Steven Wall, der die Zulassungs- und Produktsicherheitsunterlagen für RNAi-Produkte bei Syngenta in Research Triangle Park in North Carolina bearbeitet.

Auch nützliche Insekten können geschädigt werden

Doch die RNAi-Technologie stößt noch auf ganz andere Probleme. So lässt sie sich zwar gegen so manche Insektenarten wie Käfer einsetzen; schwieriger ist es schon bei Motten und deren Larven, wobei der Grund dafür unklar ist. Aber auch Schädlinge, die auf RNAi empfindlich reagieren, können Resistenzen entwickeln. „Die Natur scheint immer irgendeinen Weg zu finden", sagt Wall. Mit einem RNAi-Spray „muss man wie mit anderen Produkten vorsichtig umgehen – sehr spezifisch und nicht flächendeckend". Manche Wissenschaftler fürchten zudem Kollateralschäden, auch wenn RNAi die Schädlinge schon direkter als Breitband-Pestizide trifft. So könnte die RNAi nützliche Insekten schädigen, weil diese teils ähnliche Gene wie die Schädlinge haben. Im Jahr 2013 wurde von Wissenschaftlern des US Department of Agriculture ein Review über das Risiko der Technologie veröffentlicht. Laut diesem ist sie zwar Erfolg versprechend, aber die Vorteile müssten gegen die „relativen Umweltrisiken der Technologie" abgewogen werden.

Während die Pestizid-Pipeline langsam austrocknet und die Resistenzen immer mehr zunehmen, brauchen die Farmer neue Optionen. Die tatsächliche Lage ist stark abhängig von der Nutzpflanze und dem landwirtschaftlichen Betrieb – auf manchen Feldern zeigt schon jetzt nur noch ein einziges Pestizid Wirkung. „Da entwickeln sich unweigerlich Resistenzen gegen dieses Produkt", sagt Zoller. „Und wenn es keine Langzeitwirkung mehr zeigt, wenden es die Farmer einfach öfter an. Es gibt im Moment keine andere Möglichkeit." Zoller testet inzwischen Biopestizide, obwohl deren Wirkung sehr variabel ist. „Wir untersuchen jedes Jahr wieder welche, weil wir die Hoffnung noch nicht aufgegeben haben", erklärt er. „So manches wirkt dann ein Jahr und im nächsten Jahr schon nicht mehr. Immerhin lassen sie sich gut mit konventionellen Pestiziden kombinieren."

Den Verkauf von Produkten auf gentechnischer Basis sieht Zoller skeptisch, weil genveränderte Lebensmittel immer Bedenken auf den Plan rufen. Andere Farmer sind da optimistischer. „CRISPR ist die Zukunft, wenn wir als Industrie überleben wollen", sagt Tony DiMare, der Vizepräsident des US-amerikanischen Tomatenbauern DiMare. Seiner Meinung nach hat diese Technik viel Potenzial im Kampf gegen Umweltstress, Schädlinge und Pflanzenkrankheiten. Doch Technologien allein werden keine landwirtschaftlichen Betriebe retten. Die Besitzer werden auch weiterhin auf klassische Praktiken und entsprechendes Landmanagement vertrauen. So lässt sich beispielsweise mit Fruchtwechsel der Lebenszyklus von Schädlingen und Pathogenen unterbrechen; wer dies nicht beachtet und Jahr für Jahr dieselben Pflanzen auf seinen Feldern wachsen lässt, bietet Schädlingen beste Nahrungsbedingungen. Enge Pflanzungen können den Unkräutern das Sonnenlicht wegnehmen; andererseits ermöglichen Schnittmaßnahmen ausreichend Luft- und Lichtzufuhr für die Pflanzen, sodass die Feuchtigkeit abdampfen kann, die Schimmelpilze zum Wachsen brauchen.

Nicht nur auf den von Zoller verpachteten Birnenplantagen in Kalifornien lassen die Farmer Wildpflanzen wie wilden Hafer, Roggengras und Prunkwinde zwischen den Baumreihen wachsen. Diese bieten Lebensraum für die natürlichen Feinde der Schadinsekten, die sie in Schach halten. In Zollers Augen müssen alle Ansätze zum Zuge kommen – neue Technologien und alte Methoden, um auf diese Weise die Lebensmittel und damit den Profit zu schützen. Schädlingsbekämpfung ist bei allen Nutzpflanzen ein wichtiges Thema, weiß er. Die Farmer werden auch die neuen Technologien in Betracht ziehen. „Es ist gut, viele Möglichkeiten zu haben."

Aus Spektrum Kompakt, Pestizide – Pflanzenschutz mit Risiken und Nebenwirkungen 2018.

Der Artikel ist am 16. März 2017 unter dem Titel „CRISPR, microbes and more are joining the war against crop killers" in Nature 543, S. 302–304, erschienen.

Brooke Borel arbeitet als Wissenschaftsjournalist in Brooklyn/New York. Der Artikel wurde teilweise durch ein Stipendium 2016 der Alicia Patterson Foundation unterstützt.

Weinbau ohne Gift – unvorstellbar, aber möglich

Juliette Irmer

Weinreben werden häufiger gespritzt als jede andere Kulturpflanze. Doch der Trend ist ein anderer: weg vom Gift hin zu einem nachhaltigen Weinbau – mithilfe wilder Reben. Der Haken: Die Verbraucher akzeptieren keine Gentechnik.

Die Weinrebe war eines der ersten Opfer der Globalisierung: Zu Versuchszwecken führte man im Laufe des 19. Jahrhunderts nordamerikanische Reben nach Bordeaux ein, mit an Bord gleich mehrere blinde Passagiere: die Reblaus und die Erreger des Echten sowie des Falschen Mehltaus. Zügig breiteten sich die Schädlinge in allen europäischen Weinanbaugebieten aus, führten zu dramatischen Ernteverlusten, teils gar zum Absterben der Reben. Bis heute sind Winzer gezwungen, regelmäßig Gift zu spritzen, um die damals eingeschleppten Schädlinge in Schach zu halten.

Der Gifteintrag ist dabei beachtlich: Rund 60 % des Fungizidverbrauchs, knapp 90.000 t Pilzbekämpfungsmittel, gehen in Europa auf das Konto des Weinbaus – der gerade einmal fünf Prozent der Anbaufläche ausmacht. Selbst im ökologischen Weinbau müssen Winzer Kupfer- und Schwefelpräparate einsetzen, um ihre Ernte zu sichern. Der Klimawandel könnte die Situation weiter verschärfen: Wetterereignisse wie Starkregen und anhaltende Trockenperioden fördern den Schädlingsbefall. Zwar ist man europaweit schon länger darum bemüht, den Kupfer- und Fungizideintrag zu reduzieren, aber die Maßnahmen reichen nicht aus. „Die Behandlungen

J. Irmer (✉)
Buchenbach, Deutschland
E-Mail: jirmer@gmx.de

E. Gottfried (Hrsg.), *Landwirtschaft – Wege aus der Krise*,
https://doi.org/10.1007/978-3-662-64960-2_18

der Reben bereiten gesundheitliche Probleme, belasten Boden und Luft, sind teuer und schädigen den Ruf des Weins auf Grund möglicher Rückstände", sagt Christophe Schneider von der Abteilung Genetik und Verbesserung der Weinrebe vom Nationalinstitut für Agronomieforschung (INRA) in Colmar. So wurde in Frankreich das ehrgeizige Programm „ECOPHYTO 2" ins Leben gerufen, mit dem Ziel, die Pestizidmenge bis 2025 um 50 % zu reduzieren. Das Pendant in Deutschland ist der „Nationale Aktionsplan zur nachhaltigen Anwendung von Pflanzenschutzmitteln (NAP)". Um den Gifteinsatz im Weinanbau drastisch zu reduzieren, gibt es allerdings nur einen Weg: Unsere Kulturreben *(Vitis vinifera)* müssen robuster werden.

Die Wiege des Weinbaus liegt vermutlich in Georgien, wo der Mensch vor etwa 7000 bis 8000 Jahren begann, Reben zu züchten. Die Trauben wurden nach und nach immer größer und süßer, die Pflanzen wuchsen immer schneller. Der Zuchterfolg hatte seinen Preis: Die hochgezüchteten Reben verloren ihre natürlichen Abwehrkräfte. „Inzwischen hat man begriffen, dass die einseitige Forcierung hoher Erträge nicht nachhaltig ist, und hat nun großes Interesse, natürliche Resistenzfaktoren zu finden und über Züchtung in die anfälligen Reben einzubringen", sagt Peter Nick, Leiter der Abteilung Molekulare Zellbiologie am Botanischen Institut des Karlsruher Instituts für Technologie. Hier nun kommen die Wildreben ins Spiel: „Wildreben aus dem amerikanischen und asiatischen *Vitis*-Formenkreis tragen im Vergleich zu den europäischen anfälligen Rebenarten in ihrem Genom zahlreiche Resistenzgene", sagt Reinhard Töpfer, Leiter des Julius-Kühn-Instituts (JKI), Fachinstitut für Rebenzüchtung Geilweilerhof, Siebeldingen.

Evolutionäres Wettrüsten hilft Wildreben

Amerikanische Wildreben etwa schauen auf eine Jahrtausende während gemeinsame Evolution mit Reblaus und Mehltau zurück. Experten sprechen auch von einem evolutionären Wettrüsten, da sich Wirt und Erreger immer wieder aneinander anpassen. Die Pflanzen entwickelten in diesem Zeitraum spezifische Abwehrmechanismen: Wird die amerikanische Wildrebe etwa von Erregern des Falschen Mehltaus *(Plasmopara viticola)* befallen, begehen die infizierten Zellen Selbstmord. Da der Erreger im Inneren der Zellen lebt, wird er mit in den Tod gerissen. Die asiatischen Wildreben hingegen parfümieren sich ein: *Plasmopara* dringt über die Spaltöffnungen in das Blattinnere ein. Diese Öffnungen sondern einen Duftstoff ab, der den

Erregern den Weg weist. Duftet aber das gesamte Blatt, verwirrt das den Erreger und er findet den Eingang nicht. „Die Evolution hat das Problem bereits gelöst, wir müssen nur verstehen wie", so Nick.

Im Fall der Reblaus fanden Wissenschaftler schon um die Jahrhundertwende eine andere Lösung: Sie propften amerikanischen Unterlagsreben, die resistent sind gegen den Wurzelschädling, Zweige der europäischen Reben auf und hatten Erfolg. Die Reben-Veredlung wurde Anfang des 20. Jahrhunderts in Europa fast flächendeckend vorgenommen. Gegen die Mehltauerreger helfen aber nur Gift oder die Zucht mit wilden Reben. Glücklicherweise lassen die sich mit Kulturreben gut kreuzen. Das Ziel: die positiven Eigenschaften der beiden – Resistenz gegen Schädlinge und ein hoher Ertrag an hochwertigen Trauben – zu vereinen. So einfach, wie es klingt, ist es allerdings nicht: „Amerikanische Wildreben sind resistent, aber qualitativ schlecht. Sie führen zu Defiziten im Ertrag und – weitaus schlimmer – erheblichen Defiziten in der erforderlichen und vom Verbraucher gewünschten Qualität. Werden Resistenzen erfolgreich in eine Rebe eingekreuzt, werden auch Eigenschaften wie schlechter Geschmack mit eingekreuzt", erklärt Töpfer. Um das zu verhindern, sind zahlreiche Rückkreuzungsschritte notwendig. So erforderte der Aufbau von Zuchtlinien mit guten Eigenschaften wie Ertrag, weinbauliche Eignung und Qualität bisher etwa 30 Jahre.

„Aus 10.000 ausgesäten Kernen erhalten wir nach 15 bis 20 Jahren ein bis drei Pflanzen, die potenziell geeignet sind, als neue Sorte eingeführt zu werden", sagt Ernst Weinmann, Leiter des Referats Weinbau und Versuchswesen am Staatlichen Weinbauinstitut (WBI) in Freiburg. Das WBI hat momentan 13 pilzwiderstandsfähige (PIWI) Sorten im Programm, die gegen den Falschen und den Echten Mehltau resistent sind. Darunter der „Johanniter", der dem Riesling ähnelt, oder der „Bronner", der an Weißburgunder erinnert. PIWI-Sorten finden zunehmend Anhänger und werden außer in Deutschland unter anderem in Italien, Polen und den Niederlanden angebaut. „In Frankreich werden aktuell so gut wie keine PIWIs angebaut. Man hat erst vor rund drei Jahren das Potenzial pilzwiderstandsfähiger Sorten erkannt", so Schneider. Weinmann bestätigt: „Frankreich hat den Trend lange verschlafen, holt aber nun kräftig auf." Vier der Freiburger PIWI-Sorten stünden dort kurz vor der Zulassung, und die Nachfrage nehme zu.

Erreger lernen dazu

Eine PIWI-Sorte bereitet Wissenschaftlern allerdings Sorgen: Einige neue Stämme des Falschen Mehltaus vermögen auf dem Rotwein „Regent" zu wachsen, der bereits 1996 in Europa zugelassen wurde. Die Sorte verfügt nur über jeweils einen Resistenz-Genort für den Echten und den Falschen Mehltau. „Die Erfahrung zeigt, dass Erreger dazulernen und einen einzelnen Resistenzmechanismus schnell überwinden. Eine Kombination aus mehreren Resistenzfaktoren ist schwieriger zu knacken und damit stabiler", sagt Nick. Erklärtes Ziel der Wissenschaft heute: Rebsorten mit mehreren Resistenzfaktoren. Die Züchter greift dabei auch zu Methoden der Molekularbiologie: „Dank der so genannten markergestützten Selektion (MAS) haben wir in den vergangenen zehn Jahren immense Fortschritte erzielt", sagt Töpfer. Das Erbgut vieler Kulturpflanzen, darunter auch das der Weinrebe, ist entschlüsselt, was sich bei der Zucht einsetzen lässt: Kennen Wissenschaftler die DNA-Sequenz eines Resistenzfaktors, bauen sie sich eine passende Sonde dazu. Den heranwachsenden Rebenpflänzchen wird früh ein Stückchen Blatt entfernt, aus dem DNA extrahiert wird. Mithilfe der Sonde lassen sich nun diejenigen Pflanzen identifizieren, die die gewünschte Resistenz in sich tragen. Durch dieses sogenannte „smart breeding" züchten Wissenschaftler neue Sorten nun in 10 bis 15 Jahren statt in 25 bis 30 Jahren.

Diese Form der traditionellen Zucht, bei der sich das genetische Material beider Rebenarten mischt, führt aber zwangsläufig zu neuen Sorten – die unbekannte Namen tragen. „Der Kunde greift gerne zu Altbewährtem. Wir müssen also erst einmal Winzer und Verbraucher von der Qualität der neuen Sorten überzeugen", sagt Weinmann. Denn beim Anbau der PIWI-Sorten spart der Winzer zwar Gift; verstauben die Weinflaschen aber im Regal, ist niemandem geholfen. Hier hätte die Gentechnik – zumindest in der Theorie – einen Vorteil: Da nur kleinere Genabschnitte ins Erbgut eingefügt würden, bliebe die genetische Struktur weitgehend erhalten und die Reben würden ihren traditionellen Sortennamen behalten. Doch die Macht der öffentlichen Meinung ist nicht zu unterschätzen: „Derzeit spielt Gentechnik weltweit keine Rolle in der Rebenzüchtung, da es in wichtigen Verbraucherländern keine Akzeptanz der Gentechnik gibt", sagt Töpfer.

Das JKI für Rebenzüchtung ist 2018 mit der Sorte „Calardis blanc" auf den Markt gekommen. „Sie wird bereits bei einigen Winzern im Versuchsanbau getestet und trägt gegenüber dem Falschen Mehltau erstmals zwei Resistenzen", so Töpfer. Auch Schneider und seine Kollegen wollen

2018 entsprechende PIWI-Sorten vorstellen. Nick hat derweil eine weitere Resistenzquelle ausgemacht: die Europäische Wildrebe *(Vitis sylvestris)*, die Mutter unserer Kulturrebe. Sie wehrt den Falschen Mehltau ebenfalls erfolgreich ab. „Das hat uns zunächst überrascht, denn die Pflanzen sind ja im Lauf ihrer Evolution nie mit dem aus Amerika stammenden Schädling in Berührung gekommen", sagt Nick. Doch bei der Europäischen Wildrebe ist die zweite Säule des pflanzlichen Immunsystems stark ausgebildet: die Grundabwehr, die unspezifisch gegen viele Organismen wirkt. So bildet die Wildrebe bei Schädlingsbefall umgehend Resveratrol, eine Art natürliches Antibiotikum. „Nehmen wir einmal an, die Reben seien Burgwächter", veranschaulicht Nick den Unterscheid zwischen Wild- und Kulturform. „Die Wildrebe fährt die Zugbrücke bei der kleinsten Staubwolke am Horizont hoch und erhitzt das Pech. Die Kulturrebe hingegen zieht die Zugbrücke erst hoch, wenn der Feind schon eingedrungen ist."

Nick und sein Team identifizierten auch den genetischen Unterschied: Der Kulturrebe fehlt ein Stück des Genschalters, der das Gen zur Bildung von Resveratrol anknipst. Damit eröffnen sich neue Zuchtmöglichkeiten – zumal die Urform unserer Kulturrebe aromatischer schmeckt ist als ihre amerikanischen Verwandten. Damit nicht genug, schlummern möglicherweise noch andere Fähigkeiten in der vom Aussterben bedrohten Europäischen Wildrebe: In Versuchen waren manche Pflanzen auch gegen ESCA resistent, eine Holzkrankheit der Reben, die sich immer weiter ausbreitet und deren Ursache noch im Dunkeln liegt. „Artenvielfalt", folgert Nick, „ist ein Schatz, den es zu bewahren gilt."

Aus Spektrum der Wissenschaft Kompakt Pestizide – Pflanzenschutz mit Risiken und Nebenwirkungen 2018

Juliette Irmer ist Wissenschaftsjournalistin und wohnt im Dreisamtal bei Freiburg.

Nitrat & Co: Jenseits der Landwirtschaft

Lars Fischer

Passend zur Diskussion um Nitrat im Grundwasser spricht sich eine neue Studie dafür aus, einen umfassenderen Blick auf Stickstoffverluste bei der Nahrungsproduktion zu werfen.

Im Grundwasser ist zu viel Nitrat, und alle zeigen auf die Bauern. Doch das ist nur die halbe Wahrheit. Das Nitrat, das aus dem Stickstoffdünger auf den Feldern ins Grundwasser gelangt, ist auch das Resultat einer landwirtschaftlich-industriellen Revolution, der die Industriestaaten ihre immer vollen Supermarktregale verdanken – die aber nebenher ein Problem von buchstäblich erdgeschichtlicher Dimension geschaffen hat. Deswegen sei es nicht ausreichend, lediglich die Landwirtschaft zu regulieren, argumentiert nun eine Arbeitsgruppe um den Umweltwissenschaftler David R. Kanter von der New York University: Um den Überschuss an Stickstoff in der Umwelt unter Kontrolle zu kriegen, müsse man die gesamte Lebensmittelproduktion unter die Lupe nehmen, schreiben er und sein Team in „Nature Food". Das beginne bei der Düngerproduktion und der Lebensmittelindustrie, aber auch Verbraucherinnen und Verbraucher seien Teil des Problems. Denn niemand kann ohne Stickstoff.

Alle Organismen brauchen Stickstoff für ihre biochemischen Bausteine, doch in vielen Ökosystemen ist das Element ein knappes Gut. Es macht als Gas zwar vier Fünftel der Atmosphäre aus, aber diese N2-Moleküle sind so

L. Fischer (✉)
Heidelberg, Deutschland
E-Mail: fischer@spektrum.de

E. Gottfried (Hrsg.), *Landwirtschaft – Wege aus der Krise*,
https://doi.org/10.1007/978-3-662-64960-2_19

stabil, dass nur sehr wenige Lebewesen sie aufbrechen und nutzen können, vor allem Bakterien. Durch dieses Nadelöhr sickert Stickstoff als für Tiere und Pflanzen nutzbares Ammonium, Nitrat und Nitrit in die Biosphäre, weiter in Ozeane, Gesteine und wieder als Stickoxide und schließlich wieder N_2 in die Atmosphäre. Ähnlich wie der Kohlenstoffkreislauf verknüpft auch der Stickstoffkreislauf uns Lebewesen mit Atmosphäre, Ozean und Erdkruste.

Der andere geochemische Kreislauf

Seit Anfang des 20. Jahrhunderts jedoch ist dieser planetare Zyklus aus dem Gleichgewicht – dank einer Technik, den Stickstoff aus der Luft in eine chemisch zugänglichere Form umzuwandeln, produziert die Menschheit heute immense Mengen davon als Dünger, Nahrung für die Pflanzen auf den Feldern und letztlich auch für Mensch und Tier. Doch von der chemischen Synthese bis zur Kläranlage gerechnet, nehmen Menschen lediglich acht Prozent des umgesetzten Stickstoffes mit der Nahrung auf. Der Rest geht, ohne seinen Zweck zu erfüllen, direkt in den Stickstoffkreislauf.

„Seit der industriellen Herstellung von Stickstoffdüngern haben wir den globalen Stickstoffkreislauf mehr als verdoppelt", erklärt Klaus Butterbach-Bahl vom Karlsruher Institut für Technologie (KIT), der unter anderem den Stickstoffumsatz in Ökosystemen erforscht. Den Kohlenstoffkreislauf, der im Zentrum der Klimakrise steht, habe die Menschheit dagegen nur um etwa fünf bis sieben Prozent verändert, führt er zum Vergleich an. „Uns werden aber andererseits die Auswirkungen dieser massiven menschlichen Änderung eines zentralen, globalen Stoffkreislaufes auf unsere Umwelt in der breiteren Bevölkerung und offensichtlich der Politik nur sehr langsam bewusst."

Neben den hohen Nitratwerten im Grundwasser erzeugt der künstlich aufgeblähte Stickstoffzyklus eine Reihe zum Teil globaler Umweltprobleme. Darunter sind „umgekippte" Gewässer, giftige Algenblüten und die sauerstoffarmen „Todeszonen" vor den Küsten der Kontinente. Aber auch verarmte Ökosysteme gehen auf das Konto des Stickstoffüberschusses, ebenso wie ein Teil des Klimawandels. David Kanter, der die Zusammenhänge zwischen Stickstoff, Lebensmittelsicherheit und nachhaltiger Landwirtschaft erforscht, sieht hier „eines der größten Umweltprobleme für die Menschheit".

Und vor allem eines, bei dem der Fokus auf die Regulierung der Landwirtschaft zu kurz greife, selbst wenn diese einen beträchtlichen Anteil am Problem hat. Zum einen nämlich seien auch andere Akteure dafür verantwortlich, dass Stickstoff in die Umwelt gelangt. Schon bei den chemischen Reaktionen, die aus dem Stickstoff der Luft Dünger machen, geht ein Teil des Elements verloren. Weitere Verluste gebe es in der Lebensmittelverarbeitung und im Handel, zum Beispiel dadurch, dass ein erheblicher Teil der hergestellten Lebensmittel im Müll lande – nicht nur in der Industrie, sondern auch in den Privathaushalten.

Höchste politische Sprengkraft

Zum anderen trage auch die Ernährung der Bevölkerung zum Problem bei: Die Landwirtschaft setzt etwa 40 % des Stickstoffes im Dünger in pflanzliche Nahrung um – wenn diese nur als Tierfutter dient, landet ein wesentlich kleinerer Anteil schlussendlich beim Menschen. Viele dieser Stickstoffquellen seien bisher wegen des Fokus auf die Landwirtschaft kaum reguliert – aber im Prinzip viel einfacher einzudämmen als der Nährstoffeintrag von den Äckern, argumentieren Kanter und sein Team.

Klaus Butterbach-Bahl vom KIT sieht in der Untersuchung viel Unterstützenswertes. Die Stärke der Studie sei, dass sie die vielseitigen Möglichkeiten aufzeige, der Übernutzung von Stickstoff und Verlusten in die Umwelt Einhalt zu gebieten, sagt er. Allerdings sei die Politik in der Zwickmühle, denn die nötigen Veränderungen würden wohl nicht ohne Konflikte abgehen, so der Forscher. „Die Übernutzung von Stickstoffdünger für die Produktion von Nahrungsmitteln ist ein Thema von höchster politischer Sprengkraft." Zumal sich Bauern zu Recht dagegen wehrten, die alleinige Verantwortung für die Misere zugeschoben zu bekommen.

Auch der Agrarwissenschaftler Peter Leinweber von der Universität Rostock sieht die gesamte Prozesskette beim Stickstoffproblem in der Pflicht. Zudem seien die vielfältigen Wechselwirkungen zwischen den Akteuren in der Studie sogar nur unvollständig abgebildet – so würden Vorgaben der Industrie das Problem verschärfen: „Definierte Stickstoffgehalte etwa bestimmen den Preis, den Händler und Verarbeiter den Erzeugern für Backweizen bezahlen". Dadurch müssten Bauern häufiger düngen, als sie es unter normalen Umständen tun würden. „Von diesem Stickstoff landet viel in der Umwelt", erklärt der Forscher.

Wenig Spielraum für Bauern

Als mögliche Maßnahmen, die gesamte Verbrauchskette von Lebensmitteln in die Pflicht zu nehmen, nennt die Gruppe um Kanter in ihrer Studie schärfere Gesetze für die Chemische Industrie und die Lebensmittelverarbeitung, aber auch Anreize zum Kompostieren in Privathaushalten. Welche Maßnahmen am sinnvollsten seien, müsse nach geeigneten Kriterien festgelegt werden. Allerdings seien die Empfehlungen in der Studie zu vage und auch zu stark auf nordamerikanische Verhältnisse ausgerichtet, bemängeln Fachleute. Nicht zuletzt könne der Eindruck entstehen, das Stickstoffproblem lasse sich auch ohne die Bauern lösen.

Das aber ist nicht der Fall. Der größte Anteil des Stickstoffeintrags geht von der Landwirtschaft aus, und auch Kanter listet dort die meisten Ansatzpunkte für Reduktionen – doch Landwirte sind dabei Teil eines Systems, das ihnen nur begrenzten Spielraum lässt und das deswegen aus Sicht der US-Arbeitsgruppe stärker betrachtet werden muss. Deswegen gebe es jenseits des Fokus auf die Landwirtschaft einen viel größeren Spielraum für politische Maßnahmen gegen Stickstoff in der Umwelt als bisher angenommen – insbesondere strengere Gesetze.

Doch der breiteren Bevölkerung und auch der Politik werde das Ausmaß des Problems nur sehr langsam bewusst, sagt Klaus Butterbach-Bahl. Der Wissenschaftler fürchtet außerdem, dass die Akteure versuchen werden, die Verantwortung auf andere Beteiligte abzuwälzen. Der Kern des Problems sei allerdings, dass die Verbraucherinnen und Verbraucher nicht bereit seien, umweltfreundlich produzierte Lebensmittel angemessen zu bezahlen. „Solange der Preis von Nahrungsmitteln nicht den Preis für deren umweltgerechte, nachhaltige Herstellung widerspiegelt, und hier geht es in hohem Maße um Stickstoffnutzung und Stickstoffverluste, wird sich wenig ändern."

Dünger, Düngemittel

Stoffe und Stoffgemische, die Nutzpflanzen zugeführt werden, um ihren Ertrag und ihre Qualität zu steigern (Düngung). Grundsätzlich wird zwischen organischen Düngern und Mineraldüngern unterschieden. Zu den organischen Düngermitteln zählen u. a. Stallmist, Gülle, Jauche und Kompost. Sie fallen bei der Tier- und Pflanzenproduktion an und dienen vor allem der Verbesserung der Bodenstruktur und regen gleichzeitig die Tätigkeit von Bodenorganismen an. Ihnen gegenüber stehen die seit dem 20. Jahrhundert mehr und mehr verwendeten natürlich vorkommenden Mineraldünger oder synthetisch erzeugten Kunstdünger, zu denen die Stickstoff-Dünger, Phosphat-Dünger und Kali-Dünger gehören, die getrennt oder aber als Mischungen (z. B. NPK-Dünger) verwendet werden. Weitere Dünger sind organisch-mineralische Düngemittel sowie Dünger, die Spurennährstoffe enthalten und vor allem im Wein- und Obstbau verwendet werden.

Copyright 2001 Spektrum Akademischer Verlag, Heidelberg.

https://www.spektrum.de/lexikon/biologie-kompakt/duenger/3296

Aus Spektrum.de News, 05.12.2019

https://www.spektrum.de/news/jenseits-der-landwirtschaft/1690036

Der Chemiker **Lars Fischer** arbeitet als Journalist und Redakteur bei „Spektrum. de".

Alles eine Frage der Haltung

Ralf Stork

Weidehaltung ist in den letzten Jahrzehnten immer mehr aus Deutschland verschwunden. Das soll und könnte sich ändern, findet unser Kolumnist Ralf Stork.

Als ich klein war, bin ich mit meiner Mutter immer ganz gerne zum Einkaufen gegangen. Der Supermarkt war als Attraktion nicht schlecht. Noch besser aber war das Nachbargrundstück, wo auf einer kleinen Wiese zwei Ponys standen, die man am Zaun streicheln konnte. Das war Ende der 1970er, Anfang der 1980er Jahre in der Nähe von Hannover. Die Transformation des ehemals landwirtschaftlich geprägten Dorfs zum Beamtenvorort war noch nicht ganz abgeschlossen. Auch am Ende unserer Straße – auf der Rückseite eines alten Bauernhofs, aber von drei Seiten schon umzingelt von der Einfamilienhaussiedlung – gab es noch eine richtige Weide, mit Platz für 20 Kühe. Mehr als einmal büxten die Rinder aus und kamen bis in unsere Einfahrt. Eines Tages standen dann auf der Ponywiese ein zweiter Supermarkt und kurz darauf auf der Kuhweide ein paar neue Einfamilienhäuser.

Die Rinder hätten einfach umziehen können. Raus aus der neu entstehenden Siedlung, rein in die landwirtschaftlichen Flächen außerhalb des Dorfs. Aber genau wie ihre Weide verschwanden auch die Kühe für immer aus dem Blickfeld. Nicht nur bei uns im Ort, deutschlandweit. Und das lag

R. Stork (✉)
Berlin, Deutschland
E-Mail: ralf-stork@gmx.de

© Der/die Autor(en), exklusiv lizenziert an Springer-Verlag GmbH, DE, ein Teil von
Springer Nature 2022
E. Gottfried (Hrsg.), *Landwirtschaft – Wege aus der Krise,*
https://doi.org/10.1007/978-3-662-64960-2_20

123

nicht daran, dass die Deutschen plötzlich weniger Fleisch aßen und Milch tranken und deshalb weniger Nutztiere brauchten. Im Gegenteil. Mitte der 1980er Jahre wurde so viel Fleisch gegessen wie nie zuvor und nie danach. Knapp 65 kg pro Person und Jahr. Tiere wurden also noch gebraucht.

Sie verschwanden trotzdem aus der Landschaft, zum einen, weil hier zu Lande immer weniger Rinder gehalten wurden, von knapp 21 Mio. 1980 sank ihre Zahl auf aktuell elfeinhalb Millionen. Zum anderen haben sich auch die Betriebsstrukturen dramatisch verändert: Vor 60 Jahren gab es 4,8 Mio. landwirtschaftliche Betriebe in Deutschland. Heute sind es nur noch 270.000. Mit dem Höfesterben geht eine Konzentration der Viehbestände einher. 1970 hatte ein Bauer im Durchschnitt sieben Milchkühe, heute sind es 64. Für die größeren Herden fehlt meist die entsprechend große Weidefläche in Hofnähe. Auch deshalb schafft es heute nur noch ein Drittel der Rinder überhaupt auf die Weide. Die Zahl der sogenannten Mutterkühe, die mit ihren Kälbern zumindest den Sommer, manchmal jedoch auch ganzjährig, auf der Weide stehen, gibt das Statistische Bundesamt gar nur mit rund 640.000 an.

Dabei hätte es nicht nur für das Tierwohl Vorteile, wenn die Tiere ins Grüne kämen. Ein Teil der Landschaft lässt sich gar nicht anders nutzen als zur Weidehaltung oder Heugewinnung. Grünland macht immerhin etwa ein Drittel der landwirtschaftlichen Flächen aus. Vor allem aber kann auch die Natur profitieren. Wo große Pflanzenfresser auf der Weide stehen, ist die Artenvielfalt an Pflanzen, Insekten und Vögel besonders groß.

Allein deshalb sollte es so viele Tiere auf der Weide wie möglich geben, viel mehr jedenfalls als derzeit der Fall. „Wir könnten deutlich mehr Tiere in der Landschaft haben. In den Mittelgebirgen zum Beispiel gibt es viele Grünlandflächen, die brachfallen", sagt auch Jürgen Metzner, Geschäftsführer des Deutschen Verbands für Landschaftspflege. Das Problem: „Weidetierhaltung ist extrem arbeitsaufwändig und lohnt sich wirtschaftlich unter den derzeitigen Bedingungen häufig nicht."

Die geplante Gemeinwohlprämie könnte Anreize schaffen

Eine Möglichkeit, das zu ändern, sieht Metzner in einer sogenannten Gemeinwohlprämie. Das heißt, die Landwirte bekommen keinen pauschalen Zuschuss pro Hektar Fläche, die sie bewirtschaften, sondern werden für die gesellschaftliche Leistung entlohnt, die sie erbringen, etwa im Natur- und Artenschutz. „Erst einmal kann eine geplante Weidetierprämie, die das Bundeskabinett Mitte April beschlossen hat, ein wichtiger Schritt in die richtige Richtung sein", sagt Metzner.

Nach den Gesetzentwürfen zur nationalen Umsetzung der künftigen Gemeinsamen Europäischen Agrarpolitik sollen Landwirtinnen und Landwirte pro Jahr 30 € je Schaf oder Ziege und 60 € je Mutterkuh erhalten – unter der Bedingung, dass die Tiere regelmäßig auf der Weide stehen. Es gibt bereits Beispiele aus der Praxis, in denen auch Kommunen die Halter von Weidetieren unterstützen. Das bayerische Altmühltal ist bei Touristen unter anderem deshalb beliebt, weil es eine alte Kulturlandschaft ist, die durch Beweidung mit Schafen erhalten wird. Weil sich die Schäferei vielerorts nicht mehr lohnt, werden die Schäfer von den Gemeinden unterstützt, zum Beispiel durch das Bereitstellen von Weide- oder Pferchflächen.

Eine geplante Weidetierprämie und ein bisschen kommunale Unterstützung für einzelne Betriebe ändern noch nichts an den Parametern des landwirtschaftlichen Systems. Aber immerhin zeigen sie exemplarisch, wie eine Landwirtschaft aussehen könnte, die mehr will und kann, als nur große Mengen Fleisch, Milch oder Getreide zu produzieren. Und die genau deshalb von der Gesellschaft geschätzt wird – und angemessen bezahlt!

Ich persönlich würde es jedenfalls sehr begrüßen, wenn es wieder mehr Weidetiere in der Landschaft gäbe. Das wäre nicht nur gut für das Wohl der Tiere und für den Artenschutz. Auch wir Menschen würden profitieren, wenn wir wieder direkt mit Rindern und anderen Tieren in Kontakt treten könnten. Vielleicht würden wir durch den Kontrast der Haltungsbedingungen sogar kapieren, dass wir in Sachen Nutztierhaltung und Fleischverbrauch weit über unseren Verhältnisse leben und dass es höchste Zeit ist, das zu ändern.

Aus Spektrum.de, 30.04.2021
https://www.spektrum.de/kolumne/weidehaltung-warum-mehr-tiere-in-die-landschaft-gehoeren/1868014

Ralf Stork arbeitet als Naturjournalist und Buchautor in Berlin. Einmal im Monat erscheint auf „Spektrum.de" seine Kolumne „Storks Spezialfutter".

Mit grünen Oasen gegen die Wüste

Roman Goergen

Die Wüsten wachsen. Jedes Jahr werden weltweit Gebiete von mehr als der Fläche Griechenlands unfruchtbar. Besonders dramatisch ist die Lage in Afrika, weil hier der Verlust von landwirtschaftlich nutzbarem Land und wilder Natur einem besonders starken Bevölkerungswachstum gegenübersteht. Neue und wiederentdeckte Ideen sollen diese Entwicklung nun stoppen.

Für viele Monate wurde es in Abraha Weatsbaha in der Nacht nicht still. Ein unermüdliches Hacken schallte durch die Täler und Auen rund um das Dorf im Norden Äthiopiens. Männer und Frauen gingen mit Spitz- und Feldhacken unter dem flackernden Licht von Kerosinlampen zu Werk, gruben Löcher, schaufelten Dämme, erschufen Terrassen. Eigentlich sollte Abraha Weatsbaha damals im Jahr 1998 schon gar nicht mehr bewohnt sein. Große Teile des verdorrten Landes in der Provinz Tigray waren so unfruchtbar geworden, dass die Regierung den Menschen schlicht empfahl wegzuziehen.

Doch das Dorf wehrte sich – gegen den Verlust der Heimat, gegen den Hunger und letztlich auch gegen ein sich änderndes Klima. Die Menschen versuchten, mit anderen, nachhaltigen Methoden der Natur neues Leben einzuhauchen. Manches hatten sie auch früher so gemacht, manches hatten ihnen Hilfsorganisationen vorgeschlagen, aber einiges hatten sie auch schlicht vergessen. „Eine solche engagierte Beteiligung aller Menschen ist der Schlüssel zum Erfolg. Besonders erfahrene Bauern wissen oft schon,

R. Goergen (✉)
London, Vereinigtes Königreich

E. Gottfried (Hrsg.), *Landwirtschaft – Wege aus der Krise*,
https://doi.org/10.1007/978-3-662-64960-2_21

was getan werden muss, und können ihr Wissen weitergeben", sagt Chris Reij. Der Holländer von der amerikanischen Umwelt- Denkfabrik World Resources Institute befasst sich seit den 1970er Jahren mit Problemen der Land- und Forstwirtschaft in Afrika und den Folgen von Dürren und Klimawandel.

Reij hat diese Dämme, Brunnen und Terrassen in Nord-Tigray selbst viele Male gesehen und hochgerechnet, dass in den vergangenen 15 Jahren die Einwohner der Region dafür rund 90 Mio. t Steine und Erde mit einfachen Werkzeugen und ihren bloßen Händen bewegt haben mussten. „Vergleichbares kenne ich nur von den Pyramiden Ägyptens", sagt der Forscher.

Solche Initiativen im Kampf gegen Bodendegradation wie jene in Tigray tun bitter not. Eine weltweite ständige Verschlechterung von Bodenqualität durch Erosion, Klimawandel und damit verbundener Wasserknappheit, Entwaldung und Fehlnutzung wie einseitiger Landwirtschaft führt ultimativ zu immer größeren Wüsten. Nach Angaben der Vereinten Nationen dehnen sich die Wüsten der Erde jede Minute um 23 ha aus – das entspricht 30 Fußballfeldern.

„Für billiges Palmöl, Sojabohnen oder Fleisch zahlen wir alle langfristig einen hohen Preis: unfruchtbare Böden, unwiederbringlich zerstörte Wälder und fortschreitende Wüstenbildung", erläutert Thomas Silberhorn, parlamentarischer Staatssekretär beim Bundesminister für wirtschaftliche Zusammenarbeit und Entwicklung (BMZ). Nach Silberhorns Angaben fördere das BMZ deshalb seit 2015 Bodenschutz und Bodenrehabilitierung für Ernährungssicherung mit einem Volumen von 110 Mio. € in sechs Ländern.

„Besonders Bäume und Wälder spielen im Kampf gegen die Wüstenbildung eine große Rolle", sagt Hany El Kateb von der Technischen Universität München. Der Forstwissenschaftler berät den ägyptischen Präsidenten in Sachen Landwirtschaft und entwickelt Konzepte für nachhaltige Agroökosysteme in Ägypten und Afrika. Da Wälder Kohlendioxid binden, die Qualität des Sickerwassers die Nährstoffversorgung des Bodens verbessert und Bäume vor allem Windgeschwindigkeit reduzieren und damit Erosion verhindern, seien Abholzung und Waldsterben Hauptgründe für Degradation.

2050 die Hälfte aller Wälder abgeholzt

Wenn gegenwärtige Trends nicht gestoppt werden, geht die Ernährungs-
und Landwirtschaftsorganisation der Vereinten Nationen FAO davon aus,
dass weltweit bis zum Jahr 2050 die Hälfte aller Wälder abgeholzt sein
werden. „Wenn wir also einen sterbenden Wald haben, müssen wir uns
zunächst darum kümmern. Gesunde Bäume verbessern auch das Mikro-
klima des von ihnen geschützten Gebiets", ergänzt El Kateb.

All dies gilt besonders für Afrika. Vor allem hier verschlechtert Bodendegradation die Erträge der Landwirtschaft. Unsichere Lebensmittelversorgung ist die Folge. Während weltweit die Zahl der Hungernden gesunken
ist, sind die Statistiken für den Kontinent gegenläufig. So hungerten in
Afrika im Jahr 1990 nach FAO-Angaben 181,7 Mio. Menschen. 2017
waren es 232,5 Mio. Die immer wiederkehrenden Dürren verleiteten
Bauern vor allem auch, kultiviertes Land zu vergrößern, um sinkende
Erträge zu kompensieren. „Da brauchbares Land aber oft schon kultiviert
war, wichen sie auf für Landwirtschaft ungeeignete Flächen aus", erläutert
Chris Reij. Dafür seien dann mehr und mehr Wälder und gesunde
Vegetation abgeholzt wurden, was die Bodenqualität wiederum zusätzlich
verschlechterte – ein Teufelskreis.

Betroffene Staaten und internationale Organisationen versuchen nun
gegenzusteuern. In der im Jahr 1996 unterzeichneten UN-Wüstenkonvention hatten 194 Nationen vereinbart, ihren Kampf gegen Wüstenbildung zu koordinieren. Das dafür zuständige UN-Sekretariat hat seinen
Sitz in Bonn. Dort wurde 2011 die sogenannte Bonn Challenge vom
Bundesumweltministerium gemeinsam mit dem Welt-Naturschutzverband
(IUCN) ausgerufen, ein globales Projekt zur Wiederherstellung entwaldeter
und erodierter Gebiete. Ihr Ziel: Bis zum Jahr 2030 weltweit 350 Mio. ha
unfruchtbarer Gebiete zu renaturieren – das entspräche einem Gebiet größer
als Indien. Afrika allein will dazu 100 Mio. ha beitragen.

Bäume wachsen zu langsam, um das Problem zu lösen

Doch der Erfolg hängt von einem fast wahnwitzigen Zeitplan ab. „Dies ist
eine wichtige Initiative, doch pro Jahr gehen weltweit immer noch rund
15 Mio. ha Land durch Entwaldung und Degradation verloren. Um das
Ziel bis 2030 zu erreichen, müssten jährlich 23 Mio. ha restauriert werden",

rechnet Chris Reij vor. Viele Staaten bevorzugten immer noch Baumpflanzen als gängigste Methode. „Das allein ist aber zu langsam", sagt Reij. Gerade in den trockensten Regionen Afrikas, vor allem im Sahel, reiche dies nicht aus. „Ein Baumsämling in der Sahelzone hat eine Überlebenschance von 20 %. Wenn alle dort gepflanzten Sämlinge überlebt hätten, sähe es dort aus wie im Amazonas", so der Afrikaveteran. „Wir brauchen vor allem kosteneffiziente und praxiserprobte Methoden zur Regeneration existierender Grüngebiete. Und um die Bonn Challenge zu erfüllen, müssen wir die Menschen vor Ort motivieren, von sich aus solche Methoden aus eigenem Antrieb anzuwenden", betont Reij. Einzig staatlich gesteuerte Maßnahmen seien dafür zu langsam.

Genau mit diesem Problem hatte zunächst auch eine ambitionierte Initiative afrikanischer Staaten zu kämpfen. Im Jahr 2007 schlug der damalige nigerianische Präsident Olusegun Obasanjo den Mitgliedern der Afrikanischen Union (AU) ein Projekt vor, das die Ausdehnung der Sahara in die Sahelzone unterbinden sollte. Dort sind bereits 40 % aller Anbauflächen durch Bodendegradation nutzlos geworden. Das betrifft rund 500 Mio. Menschen. Obasanjos Initiative sah vor, dass die Sahel-Anrainerstaaten eine Mauer aus Bäumen pflanzen sollten, um die Wüste zu stoppen – die Great Green Wall for the Sahara and Sahel Initiative (GGW), zu Deutsch etwa die Große Grüne Mauer für die Sahara und Sahel.

So bombastisch der Name, so gewaltig die Zahlen: ein 15 km breiter und 8000 km langer Baumgürtel sollte sich entlang der Sahelzone von der West- bis zur Ostküste Afrikas erstrecken – ein elf Millionen Hektar großer Wald. Elvis Paul Tangem, der die Initiative für die AU von Addis Abeba aus koordiniert, erklärt die Hoffnungen, die in das Projekt gesetzt wurden: „Der afrikanische Flüchtlingsstrom, besonders nach Europa, hat mit Klimawandel zu tun. Die Armut der Menschen hat seine Ursache darin, dass sie nicht mehr von dem Land leben können."

Geberländer und Hilfsorganisationen haben dem Projekt seitdem rund vier Milliarden US-Dollar an Mitteln zugesagt. Doch um die Ziele zu erreichen, musste an der ursprünglichen Idee nachgebessert werden. Schon 2012 warnte eine Gruppe französischer Wüstenexperten vor Fehlern in der Grundannahme. „Es ist unzutreffend, dass ein Meer aus Sand im Sahel einfällt", schrieb das Comité Scientifique Français de la Désertification. Die Sahara sei keine Krankheit, die benachbarte Gebiete durch Kontakt systematisch anstecke. Wüstenbildung in der Sahel sei vielmehr verursacht durch geringen Niederschlag, Bevölkerungswachstum und unausgewogene Landwirtschaft.

„Ein Baumgürtel kann die Wüste nicht stoppen. Wenn zum Beispiel sich im nördlichen Senegal nun dieser Gürtel der Sahara entgegenstellt, kann im südlichen Senegal dennoch Wüste entstehen", erläutert auch Chris Reij. Es sei nicht grundsätzlich falsch, Bäume zu pflanzen, „doch mehr kann erreicht werden, wenn der Schwerpunkt der GGW-Initiative darauf verlagert wird, alte Wurzelsysteme neu zu beleben und auf Farmland spontan von selbst auftauchende Bäume zu pflegen", so Reij. Er bezieht sich dabei auf Erkenntnisse und technische Durchbrüche in der Landwirtschaft, die ihren Ursprung im Niger der 1980er Jahre haben.

An einem heißen Morgen im Mai 1982 fuhr ein einsamer gelber Datsun Pick-up-Truck über eine holprige Staubpiste in der Maradi-Region des südlichen Nigers. Am Steuer des Wagens saß Tony Rinaudo, ein australischer Missionar, der seit zweieinhalb Jahren versuchte, die Landwirte der Region in ihrer Arbeit auf den verdorrten Äckern zu unterstützen. In einem Anhänger lagen Sämlinge für das Dorf Sarkin Hatsi, von denen Rinaudo hoffte, dass sie einmal zu Bäumen werden, die das Farmland vor Erosion bewahren. Rinaudo stoppte, um Luft aus den Reifen zu lassen, damit sein Datsun nicht im Sand stecken blieb. „Ich stieg aus dem Wagen und sah mich um. In jeder Himmelsrichtung verbranntes Land und fast keine Bäume. Es war hoffnungslos", erinnert sich Rinaudo. Selbst wenn der Australier ein Millionenbudget und hunderte Mitarbeiter gehabt hätte, hätte er nach eigenem Bekunden keine Chance gesehen, das karge Land zu verändern. Er war bereit aufzugeben.

Ein Busch am Rand der Piste weckte die Aufmerksamkeit des Missionars. Rinaudo hatte solches Gebüsch viele Male zuvor gesehen. Die Relevanz war ihm bis dato entgangenen. Der Busch entpuppte sich als Stumpf eines gefällten Baums, der wieder Sprossen austrieb. „In diesem Moment änderte sich alles. Ich wusste, dass dies die Lösung war", berichtet der Australier.

Unterirdischer Wald unter Baumstümpfen

In Niger gab es Millionen solcher Stümpfe gefällter Bäume, deren Wurzelwerk noch intakt war – „ein gewaltiger unterirdischer Wald", wie Rinaudo es formuliert. Jedes Jahr wuchsen neue Sprossen aus diesen Stümpfen. Wenn sie etwa einen Meter Höhe erreichten, hackten die Farmer sie entweder zu Feuerholz oder verbrannten sie, um dadurch den Boden zu düngen. „Solange diese Praxis bestand, blieben diese unsichtbaren Wälder unter der Erde verborgen", sagt Rinaudo.

Für die meisten gefällten Bäume gilt, dass das Wurzelwerk vital bleibt, weil es Zugang zu tieferen Erdschichten mit mehr Nährstoffen hat. Solchen Bäumen kann extrem schnell wieder Leben eingehaucht werden. Schon bald entwickelte Rinaudo einfache Techniken, um den Bäumen zu helfen: „Es geht um einen gut geplanten Beschnitt und darum, die stärkeren Sprossen zu pflegen und die schwachen zu schneiden – einfache und intuitive Arbeit." Bald fand sich ein Name für die Technik: Farmer Managed Natural Regeneration (FMNR), auf Deutsch etwa durch den Landwirt kontrollierte natürliche Regeneration.

In den folgenden Jahren versuchte Tony Rinaudo, die Menschen in Maradi von dieser Idee zu überzeugen. „Wiederaufforstung war nun nicht mehr von Budgets, Zeit, Technologie oder Arbeitskräften abhängig. Es ging vielmehr darum, Traditionen zu ändern, Glauben an die alte koloniale Kultur der Landwirtschaft in Frage zu stellen und darum, die Menschen einen Nutzen darin sehen zu lassen, Bäume auf ihren Äckern großzuziehen", berichtet der Entwicklungshelfer.

Kolonialzeit wirkt nach in falscher Landwirtschaft

Es war nicht einfach. „Dies symbolisierte eine Gegenkultur, und niemand in Niger wollte anders sein", sagt Rinaudo. Viele Menschen nannten ihn den verrückten weißen Farmer. Außerdem hatten dort alte Methoden und Gesetze aus der französischen Kolonialzeit eine lang wirkende baumfeindliche Mentalität unter den Landwirten geschaffen. „Die landwirtschaftlichen Praktiken, die von Kolonialmächten in Afrika eingeführt wurden, basierten auf dem kühleren Klima der nördlichen Hemisphäre und gingen von fruchtbaren Böden aus", erläutert Dennis Garrity vom World Agroforestry Centre in Nairobi.

In Europa mache es keinen Sinn, Bäume in Anbauflächen zu integrieren, im tropischen Afrika sei das aber anders. Noch problematischer war allerdings das Recht. „Französische Kolonialgesetze legten fest, dass alle Bäume dem Staat gehörten, egal ob sie auf Farmland oder in Wäldern wuchsen", sagt Garrity, der zugleich auch ein Botschafter für Trockengebiete unter der UN-Wüstenkonvention ist: „Die Landwirte durften weder von ihren eigenen Bäumen ernten, noch Holz schlagen und verkaufen." Das gab Landwirten keinerlei Motivation, Bäume zu pflegen. „Wollten sie etwas mit den Bäumen anfangen, mussten die Bauern ein umständliches und korruptes Genehmigungsverfahren durchlaufen und Anträge stellen, jedes Mal wenn sie Bäume beschneiden, beernten oder fällen wollten", so Garrity. So verschwanden die Bäume von den Äckern.

„Afrika sollte sich so seiner primitiven Lebensweise entledigen. Im Erdnussbecken des Senegals erhielten die Landwirte sogar günstige Kredite, wenn sie belegen konnten, dass sie Bäume und andere Vegetation von ihren Plantagen entfernt hatten", sagt Rinaudo. Kolonialmächte, aber auch junge unabhängige Staaten wollten so Kontrolle über Natur und Ressourcen bewahren. Stattdessen schufen sie eine ökologische Zeitbombe. Als Tony Rinaudo Niger 1999 verließ, um FMNR in anderen Ländern bekannt zu machen, wusste er, dass ein Anfang gemacht war – wie viel er genau erreicht hatte, war ihm noch nicht klar.

Mut machende Beweise in Satellitenbildern

Seit 35 Jahren dokumentiert Gray Tappan die Veränderungen der Landschaften Westafrikas. Der amerikanische Geograf von der US Geological Survey hat in unzähligen Flügen Luftaufnahmen von Wäldern, Savannen, von Farmland und unberührter Natur gemacht und diese mit Satellitenbildern verglichen. Die enorme Zahl seiner vergleichenden Bilder erlaubt Tappan, Veränderungen selbst in kleinen Gebieten über die Jahre hinweg präzise nachzuweisen. „Die Geschichte meiner Aufnahmen ist eine Mischung aus Gutem und Schlechtem, doch was Mut macht, sind die Beweise, die ich gefunden habe, in denen es ersichtlich ist, wie hunderttausende Farmer sich um Boden, Wasser und Vegetation kümmern", sagt Tappan.

Im Jahr 2004 erhielt Tappan einen Anruf von Chris Reij. Reij hatte zuvor bei einem Vortrag an der Universität von Niamey einen Hinweis erhalten, dass in der Maradi-Region des Nigers zahlreiche Bäume auf Farmland aufgetaucht seien. „Wir machten uns also dorthin auf. Die Baumdichte auf den Farmen versetze uns in helle Aufregung. Schnell wurde uns klar, dass dies eine große Geschichte ist", berichtet Tappan. „Ich stieg also in meine Cessna und begann Aufnahmen zu machen. Als wir die Bilder der nigrischen Regierung zeigten, wollten man uns fast nicht glauben", so der Amerikaner. Tappans Fotos zeigten auch mehr Menschen in der Region: »Ich fand hunderte neuer Dörfer, wo 25 Jahre vorher nur karges Land war."

Es sollte bis 2006 dauern, ehe die Forscher eine Vorstellung über das Ausmaß hatten. „Wir kamen letztlich zu dem Schluss, dass Kleinbauern auf ihren Gütern Bäume auf einer Gesamtfläche von fünf Millionen Hektar großgezogen hatten. Über einen Zeitraum von 20 Jahren hatten sie dem Land unglaubliche 200 Mio. neue Bäume hinzugefügt – ohne einen einzigen davon selbst zu pflanzen", berichtet Reij. Als Tappan und er Fragen über den Ursprung dieser neuen Agroforstlandschaft stellten, tauchte in den Antworten bald ein Name auf: Tony Rinaudo.

Kampf um Anerkennung

Rinaudo, der inzwischen für die internationale Hilfsorganisation World Vision arbeitet, hat seit seiner Zeit in Niger inzwischen in über zwei Dutzend Ländern FMNR eingeführt und bekannt gemacht – neben afrikanischen Staaten wie dem Südsudan, Somalia, Uganda oder Simbabwe auch in Indien, Indonesien oder Myanmar. Es war nach seinem eigenen Bekunden ein 35-jähriger Kampf um Anerkennung für die zuvor unbekannte Methode. Anfänglicher Skepsis sowohl bei den Menschen als auch bei Geberländern ist inzwischen einem großen Interesse gewichen an einer Methode, die das Potenzial hat, die Misere in Afrikas Landwirtschaft abzuwenden. „FMNR ist eine überraschend einfache Methode, auf degradierten Böden Bäume und Sträucher wieder wachsen zu lassen. Auf den richtigen Standorten kann es eine kostengünstige Alternative für die Wiederaufforstung von Baumgruppen und Wäldern (durch Anpflanzung) sein", bestätigt auch BMZ-Staatssekretär Silberhorn.

Im November 2018 erhielt Rinaudo in Stockholm den Right Livelihood Award, der auch als Alternativer Nobelpreis bekannt ist. Der Preis war entstanden, nachdem die Einführung eines Nobelpreises für Ökologie und Entwicklung gescheitert war. Die Stiftung würdigte damit Rinaudos Lebenswerk und besonders FMNR als Beitrag zur Gestaltung einer besseren Welt.

Chris Reij stimmt zu: „Gray Tappan und ich haben auf unseren Erkundungen weitere Entdeckungen gemacht, wie FMNR Landschaften verändert hat – zum Beispiel in Mali, im Senegal oder in Malawi. Aber Niger stellt immer noch die größte positive Veränderung der Umwelt im Sahel dar, vielleicht sogar in ganz Afrika. Dort haben die Menschen etwas erschaffen, das noch besser ist als eine große grüne Mauer – eine große grüne Landschaft."

Ein grünes Mosaik

Auch die AU hat von den ursprünglichen Fehleinschätzungen gelernt und inzwischen FMNR in die Projekte der Grünen Mauer eingebettet. Dort spricht man ohnehin inzwischen lieber von einem Mosaik als einer Mauer. „Wir haben dutzende Projekte für nachhaltige Landwirtschaft, inklusive Agroforstwirtschaft und Renaturierungsinitiativen", sagt AU-Koordinator Tangem. Dazu zählen Wiederaufforstung und nachhaltige Brennholzproduktion in Benin, Projekte für den Ökotourismus in Mali, eine Antierosionsinitiative in Nigeria, nachhaltige Wasserwirtschaft an den Ufern des Blauen Nils im Sudan sowie weitere Projekte für Bewässerungssysteme für Landwirte im Tschad, Äthiopien, Ghana oder Mauretanien.

Gerade was solche Bewässerungsprojekte angeht, so ist auch Hany El Kateb klar, dass Wiederaufforstung immer einer gesicherten Wasserversorgung bedarf. Mit der Regierung Ägyptens hat der Forstwissenschaftler deswegen in seinem trockenen Heimatland insgesamt 36 Projekte ins Leben gerufen, die Wasser und Bäume zusammenbringen und so die ägyptische Wüste begrünen. Eine dieser Anlagen verwertet die Abwässer der 500.000-Einwohner-Stadt Ismailia in Unterägypten. Mit diesen Abwässern entstand der Forst von Serapium.

„Die Resultate dort waren unglaublich. Hier wachsen nun große Bäume mitten in der Wüste", sagt El Kateb. Der Trick: Im Gegensatz zu Kläranlagen in vielen westlichen Ländern wie auch Deutschland wurden im Reinigungsprozess Stickstoff und Phosphor nicht herausgefiltert. Normalerweise wird dies getan, um eine Überdüngung von Flüssen und anderen Gewässern zu verhindern. Doch für die Aufforstungsprojekte Ägyptens ist der Dünger willkommen. „Und dank der Bäume haben wir zusätzliche Verdunstung und Feuchtigkeit in der Wüste, die in die Atmosphäre gelangt und Wolken entstehen lässt. Für Regen müssen die Forstflächen noch größer werden – doch das ist meine Vision für die Zukunft: Grünflächen in der Wüste, die die Chancen auf Regen erhöhen", erklärt der Forstwissenschaftler.

Auch in Abraha Weatsbaha fließt inzwischen wieder mehr als genug Wasser. Das äthiopische Dorf, das 1998 der Dürre geopfert werden sollte, hat inzwischen sogar einen Überschuss. Dank der Methoden wie FMNR, der Dämme, Quellen und Terrassen haben die Menschen hier die Kehrtwende geschafft. „Jetzt haben sie eine 14 km lange Pipeline gebaut, um die nächste Stadt, Wukro, mit ihrem Trinkwasser zu versorgen", berichtet Chris Reij. Nach der Beobachtung von Wissenschaftlern ist die Region

Tigray so grün wie seit 145 Jahren nicht mehr. „Wir wissen jetzt endlich mehr darüber, was wir machen müssen, um die Wüste zu stoppen", so der Holländer. Noch sei nichts gewonnen – „doch ich bin heute optimistischer, als ich es 1980 war, als ich begann, im Sahel zu arbeiten", betont Reij.

Aus Spektrum der Wissenschaft

Spektrum – Die Woche, 02/2019

Roman Goergen ist Journalist und berichtet von Johannesburg in Südafrika aus über Umweltthemen, Ökologie, Biologie, Technologie und Innovation. Einer seiner Schwerpunkte sind die Ökosysteme Afrikas mit ihrer Tierwelt.

Grüne Gentechnik: Potenzial und Risiken

Die neue grüne Revolution

Frank Kempken

Seit rund 40 Jahren gibt es gentechnische Methoden, um das Erbgut von Pflanzen zu verändern. Neue Verfahren kombinieren Präzision, Spezifität und niedrige Kosten auf bisher unerreichte Weise. Doch die Diskussion um die Anwendungssicherheit hält an.

Am 14. Mai 1990 begann in Köln das erste Freisetzungsexperiment mit gentechnisch veränderten Pflanzen in Deutschland. Unter der Leitung des damaligen Direktors des Max-Planck-Instituts (MPI) für Züchtungsforschung, Heinz Saedler, war in das Erbgut von etwa 60.000 Petunienpflanzen ein zusätzliches Gen eingebaut worden. Der Erbfaktor stammte aus Maispflanzen und enthielt die Bauanleitung eines Enzyms, das die weißen Blüten der Petunien in lachsrote verwandelte.

Man hoffte damals, Petunien zu finden, bei denen die Erbanlage für die lachsrote Blütenfärbung durch ein springendes Gen zerstört worden war. Da dies ein seltener Vorgang ist, schien die gentechnische Veränderung zehntausender Pflanzen nötig, um am Ende einige wenige Individuen zu bekommen, die weiß-lachsrot gesprenkelte Blütenblätter tragen würden. Die MPI-Forscher veränderten das Genom der Petunien mithilfe des Bakteriums *Agrobacterium tumefaciens* – eine Methode, die etwa zehn Jahre zuvor am gleichen Institut entwickelt worden war.

F. Kempken (✉)
Christian-Albrechts-Universität zu Kiel, Kiel, Deutschland
E-Mail: fkempken@bot.uni-kiel.de

E. Gottfried (Hrsg.), *Landwirtschaft – Wege aus der Krise*,
https://doi.org/10.1007/978-3-662-64960-2_22

139

Überraschenderweise zeigten nach Abschluss des Experiments rund 60 % der Blüten eine weiß-rote Sprenkelung. Dieser völlig unerwartete Befund hatte zwei ganz unterschiedliche Konsequenzen. Zum einen stieß er eine neue Disziplin an, die pflanzliche Epigenetik. Denn wie sich später herausstellte, war die große Zahl gesprenkelter Blüten das Ergebnis eines trockenen und heißen Sommers, der über epigenetische Mechanismen zu einer veränderten Genaktivität geführt hatte. Zum anderen werteten Kritiker das Experiment als Beleg dafür, dass die Gentechnik mit vermeintlich unberechenbaren Risiken einhergehe.

Seit dieser Zeit hat sich die pflanzliche Gentechnik in verschiedenen Ländern in sehr unterschiedliche Richtungen entwickelt. Während in Deutschland und weiten Teilen der EU die Skepsis überwog und der Anbau gentechnisch veränderter Pflanzen weitgehend untersagt wurde – mit Ausnahme Spaniens –, ist auf den beiden amerikanischen Teilkontinenten die Anbaufläche für gentechnisch veränderte Pflanzen (GV-Pflanzen) auf nunmehr etwa 180 Mio. ha gewachsen.

Aus der Mikrobe ins Gewächshaus

Um fremde Gene in das Erbgut von Pflanzen einzuschleusen, stehen mittlerweile diverse Methoden zur Verfügung. Bereits in den 1970er Jahren hat ein Team um Jeff Schell vom MPI für Züchtungsforschung erkannt: Das Bakterium *Agrobacterium tumefaciens* erzeugt Tumoren bei Pflanzen und fügt dabei einen kleinen Teil seiner Erbsubstanz dauerhaft in die pflanzlichen Chromosomen ein. Den Kölner Wissenschaftlern gelang es, aus der bakteriellen DNA bestimmte Bereiche zu entfernen und gegen Fremdgene auszutauschen. Werden Pflanzen mit entsprechend veränderten Bakterienstämmen infiziert, kommen die Fremdgene in ihr Erbgut und verändern die Eigenschaften der Gewächse. Anfangs war diese gentechnische Methode auf zweikeimblättrige Pflanzen beschränkt, lässt sich mittlerweile aber auf fast alle Pflanzen, Pilze und sogar tierische Zellen anwenden.

Ein anderes Verfahren ist der „biolistische Gentransfer". Hier bringen Forscher die gewünschte Fremd-DNA auf kleine Partikel auf und schießen diese mit einer Art Kanone in die Zielzellen ein. Weil die Partikel sehr klein sind, bleiben die Empfängerzellen dabei weitgehend intakt. Mit jenem Ansatz ist es möglich, fast jede Pflanze gentechnisch zu verändern. Manche Spezies erholen sich allerdings nicht schnell genug, um den Eingriff unbeschadet zu überstehen.

Mit solchen Methoden lassen sich Gene etwa aus Bakterien oder Tieren erfolgreich in Pflanzen übertragen. Hierbei setzen viele Forscher das Prinzip der „substanziellen Äquivalenz" voraus, wonach das Hinzufügen eines Gens nur Auswirkungen auf den Zielorganismus hat, die sich aus der Art des übertragenen Erbfaktors ergeben. Das Prinzip ist umstritten; mithilfe der Analyse vollständiger Genome und Transkriptome (Gesamtheit aller Boten-RNAs eines Organismus) haben es Wissenschaftler um Karl-Heinz Kogel von der Justus-Liebig-Universität Gießen aber beispielsweise bei Gerste überprüft. Dabei kam im Jahr 2010 heraus, dass sich zwei gentechnisch veränderte Gerstensorten jeweils kaum von ihren konventionell gezüchteten Vorgängersorten unterschieden – zwischen den konventionell gezüchteten Varietäten jedoch erhebliche Unterschiede bestanden, die die Regulation von mehr als 1600 Genen betrafen. Konventionelle Züchtung verändert Pflanzen somit viel stärker als das Einführen einzelner fremder Gene.

Eine der ersten gentechnischen Veränderungen bei Kulturpflanzen, die wirtschaftliche Bedeutung hatten, war die Resistenz gegenüber Unkrautbekämpfungsmitteln, sogenannten Herbiziden. Eine Unempfindlichkeit gegenüber dem Herbizid Glyphosat beispielsweise lässt sich durch Einfügen eines Gens erreichen, das für eine bestimmte Variante des Enzyms EPSPS (5-Enolpyruvylshikimat-3-phosphat-Synthase) codiert. Glyphosat greift die pflanzliche Variante dieses Enzyms an und schaltet sie aus, woraufhin die Gewächse keine aromatischen Aminosäuren mehr bilden können und absterben. Bakterielle EPSPS-Varianten hingegen sind immun gegen das Herbizid und machen auch Kulturpflanzen resistent dagegen.

Vor schädlichen Insekten wiederum lassen sich Pflanzen schützen, indem Forscher die Gene für Giftstoffe des Bodenbakteriums *Bacillus thuringiensis* in die Gewächse einschleusen. Diese Toxine wirken sehr spezifisch und töten jeweils nur bestimmte Insektengruppen ab; für Menschen und andere Tiere sind sie nach derzeitigem Kenntnisstand ungefährlich. Pflanzen mit solchen gentechnisch entsprechend hinzugefügten Erbanlagen bekommen den Namenszusatz „Bt" – etwa beim Bt-Mais oder der Bt-Baumwolle.

Auch haben Wissenschaftler verschiedene Gene aus der Narzisse auf Reispflanzen übertragen, die infolgedessen vermehrt den Naturfarbstoff Beta-Carotin bilden. Weil die Reiskörner somit eine goldene Färbung erhalten, spricht man vom „goldenen Reis". Dieser könnte möglicherweise helfen, die Folgen der in Entwicklungs- und Schwellenländern weit verbreiteten Vitamin-A-Mangelernährung zu bekämpfen, und auf diese Weise jährlich vielen tausend Menschen das Leben und die Gesundheit retten – so jedenfalls die Hoffnung.

Glossar

Aminosäure
Chemische Verbindung mit einer stickstoffhaltigen Aminogruppe und einer Karbonsäuregruppe mit Kohlenstoff, Sauerstoff und Wasserstoff. Aminosäuren sind die Bausteine der Proteine.
Bt-Pflanzen
Gewächse, die infolge eines gentechnischen Eingriffs Gifte des Bodenbakteriums *Bacillus thuringiensis* herstellen. Das macht sie gegenüber bestimmten Insektenarten resistent.
Endonuklease
Enzym, das eine Nukleinsäure wie die DNA an einer vorgegebenen Stelle zerschneidet.
Nukleotide
Grundbausteine des menschlichen Erbmoleküls DNA. Ein Nukleotid besteht aus einem Basen-, einem Zucker- und einem Phosphatrest. Viele aneinandergekettete Nukleotide bilden zusammen den DNA-Strang. In ihrer Reihenfolge ist unter anderem die Bauanleitung von Proteinen verschlüsselt.
Transgene Organismen
Lebewesen, in deren Erbgut die Gene einer anderen Spezies eingeführt worden sind.

Vor Trockenheit gefeit

Viele Anbaugebiete, vor allem in Afrika und Teilen Asiens, liefern aufgrund häufiger Trockenheitsphasen nur geringe Ernteerträge. Ein wichtiges Ziel der Grünen Gentechnik lautet daher, Kulturpflanzen zu schaffen, die eine starke Trockenheitstoleranz bei gleichzeitig hohen Erträgen aufweisen. Derartige Züchtungen sind im Hinblick auf die weiterhin wachsende Menschheit und den fortschreitenden Klimawandel von großer Bedeutung, denn es steht zu erwarten, dass Dürreperioden künftig häufiger werden und zugleich mehr Menschen zu ernähren sind.

Unter den gentechnisch veränderten Kulturpflanzen haben solche, die gegenüber Herbiziden oder Insekten resistent sind, bislang die mit Abstand größte Relevanz für die Landwirtschaft. Allerdings helfen sie nicht so sehr dabei, Ernteerträge zu steigern, sondern ermöglichen es vielmehr, Ernteverluste zu begrenzen. Gewächse hingegen, die optimierte Inhaltsstoffe aufweisen, Trockenheit aushalten oder höhere Erträge liefern, könnten in Zukunft einen wesentlichen Beitrag zur Welternährung leisten. Freilich sollte man von ihnen keine Wunder erwarten. Ein unbegrenztes Bevölkerungswachstum vermag auch die Grüne Gentechnik nicht aufzufangen. Zudem resultieren Hungersnöte bei Weitem nicht nur aus Umweltkatastrophen oder Mangelernten, sondern haben sehr oft politische Gründe, die sich mit verbesserten Pflanzensorten nicht abstellen oder kompensieren lassen.

Die kommerzielle Nutzung gentechnisch veränderter beziehungsweise transgener Pflanzen begann 1996. Seither nimmt die weltweite Anbaufläche praktisch jedes Jahr weiter zu. 2018 stieg die Gesamtfläche abermals auf nunmehr fast 192 Mio. ha. Nach Angaben der Agrobiotech-Organisation ISAAA entfallen 95 % des Anbaus auf fünf Länder: USA, Brasilien, Argentinien, Kanada und Indien. Die größte Bedeutung in diesem Bereich haben nach wie vor transgene Sojabohnen (96 Mio. ha Anbaufläche, 78 % der Welternte dieser Pflanzenart), transgener Mais (59 Mio. ha, 30 % der Welternte), transgene Baumwolle (zirka 25 Mio. ha, 76 % der Welternte) und transgener Raps (rund 10 Mio. ha, 29 % der Welternte). Alle anderen genveränderten Pflanzen wie Kartoffel, Papaya oder Zuckerrübe spielen weiterhin eine untergeordnete Rolle. Erwähnenswert ist, dass mittlerweile auch Millionen Kleinbauern weltweit gentechnisch veränderte Pflanzen anbauen – es handelt sich also längst nicht mehr um eine alleinige Domäne der großen Agrokonzerne.

Seit die Gentechnik in den 1970er Jahren eingeführt wurde, gibt es Diskussionen über ihre Anwendungssicherheit. Während gentechnisch produzierte Medikamente, Enzyme und Nahrungszusatzstoffe inzwischen weithin akzeptiert zu sein scheinen, ist der Anbau gentechnisch veränderter Pflanzen ein Konfliktthema geblieben, das die öffentlichen Debatten beherrscht und immer wieder durch spektakuläre Pressebeiträge angeheizt wird. Dazu gehörten Berichte über angeblich giftige Gentechnikkartoffeln, über die vermeintlichen Auswirkungen von Bt-Mais auf Monarchfalter, über häufigere Krebserkrankungen bei Ratten oder gesteigerte Selbstmordraten bei indischen Bauern. All diese – und noch viele weitere – Schreckensmeldungen wurden widerlegt.

Die Suche nach „Genetically modified organisms AND cancer" liefert bei Google weit über 10 Mio. Treffer. Ein erstaunliches Ergebnis angesichts dessen, dass es keinen einzigen belastbaren Beleg für einen Zusammenhang zwischen Krebs und gentechnisch veränderten Nahrungsmitteln gibt. In einer Metastudie aus dem Jahr 2014 analysierten Forscher um Alessandro Nicolia von der University of Perugia 1783 Einzelstudien und fanden keine Hinweise auf eine gesundheitliche Gefährdung, die sich mit gentechnisch veränderten Pflanzen verbindet. Die Risikobewertung gentechnisch veränderter Nutzpflanzen ist ein intensiv beforschtes Gebiet – Ende 2019 beispielsweise hat ein Team um Paula Giraldo von der University of Melbourne dargelegt, wie dabei zwischen Nahrungs- und Futtermitteln zu differenzieren ist.

Während die zumeist hypothetischen Risiken der Gentechnik einen breiten Raum in der öffentlichen Debatte einnehmen, kommen ihre Vorteile kaum zur Sprache. So hat der Anbau von Bt-Pflanzen dazu geführt, dass die Bauern erheblich weniger giftige Insektizide ausbrachten, denn die Gewächse sind dank des selbstproduzierten Bakterientoxins weniger anfällig gegenüber Insektenbefall. Bt-Mais enthält zudem nachweislich verminderte Mengen von Fumonisin (ein Schimmelpilzgift), und goldener Reis –würde er zum Anbau zugelassen – könnte aufgrund seines Betacarotingehalts vermutlich dabei helfen, Leben und Gesundheit von Millionen Menschen, speziell Kindern, zu erhalten. Schon diese paar Beispiele demonstrieren das enorme Potenzial gentechnisch veränderter Pflanzen. Nicht umsonst setzen zahllose Landwirte in den Industrie-, Schwellen- und Entwicklungsländern auf den Anbau solcher Gewächse.

Derzeit spielt sich in der Grünen Gentechnik geradezu eine Revolution ab. Die in den 1970er und frühen 1980er Jahren entwickelten Methoden der Gentechnik beruhen darauf, vollständige und oft artfremde Gene zu übertragen – etwa von Bakterien oder Tieren auf Pflanzen. Derartige Veränderungen lassen sich im Labor vergleichsweise einfach nachweisen, was es ermöglicht, Lebens- und Futtermittel unkompliziert auf gentechnisch veränderte Bestandteile zu untersuchen. Weil es insbesondere in Deutschland, aber auch in vielen weiteren EU-Ländern starke Vorbehalte und hohe regulatorische Hürden gegenüber solchen Produkten gibt, versuchen Forscher schon seit Längerem, offensichtliche gentechnische Eingriffe durch andere Methoden zu ersetzen. Ein alternatives Verfahren besteht darin, einzelne Gene in einem komplexen Genom zu verändern; Fachleute sprechen von Genome Editing.

Der lange Weg der Gentechnik

In den 1950er und vor allem den 1960er Jahren haben Wissenschaftler wesentliche molekulargenetische Voraussetzungen geschaffen, um die ersten gentechnisch veränderten Lebewesen zu erzeugen. Dazu gehörte maßgeblich die Entschlüsselung des genetischen Codes in den 1960er Jahren. Es zeigte sich, dass alle Organismen den gleichen Code benutzen: Die Proteinfabriken der Zellen interpretieren die Abfolge der DNA-Bausteine, der Nukleotide, als Bauanleitung zum Herstellen von Proteinen. Gruppen von je drei aufeinanderfolgenden Nukleotiden, sogenannte Kodons, zeigen dem Zellapparat dabei an, welche Aminosäure jeweils einzubauen ist. Da es insgesamt vier Nukleotide gibt und je drei davon ein Kodon bilden, lassen sich $4^3 = 64$ verschiedene Kodons bilden. Drei davon dienen als Stoppsignale, um dem Zellapparat das Ende einer Aminosäurekette anzuzeigen; ein weiteres markiert den Beginn einer solchen Kette und steht für die Aminosäure Methionin. Die verbleibenden 60 Kodons nutzt die Zelle als Codes für die unterschiedlichen Aminosäurearten, die in Proteinen verbaut werden – das sind, je nach Spezies, rund 20. Es gibt somit deutlich mehr Kodons als Aminosäuren, weshalb oft mehrere von ihnen für ein und dieselbe Aminosäure stehen.

Dieser genetische Code ist universell, wird also von allen Lebewesen genutzt. Für die Gentechnik ist das überaus bedeutsam, denn es erlaubt einerseits, Gene von einer Art auf eine andere zu übertragen, etwa von Bakterien auf Pflanzen. Andererseits erfordert es bei gentechnischen Eingriffen eine gewisse Anpassung der Kodons, denn wenn mehrere von ihnen für ein und dieselbe Aminosäure stehen, nutzen manche Spezies nur eine bestimmte Auswahl davon, während andere Arten eine davon abweichende Auswahl bevorzugen.

Für gentechnische Eingriffe war es weiterhin notwendig, die DNA in definierte Stücke mit zueinander passenden Enden zu zerlegen, um diese neu miteinander kombinieren und in andere Organismen übertragen zu können. Wissenschaftler entdeckten hierfür, ebenfalls in den 1960er Jahren, die sogenannten Restriktionsendonukleasen – Enzyme, die DNA-Moleküle an definierten Stellen zerschneiden. DNA-Stücke, die durch Einwirken einer solchen Endonuklease entstehen, lassen sich anschließend mithilfe eines weiteren Enzyms namens Ligase in neuer Anordnung zusammenfügen. So entstanden die ersten biotechnologisch hergestellten DNA-Moleküle.

Anfang der 1970er Jahre gelang es Forschern erstmals, gentechnisch veränderte Bakterien zu schaffen, indem sie natürlich vorkommende ringförmige DNA-Moleküle (Plasmide) aus dem Bakterium Escherichia coli in Genfähren umwandelten, mit deren Hilfe sich Erbanlagen in die Empfängerzellen schleusen ließen. Nur wenige Jahre später glückte es, die ersten gentechnisch veränderten Bäckerhefen zu erzeugen. Heute gehören solche Vorgänge zur Laborroutine und sind aus der biowissenschaftlichen und medizinischen Grundlagenforschung nicht mehr wegzudenken. Der Fortschritt in den Lebenswissenschaften der zurückliegenden Jahrzehnte wäre ohne gentechnisch veränderte Organismen nicht denkbar gewesen.

Von der Nukleotidkette kopiert

Hierfür eignen sich verschiedene Methoden, unter anderem der Einsatz kurzer Nukleotidketten, sogenannter Oligonukleotide. Diese werden im Labor hergestellt und so ausgewählt, dass sie zu einem bestimmten Bereich auf der DNA des Zielorganismus passen, wobei sie sich in wenigen Nukleotiden von ihm unterscheiden. Bindet sich das Oligonukleotid nun an die Zielsequenz im Erbgut des Empfängerorganismus, tritt eine Fehlpaarung an jener Stelle auf, wo die Sequenzen des Oligonukleotids und der Ziel-DNA voneinander abweichen. Das ruft zelleigene DNA-Reparaturmechanismen auf den Plan, die das eingeführte Oligonukleotid als Vorlage nutzen und dessen Sequenz in die Ziel-DNA übertragen. Das Oligonukleotid selbst wird dabei nicht ins Empfängergenom eingebaut. Mit dieser Technik gelingt es, Gene punktuell zu verändern und somit auch die von ihnen codierten Proteine. Forscher haben damit unter anderem eine herbizidresistente Rapssorte erzeugt.

Ein weiteres Verfahren besteht darin, künstliche Proteine zu erschaffen, die nur an ganz bestimmte DNA-Bereiche andocken. Kombiniert man sie mit sogenannten Endonukleasen, wird es möglich, die DNA an genau vorgegebenen Stellen zu schneiden, sodass es dort zu einem Doppelstrangbruch kommt. Dann treten rasch zelluläre Reparatursysteme in Aktion und flicken den Schaden. Allerdings machen sie dabei oft Fehler, indem sie einige Nukleotide entfernen oder hinzufügen. Das schaltet die betroffenen Gene aus oder verleiht ihnen eine neue Funktion. Der Aufwand ist aber groß, denn für jede zu ändernde Erbanlage müssen die Forscher ein maßgeschneidertes Bindeprotein herstellen. Daher fand die Methode nur begrenzte Verbreitung.

Der Durchbruch im Genom-Editing kam mit dem CRISPR-Cas-Verfahren. Es basiert auf einem natürlichen Immunmechanismus von Bakterien und Archaeen. Wenn diese Mikroben von Viren attackiert werden, legen sie Bruchstücke aus deren Erbgut in ihrer eigenen DNA ab. Damit können sie die Viren später rasch bekämpfen, sollten diese erneut angreifen. Die Mikroben schreiben dazu das virale Erbgutfragment in ein kurzes RNA-Stück um, das eine zelluläre Endonuklease zu einer eindringenden Viren-DNA oder -RNA passender Sequenz hinleitet. Die Endonuklease zerschneidet das virale Molekül sodann und macht es unschädlich.

Jener Mechanismus lässt sich nutzen, um Gene an beliebigen, genau vorgegebenen Stellen zu schneiden. Besonders häufig setzen die Forscher hierfür das sogenannte CRISPR-Cas9-System ein (Abb. 1). Dieses spürt die Zielsequenz auf der zu verändernden DNA auf, indem es mit einem 20 Nukleotide langen RNA-Stück (der sogenannten Leit-RNA) daran koppelt. Das Ganze ist hochspezifisch, denn für die 20-stellige RNA-Sequenz findet sich auf der Ziel-DNA statistisch gesehen nur eine passende Bindestelle auf tausend Milliarden Nukleotide. Zum Vergleich: Das Genom des Menschen umfasst etwa 3,27 Mrd. Nukleotide. Nachdem sich der CRISPR-Cas9-Komplex an die Ziel-DNA geheftet hat, zerschneidet er sie und erzeugt einen Doppelstrangbruch, den die zelleigenen Reparatursysteme anschließend flicken. Dabei machen sie, wie bereits beschrieben, hin und wieder Fehler, die das betroffene Gen inaktivieren. Dies erlaubt es, einzelne Gene gezielt auszuschalten.

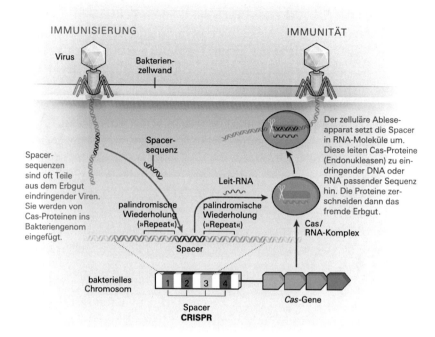

Abb. 1 Das Genome-Editing-Verfahren CRISPR-Cas hat in der (Grünen) Gentechnik eine Revolution angestoßen. Es basiert auf einem natürlichen Mechanismus, mit dem sich Bakterien gegen Viren verteidigen. (Nik Spencer/Nature; Ledford, H.: CRISPR's mysteries. Nature 541, 2017; Bearbeitung: Spektrum der Wissenschaft)

Der erhebliche Vorteil des CRISPR-Cas-Systems gegenüber anderen Genom-Editing-Methoden besteht darin, dass es nur eine einzige Sorte von Endonuklease benötigt, die nicht von der Zielsequenz abhängt. Zur spezifischen Bindung an das jeweils gewünschte Zielgen ist es lediglich nötig, die 20 Nukleotide lange Leit-RNA entsprechend anzupassen. Das macht die Methode kostengünstig und erlaubt zudem, mehrere Leit-RNAs gleichzeitig einzusetzen und somit mehrere Gene auf einen Schlag zu verändern.

Forscher haben mit CRISPR-Cas bereits das Erbgut diverser Nutzpflanzen verändert, darunter von Tomaten, Sojabohnen, Zitrusfrüchten, Mais, Reis, Weizen und Kartoffeln. Damit wurde es unter anderem möglich, die Gewächse resistent gegenüber verschiedenen Erkrankungen zu machen.

Während gentechnische Eingriffe, bei denen vollständige und oft artfremde Gene übertragen werden, vergleichsweise einfach nachzuweisen sind, trifft das auf Genome-Editing-Verfahren häufig nicht zu. Denn diese setzen nicht voraus, fremde DNA-Sequenzen in den Zielorganismus einzuschleusen. Die Proteine, RNA-Stücke beziehungsweise Oligonukleotide, die zum Editieren des Erbguts erforderlich sind, lassen sich direkt in den Zielorganismus einbringen und werden nach dem Eingriff dort wieder abgebaut. Es ist anschließend somit keine Fremd-DNA im veränderten Organismus nachweisbar. Er trägt lediglich einzelne veränderte Nukleotide in seinem Erbgut, die ebenso gut durch zufällige und spontane Mutation entstanden sein könnten.

Spontane Zufallsmutationen ereignen sich keineswegs selten. Forscher um Mao-Lun Weng von der South Dakota State University haben im Jahr 2019 an der Modellpflanze *Arabidopsis thaliana* die Mutationslast nach 25 Generationen ermittelt, basierend auf der vollständigen Entzifferung der Pflanzengenome. Dabei fanden sie fast 1700 Einzelnukleotid-Mutationen. Da bei Pflanzen nur solche Genveränderungen vererbt werden, die in bestimmten Bildungsgeweben (Meristemen) auftreten, ist die tatsächliche Mutationsrate der Gewächse mit ihren etlichen Milliarden Zellen noch viel höher anzusetzen.

Mutationen sind somit allgegenwärtig und bilden ein ausgeprägtes Grundrauschen, von dem sich das Ergebnis einer Genom-Editierung mit ihren wenigen veränderten Nukleotiden unmöglich abheben lässt – selbst wenn man das komplette Erbgut der jeweils betroffenen Pflanze entziffert und analysiert. Man kann bei solchen Untersuchungen lediglich feststellen, ob eine bestimmte Nukleotidsequenz vorhanden ist, die infolge einer Genomeditierung zu erwarten wäre. Ob diese Sequenz aber tatsächlich gezielt oder durch zufällige, natürliche Mutationen entstanden ist, lässt sich nicht beantworten.

In aktuellen Debatten geht es häufig um die Risiken ungewollter Mutationen infolge eines Genome Editings, sogenannter Off-Target-Effekte. Eine neuere Metastudie von Wissenschaftlern um Dominik Modrzejewski vom Julius-Kühn-Institut in Quedlinburg kam zu dem Schluss, dass solche Off-Target-Effekte offenbar selten auftreten, bei den einschlägigen Untersuchungen aber große Unterschiede im Studiendesign existieren. Es bestehe hierzu weiterer Forschungsbedarf, hieß es im Fazit der Arbeit.

Für die nähere Zukunft ist nicht zu erwarten, dass sich die geringe Akzeptanz gentechnischer Verfahren in Europa deutlich verändern wird. Dies gilt ebenso für die rechtliche Einstufung des Genome Editings als streng zu regulierendes Verfahren. Damit wird die Nutzung genomeditierender Eingriffe in Europa nur sehr eingeschränkt möglich sein, während sie in Amerika, Australien und China bereits jetzt in großem Umfang erfolgen. Für die Pflanzenbiotechnologie in Europa angesichts erheblicher klimatischer und demografischer Veränderungen, die zu erwarten sind, ist das nicht unbedingt eine optimale Voraussetzung.

Modernes Genome Editing und konventionelle Pflanzenzucht: Ein Vergleich

Genome Editing erlaubt das gezielte Verändern, Entfernen oder Einfügen weniger Nukleotide eines DNA-Strangs. Die konventionelle Pflanzenzucht geht hingegen anders vor: Hier setzen die Züchter bestimmte Chemikalien oder ionisierende Strahlen ein, um Mutationen in den Gewächsen zu erzeugen. Damit verändern sie das pflanzliche Erbgut an vielen, zufällig verteilten Orten. Aus einer sehr großen Zahl von Pflanzen, die mit solchen Verfahren behandelt werden, sucht man dann jene heraus, die zufällig so mutiert sind, dass sie die gewünschten Eigenschaften aufweisen. Das erfordert einerseits einen erheblichen Arbeitsaufwand; andererseits sind wegen der ungezielten, unspezifischen Veränderungen im Erbgut nie nur die jeweils erwünschten Mutationen entstanden, sondern immer auch ungewollte, die sich unter Umständen schädlich auswirken. Sie müssen gegebenenfalls in einem langwierigen Prozedere wieder herausgekreuzt werden.

Vor diesem Hintergrund erstaunt das Urteil, das der Europäische Gerichtshof (EuGH) am 25. Juli 2018 fällte. Der EuGH entschied an jenem Tag, dass die neueren Methoden der gezielten Mutagenese (darunter etwa CRISPR-Cas) rechtlich unter das Gentechnikgesetz fallen. Das bedeutet: Pflanzen, deren Erbgut damit verändert wurde, müssen den gleichen strengen Regeln der Zulassung, Kennzeichnung und Sicherheitsbewertung genügen wie gentechnisch modifizierte Organismen. Das stößt bei vielen Wissenschaftlern auf Unverständnis, denn hiermit wird ein und dieselbe Mutation rechtlich unterschiedlich bewertet – je nachdem, ob sie zufällig oder gezielt entstanden ist. Noch mehr Verwunderung rief hervor, dass der EuGH konventionell gezüchtete Pflanzen, deren Erbgut mit ionisierenden Strahlen oder Chemikalien verändert wird, von diesen strengen Regeln ausnimmt. Jene klassischen Mutagenese-Verfahren, hieß es, gälten als sicher.

Das EuGH-Urteil macht es in Europa praktisch unmöglich, Genom-Editing zur Präzisionszüchtung einzusetzen – der damit verbundene regulative Aufwand ist einfach zu groß. Das stellt einen Ausnahmefall dar, da in anderen Ländern, allen voran den Hauptanbauländern für genetisch veränderte Pflanzen wie Amerika und Australien, grundsätzlich andere rechtliche Bewertungen gelten. Deren Behörden haben entschieden, Pflanzen zu deregulieren, die keine artfremde DNA enthalten. Hinsichtlich des Anbaus und der Vermarktung solcher Gewächse gibt es dort also keine besonderen Vorschriften. So wird in den USA seit Kurzem eine neue Sojabohnensorte namens „Calyxt™ High Oleic Soybean" angebaut, die Forscher mittels Genome Editing entwickelt haben. Sie darf in den USA als gentechnikfrei beworben werden, gilt in der EU nach geltender Rechtsprechung aber als gentechnisch verändert – obwohl es keine Möglichkeit gibt, im Labor nachzuweisen, dass sie genomediert ist.

Angesichts dessen, dass sich natürlich eintretende Mutationen nicht von solchen unterscheiden lassen, die per Genome Editing erzeugt wurden, ist es in der Praxis unmöglich, genomeditierte Pflanzen genauso zu kontrollieren wie gentechnisch veränderte, transgene Sorten. Eine rechtliche Neubewertung in der EU, basierend auf angepassten Richtlinien und Gesetzen für gentechnisch veränderte Pflanzen, erscheint somit dringend nötig.

(Grüne) Gentechnik in Deutschland

Das Verhältnis der Deutschen zur Gentechnik ist ambivalent. Zeitweilig gab es hier zu Lande einen Anbau gentechnisch veränderter Pflanzen, insbesondere in Ost- und Süddeutschland. Es handelte sich um die Maissorte MON810, angepflanzt ab dem Jahr 2005 auf einer Fläche von zirka 3600 ha. MON810 ist ein Bt-Mais, der ein Bakteriengift ausprägt und infolgedessen resistent gegenüber dem Maiszünsler ist, einem Kleinschmetterling, der zu den bedeutendsten Schädlingen dieser Nutzpflanze gehört. Im Jahr 2009 wurde der Anbau von MON810 mit Verweis auf Sicherheitsbedenken untersagt.

Seither dürfen in Deutschland keine gentechnisch veränderten Pflanzen mehr angebaut werden. Gleichwohl führt die EU im großen Umfang gentechnisch veränderte Futtermittel ein, allen voran rund 35 Mio. t GV-Soja jährlich, die unter anderem in Deutschland verfüttert werden. Damit erzeugtes Fleisch, Eier und Milchprodukte sind Bestandteil unserer täglichen Nahrung und werden nicht gekennzeichnet.

Auch Nahrungszusatzstoffe wie Aminosäuren und Vitamine stammen häufig aus gentechnischer Produktion, weil dies kostengünstiger und oft umweltfreundlicher ist. Als Beispiele lassen sich Glutamat, Cystein, Aspartam, Inosinsäure, Zitronensäure, Vitamin B2 oder Vitamin B12 nennen. Verbraucher in der EU können nicht erkennen, ob solche Zusatzstoffe in einem Nahrungsmittel enthalten sind, da es diesbezüglich keine Kennzeichnungspflicht gibt.

Darüber hinaus waren im Oktober 2019 in Deutschland 278 Arzneimittel mit 228 verschiedenen gentechnisch produzierten Wirkstoffen zugelassen. Hinzu kommen gentechnisch veränderte Enzyme in Waschmitteln oder die gentechnisch veränderte Baumwolle in Textilien. All dies führt dazu, dass Menschen in Deutschland praktisch täglich gentechnisch veränderte Produkte konsumieren – in der Regel, ohne sich dessen bewusst zu sein. Im Kontrast dazu ergeben Meinungsumfragen seit vielen Jahren immer wieder, dass die Mehrheit der Bevölkerung eine ablehnende Haltung hinsichtlich der Gentechnik hat. Viele Umweltverbände positionieren sich kritisch gegenüber dieser Technologie, während große Forschungsinstitutionen wie die Max-Planck-Gesellschaft, die Deutsche Forschungsgemeinschaft oder die Leibnitz-Gemeinschaft eine eher befürwortende Haltung einnehmen.

Literatur

Eom, J. S. et al.: Diagnostic kit for rice blight resistance. Nature Biotechnology 37, 2019

Giraldo, P. A. et al.: Safety assessment of genetically modified feed: Is there any difference from food? Frontiers in Plant Science 10:1592, 2019

ISAAA. 2018. Global Status of Commercialized Biotech/GM Crops in 2018: Biotech crops continue to help meet the challenges of increased population and climate change. ISAAA Brief 54. ISAAA: Ithaca, New York

Modrzejewski, D., et al.: What is the available evidence for the range of applications of genome-editing as a new tool for plant trait modification and the potential occurrence of associated offtarget effects: a systematic map. Environmental Evidence 8, 2019

Weng, M.-L. et al.: Fine-grained analysis of spontaneous mutation spectrum and frequency in Arabidopsis thaliana. Genetics 211, 2019

Literaturtipp

Kempken, F.: Gentechnik bei Pflanzen – Chancen und Risiken (5. Auflage). Springer-Spektrum, Berlin 2020
Das Buch stellt die Chancen und Risiken pflanzlicher Gentechnik dar und behandelt einschlägige Methoden, Anwendungsbeispiele, Freisetzungsversuche und die Kommerzialisierung.

Aus Spektrum der Wissenschaft 4.20

Frank Kempken arbeitet als Professor am Botanischen Institut der Christian-Albrechts-Universität zu Kiel.

Im Bund mit selbstsüchtigen Genen

Ernst A. Wimmer und Georg Oberhofer

Wie „Gene Drives" dabei helfen können, Schädlinge und Krankheitserreger zu bekämpfen.

Seit einigen Jahren berichten die Medien vermehrt über sogenannte Gene Drives – und vermelden Erstaunliches. Mittels Gene Drive könnte man ganze Populationen von Krankheitsüberträgern vollständig unschädlich machen oder ausrotten, heißt es. Vielleicht ließen sich damit sogar Arten vernichten. Die Methode kommt besonders im Hinblick auf Malaria-Mücken immer wieder ins Gespräch. Was soll man davon halten? Was ist Gene Drive, was lässt sich damit erreichen – und was nicht?

Gene Drive, im Deutschen auch als „Genturbo" bezeichnet, wird zwar oft als innovatives gentechnisches Verfahren dargestellt, ist aber keine neue Erfindung von Molekularbiologen. Vielmehr handelt es sich um ein natürlich vorkommendes Phänomen bei bestimmten Genen, die gewissermaßen selbstsüchtig handeln, indem sie die mendelschen Vererbungsregeln aushebeln und sich in überproportional viele Nachkommen einschreiben.

E. A. Wimmer (✉)
Johann-Friedrich-Blumenbach-Institut für Zoologie und Anthropologie,
Georg-August-Universität Göttingen, Göttingen, Deutschland
E-Mail: ewimmer@gwdg.de

G. Oberhofer
Division of Biology and Biological Engineering, California Institute of Technology,
Pasadena, CA, USA

© Der/die Autor(en), exklusiv lizenziert an Springer-Verlag GmbH, DE, ein Teil von Springer Nature 2022
E. Gottfried (Hrsg.), *Landwirtschaft – Wege aus der Krise*,
https://doi.org/10.1007/978-3-662-64960-2_23

In einem Organismus mit dem üblichen zweifachen („diploiden") Chromosomensatz liegt ein bestimmtes Gen meist in zwei Varianten vor, den „Allelen". Diese unterscheiden sich in der Regel leicht voneinander. Eines der Allele kommt von der Mutter, das andere vom Vater. Bei der sexuellen Fortpflanzung gibt ein Organismus nur eines seiner beiden Allele an den Nachwuchs weiter – welches, hängt in der Regel vom Zufall ab und wird bei jedem Paarungsakt neu ausgewürfelt. Im Schnitt erhält die eine Hälfte der Nachkommen das eine Allel und die andere Hälfte das andere. Liegt kein Selektionsdruck vor, ändert sich die Häufigkeit eines bestimmten Allels in einer Population daher normalerweise nicht. Zeigt eines der Allele jedoch ein „Drive"-Verhalten, dann ist es in überproportional vielen Nachkommen zu finden (im Extremfall in allen) und verdrängt somit sein Gegenstück. Das Drive-Allel wird folglich in die Population „eingetrieben".

Wie funktioniert das? Etwa, indem das Drive-Allel die Übergabe seines Schwester-Allels an die nächste Generation sabotiert. Fachleute bezeichnen das als Interferenz. Das Drive-Allel kann beispielsweise die Zellen des Elternorganismus dazu bringen, ein Gift herzustellen, welches während der sexuellen Fortpflanzung an die Geschlechtszellen und die daraus hervorgehenden Embryonen weitergegeben wird. Zugleich enthält das Drive-Allel den Bauplan für das Gegengift. Embryonen, die bloß Schwester-Allele abbekommen haben, können das Gegengift nicht bilden und sterben. Nur jene mit mindestens einem Drive-Allel sind dazu in der Lage und überleben. Im Ergebnis besitzen alle Nachkommen die Drive-Variante.

Den eigenen Nachwuchs vergiften

Ein solcher Mechanismus ist vom Reismehlkäfer *Tribolium castaneum* bekannt. Forscher haben ihn „Medea" genannt (maternaler Effekt dominanter embryonaler Arretierung) – in Anlehnung an die Frauengestalt der griechischen Mythologie, die ihre eigenen Kinder tötet. Reismehlkäfer tragen sogar mehrere verschiedene Gene, von denen Medea-Allele existieren. Diese sind, mit Ausnahme von Indien, weltweit verbreitet. In indischen Käferpopulationen kursiert ein genetisches Element namens Hybrid-Inkompatibilitätsfaktor, das aus Medea-Allelen Selbstmordgene macht. Individuen mit solchen Allelen können sich deshalb dort nicht vermehren. Dies ist ein Beispiel dafür, dass die Natur immer wieder Wege findet, „selbstsüchtige" Gene in Schach zu halten (Abb. 1).

Neben der Interferenz gibt es in der Natur noch weitere Strategien, mit deren Hilfe sich Gene überproportional stark verbreiten. Etwa die

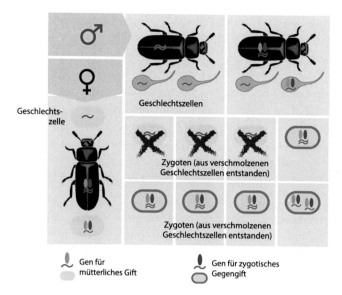

Abb. 1 Unter Reismehlkäfern kursieren „selbstsüchtige" Genvarianten, „Medea" genannt, mit den Bauplänen für ein Gift und dessen Gegengift. Weibchen mit solchen Erbanlagen stellen das Gift (gelb) her und geben es bei der Fortpflanzung an ihren Nachwuchs weiter. Nur diejenigen Embryonen, die eine selbstsüchtige Genvariante erben, können das Gegengift bilden und überleben. (Spektrum der Wissenschaft/Buske-Grafik, nach: Ernst A. Wimmer)

sogenannte Überreplikation: Wenn eine Zelle sich teilt und zwei Tochterzellen mit je eigenem Erbgut hervorbringt, wird normalerweise jedes ihrer Chromosomen – und jedes darauf liegende Gen – genau einmal kopiert. Einige genetische Elemente haben es im Zuge der Evolution aber geschafft, zusätzliche Kopien von sich selbst zu erzeugen, ohne dabei den regulären Kopierapparat der Zelle zu nutzen. Zu ihnen gehören die springenden Gene, die auch „Transposons" genannt werden. Ein Transposon kann sich gezielt aus dem Chromosom herausschneiden und an einer anderen Stelle wieder einfügen (cut and paste) oder eine Kopie seiner selbst woanders einbauen (copy and paste). Letzterer Mechanismus führt dazu, dass das springende Gen häufiger im Genom präsent ist und somit vom Zellapparat entsprechend zahlreicher vervielfältigt und vererbt wird.

Ein gut untersuchtes Transposon ist das P-Element im Genom der Taufliege *Drosophila melanogaster*. Es nistete sich vermutlich erst vor zirka 100 Jahren im Erbgut dieser Tiere ein. Innerhalb weniger Jahrzehnte breitete es sich dann in allen natürlich vorkommenden Populationen weltweit aus. Die einzigen *D.-melanogaster*-Stämme, die heute kein P-Element besitzen, haben Wissenschaftler vor der Mitte des 20. Jahrhunderts gesammelt und seither isoliert im Labor gehalten. Das Umherspringen dieses Transposons im Genom der Fliegen per „cut and paste" oder „copy and paste" erzeugt Mutationen, die wichtige Gene zerstören können. Daher haben sich, evolutionär bedingt, bestimmte genetische Elemente bei den Tieren verbreitet, die das Transposon unter Kontrolle halten. Auch unser eigenes Genom besteht fast zur Hälfte aus Transposons oder deren Überresten, was diese zusammengefasst zur wohl erfolgreichsten Klasse „egoistischer" Gene macht.

Weitere Erbanlagen, die einen Mechanismus der Überreplikation zeigen, sind die sogenannten Homing-Elemente. Dabei handelt es sich um Nukleotidsequenzen, die den Bauplan einer Endonuklease enthalten – eines Proteins, das die DNA an einer bestimmten Stelle schneidet. Wenn in einem Organismus mit zweifachem Chromosomensatz auf einem von zwei homologen Chromosomen ein Homing-Element liegt und der Zellapparat daraus die entsprechende Endonuklease herstellt, dann erkennt diese auf dem anderen Chromosom eine bestimmte Zielsequenz und spaltet die DNA dort. Der Schnitt erfolgt dabei exakt an jener Position, an der sich auf dem ersten Chromosom das Homing-Element befindet. Ein zelleigener Reparaturmechanismus, die sogenannte homologiedirigierte Reparatur, flickt die Stelle daraufhin. Er nutzt dafür das intakte erste Chromosom (mit dem Homing-Element) als Vorlage, um die DNA wieder korrekt zusammenzufügen. Dabei baut er das Homing-Element in das andere Chromosom ein. Infolgedessen liegt dieses anschließend auf beiden homologen Chromosomen vor. Als Ergebnis erhalten alle Nachkommen des Organismus das Homing-Element, das somit „Drive" zeigt, sprich in die Population eingetrieben wird.

Bereits in den 1980er und 1990er Jahren haben Wissenschaftler versucht, Konzepte zu entwickeln, um „selbstsüchtige" Gene wie Transposons zur Schädlingsbekämpfung zu nutzen. Zunächst ließ sich das jedoch nicht erfolgreich umsetzen. 2003 schlug der Evolutionsgenetiker Austin Burt vom Imperial College (Großbritannien) vor, die in Hefen gefundenen Homing-Elemente nachzubauen, gezielt zu modifizieren und für einen absichtlichen Gene Drive zu nutzen. Dabei lassen sich zwei verschiedene Strategien unterscheiden, der „Austausch-Drive" und der „Unterdrückungs-Drive".

Auswechseln oder auslöschen?

Beim Austausch-Drive geht es darum, eine bestimmte Schädlingspopulation zu verändern, indem man deren Mitglieder durch gentechnisch veränderte Individuen ersetzt. Oft wird das im Hinblick auf Stechmücken diskutiert, die verschiedene Krankheitskeime übertragen, darunter die Erreger der Malaria, des Zikafiebers, Gelbfiebers und Denguefiebers. Forscher haben künstliche Gene entwickelt, die Stechmücken entweder immun gegen solche Krankheitserreger machen oder verhindern, dass die Insekten entsprechende Keime auf ihre Wirte übertragen. Um Moskitos in freier Wildbahn durch gentechnisch veränderte zu ersetzen, die keine Krankheiten mehr verbreiten, koppeln Forscher das künstliche, unschädlich machende Gen an einen Drive-Mechanismus, der dafür sorgt, dass es in die gesamte Stechmückenpopulation eingetrieben wird.

Beim Unterdrückungs-Drive hingegen soll die Zielpopulation reduziert oder ausgelöscht werden. Erreichen lässt sich das, indem man ein künstliches Gen, das die Fitness stark beeinträchtigt, mit einem Drive-Mechanismus verbindet und so in die Population eintreibt – oder dadurch, dass man mithilfe eines Drive-Elements gezielt ein Gen verändert, das für einen unverzichtbaren biologischen Prozess benötigt wird. Beispielsweise lassen sich per Gene Drive bestimmte Erbanlagen in die Population einschleusen, die gezielt dafür sorgen, dass die Weibchen absterben, steril werden oder sich in Männchen umwandeln. Unter normalen Umständen würde sich so ein Gen nie ausbreiten können, da es in kürzester Zeit aus dem Genpool verschwände. Der Gene Drive soll aber dafür sorgen, dass es auf alle Nachkommen der betroffenen Tiere übergeht, was ein Einbrechen oder vollständiges Verschwinden der Population zur Folge haben kann. Die Methode ließe sich beispielsweise anwenden, um invasive Schädlinge zu bekämpfen, die ein Ökosystem zu vernichten drohen – etwa Ratten, die auf Inseln eingeschleppt wurden und nun die dortige Fauna dezimieren. Ein großer Vorteil von Unterdrückungs-Drives besteht darin, dass sie – zumindest in der Theorie – ausschließlich auf die Zielspezies einwirken, da sich Drive-Elemente über sexuelle Fortpflanzung verbreiten (Abb. 2).

Lange Zeit war es jedoch schwierig, geeignete molekulare Werkzeuge zu finden, die an einer ganz bestimmten Stelle im Genom schneiden, um eine Überreplikation und somit einen Gene Drive einzuleiten. Das änderte sich tiefgreifend mit der Entdeckung der Genschere CRISPR-Cas. Dieses Molekülsystem vermittelt in der Natur vielen Mikroben eine gewisse Immunität gegenüber Viren und lässt sich in abgewandelter Form nutzen,

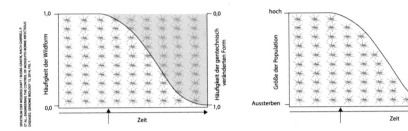

Abb. 2 Mithilfe von Gene Drives lassen sich die Mitglieder einer Schädlingspopulation entweder durch gentechnisch veränderte Individuen ersetzen (links) oder vollständig vernichten (rechts). Die roten Pfeile kennzeichnen jeweils die Freisetzung der Drive-Gens. (Spektrum der Wissenschaft/Buske-Grafik, nach Gabrieli, P. et al.: Engineering the control of mosquito-borne infectious diseases. Genome Biology 15, 2014, Fig. 1)

um die Genome aller möglichen Organismen gezielt zu verändern. Mit CRISPR-Cas bekamen die Forscher ein Werkzeug an die Hand, das DNA-Moleküle an beliebigen, genau vorzugebenden Stellen schneiden kann. Forscher um Kevin Esvelt und George Church – beide an der Harvard Medical School in Boston – haben in einer Konzeptstudie im Jahr 2014 dargelegt, wie sich damit künstliche Homing-Elemente bauen lassen, die Drive-Eigenschaften aufweisen, um in der Natur vorkommende Populationen zu verändern.

Die anfängliche Euphorie legte sich aber bald wieder, als herauskam, dass CRISPR-Cas hier nicht so effizient funktioniert wie anfänglich vermutet. Eines der Hauptprobleme dabei: Gegen Homing-Elemente, die auf dieser Genschere basieren, werden die Zielorganismen sehr schnell resistent. Ein genauerer Blick auf die Funktionsweise von CRISPR-Cas hilft das zu verstehen. Das Molekülsystem besteht aus einer Endonuklease (einem DNA spaltenden Protein) und einer sogenannten Leit-RNA (Guide-RNA). Letztere besitzt einen programmierbaren, variablen Teil, der sich aus 20 Nukleotiden zusammensetzt. Wenn der Komplex aus Leit-RNA und Endonuklease einen Abschnitt auf dem DNA-Strang findet, dessen Sequenz exakt zur Abfolge der 20 Nukleotide passt, spaltet er den Strang an dieser Stelle. Sobald die betroffene Zelle den Strangbruch registriert, aktiviert sie ihre DNA-Reparatursysteme, um ihr Erbmolekül wieder zu flicken.

Gentechnischer Eingriff mit CRISPR-Cas erzeugt Resistenz gegen sich selbst

Im Zuge der Evolution haben Zellen diverse Reparaturmechanismen entwickelt, die bei solchen Vorfällen zum Einsatz kommen können. Ein Gene Drive stellt sich aber lediglich bei einem davon ein, nämlich bei der bereits erwähnten homologiedirigierten Reparatur. Leider ist in vielzelligen Tieren aber ausgerechnet diese nur begrenzt aktiv – hier erfolgt die Reparatur des Strangbruchs in der Regel durch „nichthomologe Endverknüpfung", also das einfache Zusammenstückeln der Strangenden. Dabei kommt es häufig zu Fehlern, beispielsweise dem Einfügen zusätzlicher Nukleotide oder dem Verlust ebensolcher. Mit anderen Worten: Die DNA-Reparatur erzeugt Mutationen, indem sie die Nukleotidsequenz an der Reparaturstelle verändert. Infolgedessen kann das CRISPR-Cas-System den entsprechenden Abschnitt auf dem geflickten Strang nicht wiedererkennen, denn seine veränderte Sequenz passt jetzt nicht mehr zu den 20 Nukleotiden der Leit-RNA. Falls das Gen, das in diesem Abschnitt liegt, trotz der eingefügten Mutationen funktionstüchtig bleibt, kann der Organismus unbeeinträchtigt weiterleben, hat aber nun eine Resistenz gegen das Drive-Element erworben.

Mehrere Arbeitsgruppen haben gezeigt, dass solche Resistenzen mitunter sehr schnell entstehen und den Gene Drive verhindern – darunter ein Team um Tony Noland vom Imperial College (Großbritannien) im Jahr 2017, ein weiteres um Philipp W. Messer von der Cornell University im Jahr 2017 sowie ein drittes um einen von uns (Wimmer) im Jahr 2018. Das grundsätzliche Problem bei Homing-Elementen, die für Endonukleasen codieren, liegt somit darin, dass sie genau an ihrer Zielsequenz für eine erhöhte Mutationsrate sorgen. Gene Drives, die auf solchen Elementen basieren, vermitteln folglich eine Resistenz gegen sich selbst.

Mehrere Forschergruppen haben sich in letzter Zeit damit befasst, wie man das vermeiden kann. Dabei haben sich zwei Strategien als erfolgreich herausgestellt. Zum einen lassen sich an Stelle einer einzigen Leit-RNA einfach mehrere davon verwenden. Die Idee dahinter lautet, dass es mit zunehmender Anzahl an Leit-RNAs immer unwahrscheinlicher wird, dass alle Zielsequenzen gleichzeitig mutieren und das Zielgen trotzdem funktionstüchtig bleibt. Zum anderen kann man eine Zielsequenz auswählen, die in einem hochkonservierten Abschnitt des Erbguts liegt, der eine sehr geringe Toleranz gegenüber Mutationen aufweist. Hochkonservierte DNA-Sequenzen haben eine überlebenswichtige Bedeutung für den Organismus; Veränderungen darin führen sehr häufig zu einem kritischen Funktionsverlust und zum Tod des betroffenen Individuums. In Stechmücken haben Andrea Crisanti vom Imperial College London und sein Team 2018 eine solche Sequenz ausfindig gemacht und einen Unterdrückungs-Drive entwickelt, der auf einem Homing-Element basiert und diese Sequenz zum Ziel hat. Er konnte im Experiment mehrere Moskitopopulationen, die in Käfigen gehalten wurden, zu 100 % vernichten, ohne dass Resistenzen auftraten. Diese Strategie eignet sich allerdings nur für Unterdrückungs-Drives.

Wie aber kann ein Austausch-Drive funktionieren? Etwa mithilfe einer Sabotagestrategie, wie sie im bereits erwähnten Medea-System des Reismehlkäfers umgesetzt ist. Auch wenn dieses System bisher molekulargenetisch nicht verstanden ist, gelang es Wissenschaftlern um Bruce Hay vom California Institute of Technology 2007 erstmals, ein solches System künstlich zu bauen und in Taufliegen anzuwenden. Die gleiche Forschergruppe, zu der mittlerweile einer von uns (Oberhofer) gestoßen ist, hat kürzlich auch eine Medea-Version entwickelt, die auf CRISPR-Cas basiert. Sie funktioniert nicht wie ein Homing-Element, sondern erzeugt gezielt Mutationen an einem anderen Genort, was das Problem der verstärkten Resistenzentwicklung umgeht.

Gift und Gegengift in einem

Das Prinzip dieser neuen Variante ist denkbar einfach: Der CRISPR-Cas-Komplex zerschneidet ein Gen, das für das Überleben des Organismus unerlässlich ist – worauf dieses im Zuge der nichthomologen Endverknüpfung mutiert und seine Funktion verliert. Das „Gegengift" besteht aus einer funktionierenden Version des Gens, deren Nukleotidsequenz aber so verändert wurde, dass der CRISPR-Cas-Komplex sie nicht mehr erkennt und folglich nicht schneidet. Werden die Baupläne für die Genschere und das Gegengift miteinander gekoppelt und ins Genom eingebaut, bilden sie zusammen ein Drive-Element. Ist dieses im Erbgut der mütterlichen Zellen enthalten, dann gibt die Mutter die aktive Genschere über ihre Eizellen an den Nachwuchs weiter. Infolgedessen sammeln sich in sämtlichen Embryonen kontinuierlich Mutationen in dem überlebenswichtigen Gen an, und es wird inaktiviert. Nur jene Nachkommen, die das Drive-Element mit dem Gegengift geerbt haben, überleben – alle anderen sterben, da sie keine funktionierende Kopie des unverzichtbaren Gens besitzen. Damit erhalten alle überlebenden Nachkommen das Drive-Element. An dieses lässt sich nun zusätzlich eine weitere Erbanlage koppeln, die dafür sorgt, dass der Organismus keine Krankheitserreger mehr überträgt.

Mit der Anwendung von Gene Drives verbinden sich aber verschiedene Sicherheitsbedenken. So könnten sich die bisher beschriebenen Gene-Drive-Varianten im Prinzip weltweit unkontrolliert ausbreiten, selbst wenn nur eine sehr kleine Anzahl von Individuen freigesetzt wird, deren Erbgut das jeweilige Drive-Element enthält. Ein Unterdrückungs-Drive beispielsweise, der sich gegen eine invasive Art richtet, könnte auf die Heimatregion dieser Spezies überspringen und die dortigen Populationen dezimieren. Selbst wenn es sehr unwahrscheinlich ist, dass ein Gene Drive seine Zielspezies global ausrottet, erscheint dies zumindest theoretisch möglich. Insekten, die Drive-Elemente in sich tragen, halten sich nicht an Ländergrenzen und schleppen ihre Fracht in Nachbarstaaten ein – was die schwierige Frage aufwirft, wer darüber entscheiden soll, wann, wo und ob überhaupt ein Gene Drive eingesetzt werden kann.

Lassen sich solche Bedenken ausräumen? Die oben vorgestellten Gene-Drive-Methoden sind recht kostengünstig, da sie das gewünschte Gen selbst dann in die Zielpopulation eintreiben, wenn nur wenige gentechnisch veränderte Tiere mit Drive-Elementen freigesetzt werden. Sie werden daher als niederschwellig bezeichnet und stehen, etwa hinsichtlich des Einsatzes in Entwicklungsländern, vor keinen großen finanziellen Hürden. Das hat freilich den Preis, dass bereits eine Einschleppung weniger Individuen ausreicht, um einen ungewollten Gene Drive loszutreten. Deshalb arbeiten Forscher parallel an hochschwelligen Gene Drives. Hier müssen die Tiere, die das jeweilige Drive-Element in sich tragen, die Mehrheit der Population stellen, sonst funktioniert das Eintreiben nicht (Abb. 3). Eine solche Methode könnte man regional relativ gefahrlos anwenden: Selbst wenn einige gentechnisch veränderte Individuen in Nachbarregionen auswandern, werden sie nicht die nötige Mehrheit der dortigen Populationen stellen und folglich mit der Zeit wieder verschwinden.

Hochschwellige Gene-Drives erfordern allerdings einen ausgeklügelten molekularen Mechanismus. Eine Möglichkeit ist die Erzeugung eines doppelten „Medea“-Systems. Hierbei koppeln die Forscher zweimal zwei Gene aneinander. Das erste Kopplungskonstrukt besteht aus einem Gen, das den Bauplan für ein Zellgift A enthält, und einem weiteren Gen mit der Bauanleitung für ein Gegengift gegen B. Das zweite Konstrukt enthält den Plan für das Gegengift A sowie für das Zellgift B. Setzt man gentechnisch veränderte Individuen frei, die diese Konstrukte in ihrem Erbgut tragen, können deren Nachkommen nur überleben, wenn sie entweder beide Genkopplungen geerbt haben oder keines davon. Im ersten Fall bilden sie

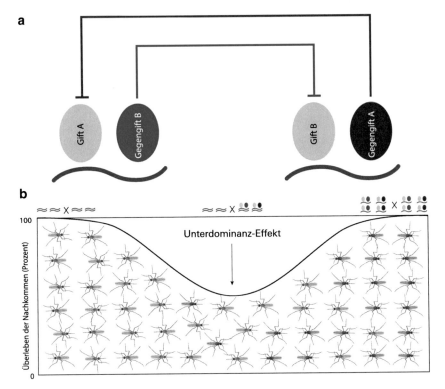

Abb. 3 Prinzip eines hochschwelligen Gene Drive. Der genetische Bauplan für Gift A ist mit dem für Gegengift B gekoppelt; ebenso der Bauplan für Gift B mit dem für Gegengift A (**a**). Erhalten die Nachkommen bloß eines dieser Kopplungskonstrukte, können sie nur ein Gegengift herstellen und sterben an dem Toxin, das sie nicht neutralisieren können. Individuen, die diese Konstrukte „heterozygot" tragen, also lediglich auf je einem von zwei homologen Chromosomen, haben deshalb weniger überlebende Nachkommen („Unterdominanz-Effekt", (**b**). Die Kopplungskonstrukte verbreiten sich nur dann in der Population, wenn mehr als die Hälfte der Individuen sie in ihrem Erbgut tragen. Ein Gene Drive, der darauf basiert, setzt sich also nur durch, wenn entsprechend viele gentechnisch veränderte Tiere freigesetzt werden – was die Möglichkeit bietet, seine Verbreitung zu kontrollieren. (Spektrum der Wissenschaft/Buske-Grafik, nach: Ernst A. Wimmer)

beide Zellgifte aus, aber auch beide Gegengifte. Im zweiten Fall produzieren sie weder noch.

Tiere, die beide Kopplungskonstrukte auf jeweils beiden homologen Chromosomen tragen, haben keine Probleme, da alle ihre Nachkommen beide Genkopplungen erhalten. Tiere ohne Kopplungskonstrukt geht es ebenfalls gut, da sie ihren Nachkommen kein Zellgift vererben. Paaren sich Männchen der Wildform jedoch mit Weibchen, die zwar beide Konstrukte besitzen, bei denen die Konstrukte aber jeweils nur auf einem der beiden homologen Chromosomen liegen (Fachleute bezeichnen das als „heterozygot"), sterben im Durchschnitt drei Viertel der Nachkommen. Denn diese erhalten dann von den mütterlichen Zellen zwar beide Gifte, jedoch nicht die genetischen Baupläne für beide Gegengifte. Heterozygote Individuen haben also weniger überlebende Nachkommen, was Genetiker als Unterdominanz-Effekt bezeichnen.

Gene Drives: Regionale Begrenzung dank ausgeklügelten Gendesigns

Unterdominanz hat zur Folge, dass die Medea-Genkonstrukte nur dann in die Population eingetrieben werden, wenn mehr als die Hälfte der Individuen sie in ihrem Genom tragen. Liegt der Anteil der Genträger niedriger, verschwinden ihre Nachkommen allmählich aus der Population. Der Gene Drive bleibt folglich auf Regionen begrenzt, in denen Tiere mit Medea-Konstrukten in großer Zahl freigesetzt werden. Das bietet den Vorteil einer kontrollierbaren Populationsentwicklung, bringt allerdings den Nachteil hoher Kosten für wiederholte Massenfreisetzungen.

Gene Drives könnten künftig eine Möglichkeit bieten, Schädlinge artspezifisch, umweltschonend und kontrollierbar zu manipulieren oder zu bekämpfen. Der potenzielle Nutzen ist gewaltig – man denke nur an die Perspektive, jährlich viele Millionen Malariaerkrankungen zu verhindern. Bevor jedoch erste Anwendungen im Freiland erfolgen, müssen unbedingt Verfahren etabliert werden, Gene Drives zeitlich oder regional zu begrenzen. Gelänge dies, hätten wir Werkzeuge an der Hand, um gezielt gegen Agrarschädlinge und Krankheitsüberträger vorzugehen beziehungsweise invasive Arten zu bekämpfen, die sonst zu verheerenden Umweltschäden führen würden.

Literatur

Burt, A.: Site-specific selfish genes as tools for the control and genetic engineering of natural populations. Proceedings of the Royal Society B: Biological Sciences, 2003

Burt, A., Trivers, R.: Genes in conflict: The biology of selfish genetic elements. Harvard University Press, 2008

Ein Überblick über das Phänomen »egoistischer« Gene, die sich überproportional
stark verbreiten.

Esvelt, K. M. et al.: Emerging Technology: Concerning RNA-guided gene drives for
the alteration of wild populations. eLife, 2014
Karami Nejad Ranjbar, M. et al.: Consequences of resistance evolution in a Cas9-
based sex conversion-suppression gene drive for insect pest management. PNAS
115, 2018
Oberhofer, G. et al.: Cleave and Rescue, a novel selfish genetic element and general
strategy for gene drive. PNAS 116, 2019
Wimmer, E. A.: Insect biotechnology: Controllable replacement of disease vectors.
Current Biology 23, 2013

Aus Spektrum der Wissenschaft 2.20

Ernst A. Wimmer ist Professor für Entwicklungsbiologie an der Georg-August-
Universität Göttingen.

Georg Oberhofer ist wissenschaftlicher Mitarbeiter am California Institute of
Technology. Beide erforschen neuartige Ansätze zur Schädlingsbekämpfung, die auf
entwicklungsbiologischen Genen und molekularbiologischen Werkzeugen beruhen.

Mit RNA gegen Schädlinge

Joachim Budde

Pestizide auf Basis von RNA-Interferenz töten Insekten, indem sie Gene still-legen. Sie erzeugen keine giftigen Rückstände und lassen Bestäuber in Ruhe – theoretisch jedenfalls.

Bei dem Embryo ist in der Entwicklung etwas gründlich schiefgegangen. Das ist Jan, einem angehenden Biologen, auf den ersten Blick klar: „Das sieht erheblich anders aus als normal." Jan sucht vergeblich die Beine. Normalerweise könnte er sie bei den Insekten in diesem Stadium schon erkennen. Auch wo Insekten für gewöhnlich in Segmente unterteilt sind, ist bei diesem Tier nur ein einheitlicher Körper zu erkennen; außerdem fehlen zwei der Mundwerkzeuge.

Im Seminarraum der Georg-August-Universität in Göttingen schauen Jan und andere Studentinnen und Studenten Embryonen des Rotbraunen Reismehlkäfers *(Tribolium castaneum)* unter dem Lichtmikroskop an. Er ist zufrieden: Dass dieser Käferembryo sich so schlecht entwickelt hat, bedeutet, dass sein Experiment geglückt ist. Jan hat in dem Embryo vor einer Woche das sogenannte *Hunchback*-Gen abgeschaltet, und zwar mittels einer Methode namens RNA-Interferenz (RNAi).

Wie die funktioniert und welche Rolle die einzelnen Käfergene in der Entwicklung der Tiere spielen – genau das bringt Gregor Bucher seinen Studierenden in diesem Kurs bei. Der Professor leitet die Abteilung

J. Budde (✉)
Bonn, Deutschland
E-Mail: ich@joachimbudde.de

E. Gottfried (Hrsg.), *Landwirtschaft – Wege aus der Krise*,
https://doi.org/10.1007/978-3-662-64960-2_24

165

Evolutionäre Entwicklungsgenetik an der Universität Göttingen. Im Projekt iBeetle haben Buchers Team und er fast sämtliche Gene des Reismehlkäfers durchprobiert.

Pestizide aus der Grundlagenforschung

Ihre Arbeit dient zuerst einmal der biologischen Grundlagenforschung. Fast alles, was über die Gene von Insekten bekannt ist, weiß man von der Taufliege *Drosophila melanogaster*. Doch was in der Fliege stimmt, kann im Käfer falsch sein. Zum Beispiel bildet die Fliege ohne *Hunchback*-Gen einen Buckel. Der ist beim Reismehlkäfer nicht zu finden.

Bei den meisten Genen hat Buchers Forschung interessante Erkenntnisse gebracht – etwa beim *Hunchback*-Gen. 10 bis 20 % der Käfergene dagegen lieferten keine Einsichten in ihre Funktion: „Bei denen sterben die Tiere, bevor sie Nachkommen machen", sagt Bucher: „Das war für uns zunächst einmal eine Enttäuschung." Aber dann kam Bucher eine andere Idee: „Das kann man ja verwenden für die Schädlingsbekämpfung, das ist ja eigentlich sogar ziemlich cool, dass die Tiere sofort sterben."

Seit die Menschen unerwünschten Insekten mit Gift zu Leibe rücken, hatten die Tiere bei diesem Wettrüsten immer die Nase vorn, sagt Gregor Bucher: „Bisher haben die Insekten gezeigt, dass sie gegen alles resistent werden, was man gegen sie macht." Beim Kartoffelkäfer *(Leptinotarsa decemlineata)* zum Beispiel liegt es daran, dass er sehr viel frisst, sehr effektiv entgiftet und sehr viel Nachwuchs hat: je mehr Nachkommen, desto größer die Chance, dass einer davon besser mit dem Gift zurechtkommt und sich weiter fortpflanzen kann.

Pestizidforschung ist schwierig

Um neue Mittel zu finden, probieren Chemiefirmen alle möglichen Wirkstoffe an verschiedenen Insektenarten aus. DDT, Pyrethroide, Neonikotinoide – immer wieder fanden sie neue Substanzen mit vermeintlichen Vorteilen: weniger toxisch für den Menschen und andere Organismen, die verschont bleiben sollen etwa.

Die Anforderungen an neue Wirkstoffe sind groß: „Die Wahrscheinlichkeit, dass man etwas Neues findet, was nicht tödlich ist, was dem Menschen nichts ausmacht, was auch biologisch abbaubar ist, ist so gering, dass man eben wahnsinnig viele Substanzen screenen muss", sagt Gregor Bucher: „Das heißt, es wird immer teurer, und deswegen sind natürlich alle auf der Suche nach ganz neuen Methoden, die einen ganz anderen Mechanismus haben." Buchers RNAi ist eine solche Methode. Eine Methode, die zudem verspricht, wirklich nur die Insekten zu töten, die das Gift treffen soll.

Im Kern jeder Zelle ist der komplette Bauplan für den Organismus in der DNA gespeichert. Die DNA besteht aus zwei Strängen mit einer bunten Folge von Basen, die wie die Zähne eines Reißverschlusses ineinandergreifen. Wenn eine Zelle ein Protein herstellen soll, öffnet sie den Reißverschluss und schreibt nur den kurzen Teil der DNA ab, den sie für die Bauanleitung dieses einen Proteins benötigt.

RNA-Interferenz

Die Anleitung besteht aus dem Botenstoff Ribonukleinsäure (RNA). Sie verlässt den Zellkern und dient der Zellmaschinerie als Vorlage für das gewünschte Protein. RNA kommt in praktisch jedem Lebewesen auf diesem Planeten vor und besteht aus einem etwas anderen Material als die DNA, die beiden lassen sich nicht verwechseln. Und normalerweise hat RNA lediglich einen einzelnen Strang – sie ist also nur ein halber Reißverschluss. Wenn plötzlich doppelsträngige RNA in einer Zelle auftaucht, wird das Immunsystem hellhörig, denn viele Viren haben als Erbsubstanz doppelsträngige RNA.

„Die Zelle weiß: Sobald ich doppelsträngige RNA sehe, muss das ein Virus sein", sagt Gregor Bucher. Die Reaktion: „Proteine der Zelle zerhäckseln die doppelsträngige RNA und nehmen diese Schnipsel als Vorlage, um alles zu zerstören, was genau wie diese Schnipsel ausschaut." Krankheit erfolgreich abgewehrt – zumindest, wenn da tatsächlich ein Virus in die Zelle eingedrungen ist.

Wenn aber Gregor Bucher oder seine Studierenden einem Reismehlkäfer doppelsträngige RNA injizieren, die zum Beispiel mit dem *Hunchback*-Gen des Insekts identisch ist, dann schaltet der Käfer sein eigenes Gen aus. Sein Immunsystem hält diese Sequenz für Erbinformation eines Virus, und der Käfer kann das Gen nicht mehr in Proteine übersetzen. Mehr noch: Die Proteinbremse wirkt auch in den Eizellen der weiblichen Käferpuppe. Ihre Nachkommen können dieses Protein ebenfalls nicht mehr herstellen. Und sehen dann so aus wie bei den Studenten im Kurs.

Von Schädlingsbekämpfung jedoch hat Bucher keine Ahnung. Außerdem ging ihm das Geld aus – er hätte aufhören müssen, die Funktionen der Reismehlkäfer-Gene zu erforschen. Stattdessen wandte er sich an das Unternehmen Bayer und stieß dort auf großes Interesse. Das Geld des Konzerns erlaubte ihm, die Screens weiterzuführen. Gregor Bucher und sein Team fanden heraus: Bei insgesamt 200 Genen starben die Käfer sehr schnell. Das sind ihre Kandidaten für RNAi-Insektengifte. „Und diese tödlichen Gene kamen sofort in die Hände von Leuten, die wissen, wie man diese Erkenntnisse in die Anwendung bringt."

Vom Labor aufs Feld

Ganz neu war den Entwicklerinnen und Entwicklern bei Bayer die Idee mit RNA-Interferenz als Insektengift allerdings nicht. Auf dem Forschungscampus des Chemieriesen Bayer in St. Louis im US-Bundesstaat Missouri, vormals Monsanto, haben sie schon in den 90er Jahren des 20. Jahrhunderts einen genmodifizierten Mais entwickelt, den Bt-Mais, der Gift des Bakteriums *Bacillus thuringiensis* gegen den Westlichen Maiswurzelbohrer *(Diabrotica virgifera)* herstellt. In den USA heißt das Insekt der „Eine-Milliarde-Dollar-Käfer", weil es so große Schäden anrichtet. Seine Larven fressen die Wurzeln der Maispflanzen an. Die Stängel kippen um oder trocknen aus.

In den letzten zehn Jahren erweiterten die Bayer-Entwickler den Bt-Mais um die RNAi-Methode: Heraus kam MON 87411. Sie haben eine ganze Reihe von Genen ausprobiert und sich dann das Gen *SNF7* ausgesucht. Es enthält den Bauplan für ein überlebenswichtiges Protein, das der Käfer braucht, um Proteine an der Oberfläche seiner Zellen wiederzuverwerten. „Das klingt wenig dramatisch" sagt Greg Hack, Science Strategy Operations Manager bei Bayer in St. Louis: „Wenn dieser Prozess allerdings stoppt, kann der Käfer sich nicht mehr ernähren oder wachsen – er stirbt."

Die Methode funktioniert. In den USA und einigen anderen Ländern hat die Firma bereits eine Zulassung erhalten. Längst gehören Untersuchungen zu Resistenzen zum Zulassungsprozess in den USA: Darum haben die Bayer-Entwickler auf ihrem Feld mit RNAi-Mais die wenigen ausgewachsenen Maiswurzelbohrer eingesammelt, die sie finden konnten. „Im Labor haben wir daraus einen resistenten Stamm züchten können", sagt Greg Hack, „Resistenzen sind also bereits in kleinem Maß vorhanden."

Resistenzen werden von Anfang an bekämpft

Hack und sein Team wollen die Ausbreitung dieser Resistenzen verhindern. Sie lassen MON 87411 den Maiswurzelbohrer in die Zange nehmen: Er arbeitet mit RNAi-Technologie, produziert aber gleichzeitig Bt-Gift. Dass ein Tier gleichzeitig gegen zwei ganz unterschiedliche Mechanismen resistent wird, sei sehr unwahrscheinlich.

Auch die RNAi-Methode ist also nicht gegen Resistenzen gefeit. Und es gibt noch ein paar Beschränkungen: „Doppelsträngige RNA wirkt weniger schnell als ein herkömmliches Insektengift, auch weniger schnell als ein Bt-Toxin, aber sie ist sehr effektiv", sagt Greg Hack. Zudem reagieren nicht alle Insektenfamilien gleich empfindlich darauf: Käfer sind sehr empfänglich für die RNAi-Methode. Andere Insektengruppen haben jedoch im Lauf der Evolution Mechanismen und Enzyme entwickelt, die die doppelsträngige RNA auflösen, bevor sie überhaupt in ihre Zellen gelangen könnte: Schmetterlinge und Falter wie der Herbst-Heerwurm *(Spodoptera frugiperda)* sind deshalb von vornherein immun gegen RNAi-Gifte.

Immerhin: Inzwischen zeichnen sich Anwendungen ab, bei denen Landwirte diese Mittel einfach versprühen können. Bis vor Kurzem war die Herstellung der Moleküle noch viel zu teuer, sagt Antje Dietz-Pfeilstetter: „Die Herstellungskosten lagen im Jahr 2008 noch bei zirka 12.000 $ pro g doppelsträngiger RNA." Die Biologin beschäftigt sich am Institut für die Sicherheit biotechnologischer Verfahren bei Pflanzen am Julius-Kühn-Institut in Braunschweig mit RNAi. Mittlerweile sind die Kosten auf einen halben bis einen Dollar pro Gramm gesunken.

Das Problem der Stabilität

Ein weiteres Hindernis verbirgt sich hinter einem eigentlichen Vorteil: RNA zerfällt in der Umwelt ohne giftige Abbauprodukte. Und das geschieht ziemlich schnell. Darum müssen Landwirtinnen und Landwirte RNAi-Produkte aber häufiger spritzen als herkömmliche Gifte. Forscher versuchen, den Molekülen Hilfsstoffe beizumischen, die die doppelsträngige RNA haltbarer machen. Australische Forscher zum Beispiel verpacken die doppelsträngige RNA in winzige Lehm-Partikel, die sie auf Pflanzen sprühen.

Doch auch das garantiert noch nicht den Erfolg: Die doppelsträngige RNA muss erst einmal ins Insekt hineingelangen. Und dann muss sie die widrigen Umstände im Darm der Tiere überleben und schließlich in die gewünschten Zellen transportiert werden, sagt Gregor Bucher. „Ein Käfer, der zufällig damit besprüht wird, hat kein Problem, solange er nicht an den Pflanzen frisst."

Doch was ist, wenn die falschen Insekten doppelsträngige RNA fressen? Guy Smagghe erforscht seit mehr als 20 Jahren als Professor für angewandte Biologie an der Universität Gent in Belgien die Nebeneffekte von Ackergiften auf die Dunkle Erdhummel *Bombus terrestris*. Sie ist eine wichtige Bestäuberin sowohl für die Landwirtschaft als auch für Wildpflanzen.

Smagghe arbeitet an einem RNAi-Gift gegen den Kartoffelkäfer und hat dabei untersucht, ob sich Verhalten, Nahrungsaufnahme und Entwicklung der Wildbienen änderten, wenn sie die von seinem Team entwickelte doppelsträngige Kartoffelkäfer-RNA zu fressen bekamen. Das sei nicht der Fall: „RNAi hat keine negativen Effekte auf dem Niveau des Organismus," sagt er.

Eine hochpräzise Waffe

Darüber hinaus haben Smagghe und seine Mitarbeiter und Mitarbeiterinnen eine bioinformatische Methode entwickelt, mit der sie am Rechner nachschauen können, ob ein Gen in der Hummel aus genau derselben Buchstabenkombination besteht, die sie im Kartoffelkäfer verstummen lassen wollen. 20 verschiedene Proteine haben sie sich auf diese Weise angeschaut. Nicht nur bei der Hummel, sondern bei einer ganzen Reihe anderer Organismen, die ein Gift nicht treffen darf.

„Das ist eine enorme Arbeit, aber so finden wir wirklich einmalige Gensequenzen, die wir für eine sichere Bekämpfung von Schadinsekten verwenden können." Guy Smagghe ist überzeugt: „Das beweist noch einmal, dass wir ganz spezifisch wirksame doppelsträngige RNA entwerfen können."

Noch andere Eigenschaften deuten auf die Sicherheit dieser Methode: In Säugetieren funktioniert die RNAi-Methode grundsätzlich nicht. Nicht einmal, wenn wir große Mengen der doppelsträngigen RNA äßen, könnte sie uns schaden. Enzyme im Mund und Magen zerstören sie, lange bevor sie überhaupt in unsere Zellen gelangen würde. Auch auf der Haut und im Blut gibt es Mechanismen, doppelsträngige RNA abzubauen. Darum hat es lange gedauert, ehe erste Anwendungen von RNA-Interferenz in der Medizin möglich wurden. Voraussetzung dafür war, eine Verpackung zu finden, um die Moleküle in die Zelle zu transportieren.

Maßgeschneiderte Insektengifte ohne Kollateralschäden – kann das wirklich funktionieren? „RNAi hat in vielerlei Hinsicht das Potenzial, als Pestizid weitaus gutartiger zu sein als all unsere chemischen Pestizide", sagt Jack Heinemann. Er ist Professor am Centre for Integrated Research in Biosafety an der School of Biosciences der University of Canterbury im neuseeländischen Christchurch. Er hat so seine Zweifel daran: „Die Spezifizität von RNAi ist überbewertet."

Zu gut, um wahr zu sein?

Gerade erst hat der Forscher eine Stellungnahme für die neuseeländische Umweltschutzbehörde EPA zu RNAi geschrieben. Die Behörde hat den Einsatz von RNAi-Sprays im Freiland untersagt. Man könne damit, so lautet Heinemanns Einschätzung, zwar sehr genau bestimmte Gensequenzen ins Visier nehmen. Dennoch bestehe die Gefahr, falsche Ziele zu treffen. Schließlich genüge eine Übereinstimmung von wenigen Basenpaaren, um diese mit dem Wirkstoff zu beeinflussen.

Und selbst wenn die Baupläne von Genen nicht vollständig stummgeschaltet würden wie in den Organismen, die sie treffen sollten, könnten die RNAi-Wirkstoffe in anderen Lebewesen unerwünschte epigenetische Effekte auslösen. Dabei markieren Enzyme einzelne Gene mit einem kleinen chemischen Etikett – einer Methylgruppe. Die sorgt dafür, dass das markierte Gen schlechter oder gar nicht mehr abgelesen wird. „Solche Effekte lassen sich nicht vorhersagen."

Jack Heinemann will gar nicht infrage stellen, dass die Gifte auf Basis von RNA-Interferenz gründlich geprüft werden. Er weist jedoch darauf hin, dass noch immer nur die Genome einiger weniger wichtiger Tier- und Pflanzenarten vollständig sequenziert sind. „Wenn Sie diese neuen Pestizide in der Umwelt versprühen, kommen weit mehr Organismen damit in Berührung, als Sie vorab testen können." Zum Beispiel all die Protozoen, die Einzeller, die in der Luft, auf Pflanzen, im Wasser oder im Boden leben. „Diese Organismen sind überall, und sie reagieren stark auf RNA", sagt der Mikrobiologe.

„In jedem Gramm Boden leben Milliarden von Bakterien, die alle diesen Mitteln ausgesetzt sind, wenn wir sie in der Umwelt einsetzen." Bei medizinischen Anwendungen oder bei genmanipulierten Pflanzen, die Insekten vergiften, die an ihnen fressen, sei das Risiko noch überschaubar. Nicht aber beim Versprühen.

Aus Spektrum.de News, 11.06.2021
https://www.spektrum.de/news/mit-rna-interferenz-gegen-schaedlinge/1883455
Der Text ist ursprünglich auf „riffreporter.de" unter dem Titel „Wie maßgeschneidert können Pestizide sein?" erschienen und wurde für „Spektrum.de" angepasst.

Joachim Budde arbeitet hauptsächlich im Radio, vor allem für die Sendungen „Forschung aktuell" und „Wissenschaft im Brennpunkt" im Deutschlandfunk, aber auch für den WDR, den BR und andere öffentlich-rechtliche Sender. Gelegentlich schreibt er für „Die Zeit" und den „Tagesspiegel".

Ausgesuchte Impfstoffe gegen Pflanzenkiller

Annika Röcker

Pflanzenviren und andere Schädlinge raffen im Handumdrehen Plantagen und sogar ganze Sorten dahin. Könnte man Tomaten, Bananen und Co nicht irgendwie dagegen impfen?

Das Immunsystem von Pflanzen ist zwar gut – aber oft nicht gut genug, um sich Viren und andere Angreifer vom Stängel zu halten. Ein Team um Sven-Erik Behrens von der Martin-Luther-Universität Halle-Wittenberg wollte der Virusabwehr einer Tabakpflanze *(Nicotiana benthamiana)* auf die Sprünge helfen. Mithilfe eines ausgeklügelten Systems filterten die Forscher aus dem riesigen Pool von kurzen RNA-Stücken, den die Pflanzenzellen als Antwort auf ein bestimmtes Virus herstellen, die aktivsten Moleküle heraus. Mit diesen Erbgutschnipseln impften sie junge Tabakpflanzen, bevor sie diese mit demselben Virus infizierten. In der Fachzeitschrift „Nucleic Acids Research" berichtet das Team um Behrens nun vom Erfolg seiner Methode: Während alle anderen dem Virus zum Opfer fielen, blieben 90 % der geimpften Pflänzchen unversehrt.

Wenn ein Virus eine Pflanze befallen hat, zwingt es sie, sein Erbgut herzustellen. Während sich der Eindringling in dem Gewächs fortpflanzt, geht es oft zugrunde; allerdings nicht, ohne sich vorher zur Wehr zu setzen. Denn Pflanzenzellen erkennen das Viruserbgut als fremd und zerstückeln es. Dabei entstehen kurze RNA-Stücke, sogenannte siRNAs (small interfering RNAs),

A. Röcker (✉)
Ulm, Deutschland
E-Mail: Annika.roecker@wubv.de

© Der/die Autor(en), exklusiv lizenziert an Springer-Verlag GmbH, DE, ein Teil von Springer Nature 2022
E. Gottfried (Hrsg.), *Landwirtschaft – Wege aus der Krise*,
https://doi.org/10.1007/978-3-662-64960-2_25

die – in Zusammenarbeit mit bestimmten pflanzlichen Proteinen – an das virale Erbgut andocken und es stilllegen können. Dazu taugen aber nur sehr wenige der vielen RNA-Schnipsel, die eine Pflanze produziert.

Die Idee, das Immunsystem von Pflanzen mit zusätzlicher Anti-Virus-RNA zu pushen, ist nicht neu. Viele Forscherteams schleusten bisher jedoch recht große und – da stabiler – doppelsträngige RNA-Stücke in Pflanzenzellen ein. Diese muss die Pflanze zunächst schreddern und nachbearbeiten. Dabei entstehen wieder viele störende, weil wirkungslose Schnipsel: Sie besetzen die Helferproteine, die sonst die wirksamen Stränge zu ihrem Einsatzort, dem Virusgenom, bringen und dieses vernichten sollen. Das Immunsystem wird also eher ausgebremst als verbessert. Um dieses Problem zu umgehen, entwickelte das Team um Biochemiker Behrens ein Verfahren, die tatsächlich antiviralen siRNA-Moleküle im Vorfeld herauszusieben. Dazu infizierte es im Labor kultivierte Tabakpflanzenzellen mit dem Tomato Bushy Stunt Virus, einem Schädling, der sowohl Tabak- als auch Tomatenpflanzen befällt. Aus dem in der Reaktion produzierten RNA-Wust klamüserten die Forscher die Stränge heraus, die besonders gut an die pflanzlichen Wegweiser- und Helferproteine binden und die Virus-RNA effektiv erkennen, um sie zu zerstören.

Die vielversprechendsten Kandidaten ließ das Team dann von Agrobakterien *(Agrobacterium tumefaciens)* herstellen. Diese Bakterien sind ein beliebtes Mittel, um Erbgut in pflanzliche Zellen einzuschleusen, denn sie scheitern nicht an deren stabilen Zellwänden. So genügte es, ein paar Tabakblätter mit der bakterienhaltigen Lösung zu beträufeln, um die gewünschten siRNAs in *N. benthamiana* hineinzubefördern. Danach setzte die Forschergruppe geimpfte Pflanzen und solche, die sorgsam ausgewählte, unnütze siRNAs abbekommen hatten, ebenfalls dem Tomato Bushy Stunt Virus aus. Tatsächlich schützten die siRNAs, die in den Zellversuchen am aktivsten gewesen waren, auch die ganze Pflanze am besten. Je nach verabreichter RNA-Sequenz blieben 41 bis 90 % der behandelten Pflanzen von jeglichen Symptomen verschont, während alle ungeschützten Pflänzchen welkten oder abstarben.

Mithilfe ihres Impfsystems könne man nicht nur Tabak, sondern auch andere Pflanzen gegen Viren und die Parasiten, die sie bedrohen, resistent machen, schreiben die Forscher. Sie wählten *N. benthamiana* als Modell, weil deren Erbgut bereits wohlbekannt ist und dem von Kartoffeln und Tomaten ähnelt. Im Gegensatz zu anderen beliebten Testpflanzen wie der Ackerschmalwand *(Arabidopsis thaliana)* werden Tabakpflanzen außerdem nicht nur im Labor, sondern auch kommerziell angebaut. Und zwar nicht nur für Zigaretten und Co: Die Pharmaindustrie benutzt *N. benthamiana* etwa zur Herstellung von Antikörpern und anderen rekombinanten Proteinen.

Ein Vorteil der Methode von Behrens und seinen Kollegen besteht darin, dass man die RNA nicht dauerhaft in die Pflanzen einbringt. Man führt also keine gentechnische Veränderung durch, die sich auf nachfolgende Generationen vererbt. Anstatt in mühsamer Kleinarbeit einzelne Pflanzengene zu verändern, könnte man mit einem relativ rasch kreierten siRNA-Mix außerdem besser auf neue und sich schnell verändernde Viren reagieren. Das Team um Behrens schlägt vor, die mit seinem System identifizierten Moleküle künftig – zum Beispiel in Form von Sprays – in Gewächshäusern einzusetzen, um Kulturpflanzen vor Parasiten zu schützen. Dafür dürften die 21 Nukleotide langen, einzelsträngigen RNA-Moleküle allerdings nicht stabil genug sein, denn in unserer Umwelt lauern überall RNA abbauende Enzyme, die die nackten Stränge im Handumdrehen zerlegen würden. Zudem lassen sich nicht alle Pflanzen von Agrobakterien infizieren. Bananen, denen in Lateinamerika momentan ein Pilz auflauert, gehören beispielsweise nicht zur Zielgruppe der Bodenbakterien. In zukünftigen Arbeiten will die Forschergruppe darum untersuchen, in welcher Darreichungsform und Länge die siRNAs am besten und nachhaltigsten wirken. Denn noch ist unklar, wie lange ein solcher Impfschutz überhaupt anhält.

Aus Spektrum.de News, 22.08.2019
https://www.spektrum.de/news/ausgesuchte-impfstoffe-gegen-pflanzen-killer/1668676

Annika Röcker ist promovierte Biochemikerin und Autorin. Bis Ende September 2020 war sie Volontärin bei „Spektrum.de".

Patente: Natur als „Erfindung"

Tobias Ludwig

Lassen sich gewerbliche Schutzrechte auf Lebewesen oder Naturprodukte erteilen? Das ist seit mehr als 100 Jahren ein Streitthema. Die rasanten Fortschritte in den Lebenswissenschaften verschärfen diese Debatte noch.

Patente sind Schutzrechte auf technische Erfindungen. Im europäischen Rechtskreis werden sie nur auf Produkte oder Verfahren erteilt, die neu aus einer erfinderischen Tätigkeit hervorgegangen und technisch anwendbar sind. So weit, so verständlich. Denkt man nun an Patente auf Lebewesen oder biologische Substanzen und Verfahren, erschließt sich mitunter nicht sofort, inwiefern es sich dabei um menschliche Erfindungen handelt. Dieses Dilemma und die ethischen Fragen, die sich mit gewerblichen Schutzrechten auf die Natur verbinden, führen seit jeher zu schwierigen Diskussionen. Innovationen wie die CRISPR-Cas-Methode fachen den Streit nun neu an.

Patente auf Dinge, bei denen es sich im weitesten Sinne um bio(techno)logische Erfindungen handelt, gibt es schon seit erstaunlich langer Zeit. Bereits im Jahre 1873 ließ der Mikrobiologe Louis Pasteur (1822–1895) sein verbessertes Verfahren zur Herstellung von Hefekulturen sowohl in Frankreich (Patent 98476) als auch in den Vereinigten Staaten (US Patent No. 141072A) als Patent eintragen. Es gilt als historisch erstes gewerbliches Schutzrecht auf einen Mikroorganismus. Doch bereits kurz nachdem es

T. Ludwig (✉)
Leipzig, Deutschland
E-Mail: info@realtobiasludwig.com

177

E. Gottfried (Hrsg.), *Landwirtschaft – Wege aus der Krise*,
https://doi.org/10.1007/978-3-662-64960-2_26

erteilt worden war, gelangte man in den USA zu der Einsicht, dass isolierte und gereinigte Formen eines natürlich vorkommenden Stoffs oder Lebewesens nicht patentfähig sein sollten, da es sich bei diesen um Produkte der Natur handle. Die sogenannte Product-of-Nature-Doktrin war geboren.

Da die Begriffe „Isolation" und „Reinigung" aber oft eng ausgelegt wurden, ließ sich mittels Filtrieren und Erhitzen eines Naturprodukts vielfach trotzdem eine patentfähige Substanz erzeugen. Dies zeigen beispielsweise ein Patent auf Muschelsaft (US-Patent Nr. 395199 von 1888), einen Extrakt aus gekochten und filtrierten Muscheln, sowie ein Schutzrecht auf die aktiven Bestandteile der Schafsschilddrüse (US-Patent Nr. 616501 aus dem Jahr 1898). In einem Wechselspiel teils widersprüchlicher gerichtlicher Entscheidungen loteten Juristen in den folgenden Jahrzehnten immer wieder neu aus, in welcher Form die Natur dem Patentschutz zugänglich sein soll. Ein Prozess, der bis heute andauert.

Im Bereich der Saatgutpatente ist diese Debatte besonders heftig. Bereits zu Beginn des 20. Jahrhunderts gab es erste Versuche, gewerbliche Schutzrechte auf Saatgut und auf Züchtungsverfahren von Nutzpflanzen zu erlangen. Sie hatten zunächst keinen Erfolg. „Der große Paradigmenwechsel kam nach dem Zweiten Weltkrieg", schildert Eva Gelinsky von der Interessengemeinschaft für gentechnikfreie Saatgutarbeit (IG Saatgut), die sich für eine nachhaltige Landwirtschaft einsetzt und Patente auf Saatgut und andere Lebewesen ablehnt. Bereits ab den 1930er Jahren, so Gelinsky, sei diskutiert worden, ob die private Organisation der Züchtung mit einem Patentschutz der richtige Weg sei. In den 1950er und 1960er Jahren habe man sich dann stärker zugunsten von Privatunternehmen ausgerichtet und die rechtlichen Rahmenbedingungen entsprechend angepasst. „Patente werden ja eigentlich auf technische Erfindungen erteilt, und man sollte grundsätzlich fragen, ob Lebewesen – also Pflanzen, Tiere – überhaupt technische Erfindungen des Menschen sein können", meint Gelinsky. „Heute befördern Patente sehr wesentlich die Konzernkonzentration auf dem Saatgutmarkt".

Tatsächlich teilen immer weniger Firmen diesen bedeutenden Markt unter sich auf. Der 2017 von der Heinrich-Böll-Stiftung, der Rosa-Luxemburg-Stiftung und der Umweltschutzorganisation „Friends of the Earth" veröffentlichte Agrifood-Atlas stellt fest, dass mittlerweile nur noch drei riesige Fusionskonzerne den Saatgut- und Agrochemiemarkt dominieren, nämlich Bayer-Monsanto, Dow-DuPont und ChemChina-Syngenta. Angesichts der damit einhergehenden gewaltigen Macht einzelner Unternehmen würden Patente immer stärker dazu genutzt, gezielt Claims abzustecken und das Vordringen von Mitbewerbern zu unterbinden, sagt Gelinsky.

Finanzielle Absicherung

Eine Einschätzung, der Jörg Thomaier, Leiter Intellectual Property bei der Bayer-Gruppe, im Prinzip nicht widerspricht: „Ich bezeichne Patente immer ganz gerne als das Herzstück, den Kern, des Werts unseres Unternehmens, weil darauf unser Geschäftsmodell aufbaut." Patente seien eine Art Sicherheit dafür, dass getätigte Aufwendungen für Forschung und Entwicklung durch das zwischenzeitliche Vermarktungsmonopol wieder eingespielt werden und somit Innovationen überhaupt vorangetrieben werden können. Der Ansicht, Patente seien per se monopolfördernd und der Markt unter wenigen großen Konzernen aufgeteilt, will Thomaier jedoch nicht zustimmen: „Es gibt eine ganze Menge Saatgutanbieter und alles, was an Saatgut patentfrei ist, kann von allen genutzt werden. Das ist die gigantische Mehrheit, denn alles, was älter als 20 Jahre ist, kann nicht mehr patentgeschützt sein. Das Monopol ist zeitlich und inhaltlich beschränkt."

Die IG Saatgut sieht in Schutzrechten, wie Bayer sie anstrebt, allerdings ein Innovationshemmnis und kritisiert die alleinige Ausrichtung auf Profitabilität. Gelinsky betont: „Die Folge ist, dass immer mehr Patente angemeldet werden, und es besteht die Möglichkeit, dass die Konkurrenz vom Patentinhaber keine Lizenz bekommt. Dann können Mitbewerber in einem bestimmten Bereich möglicherweise nicht weiterarbeiten. Es kann vorkommen, dass Lizenzen zu Konditionen angeboten werden, die für Konkurrenten nicht tragbar sind, etwa weil zu teuer". Zudem seien die Konzerne, die den Saatgutmarkt dominieren, zugleich Chemieunternehmen, die bevorzugt Saatgut zusammen mit einem dazu passenden Pflanzenschutzmittel verkaufen – beispielsweise glyphosatresistente Sojabohne gemeinsam mit Glyphosat. Eine Praxis, die laut Gelinsky zu massiven Umweltschäden geführt hat.

Gelinsky sieht in Patenten zwar nicht die alleinige Ursache solcher Probleme, doch sie ist überzeugt, die Handhabung von Schutzrechten fördere diverse Missstände, wie die Verarmung der Biodiversität. Thomaier widerspricht: „Zum einen hat das Patentrecht eine Ausnahmeklausel, die sogenannte Research Exemption, die derzeit außer in den USA in allen Jurisdiktionen existiert. Das bedeutet, dass jeder da draußen meine Erfindung nehmen und sie weiterentwickeln kann. Er darf nur seine Erfindung, die auf meiner aufbaut, nicht vermarkten. Zum anderen ist das Interesse an einer hohen Biodiversität auch bei uns gegeben." An dem Verlust der Artenvielfalt schuld sei eine Landwirtschaft, die zuvorderst auf Produktivität und Effizienz ausgerichtet sei, und nicht Patente auf Pflanzen oder Herbizide. Das sei eine grundsätzliche Frage von gesamtgesellschaftlicher Relevanz; ein Verbot von Schutzrechten auf Pflanzen sei nicht die Lösung.

In welcher Form sind solche überhaupt zulässig? Zunächst können tatsächlich nur Pflanzen patentiert werden, keine Pflanzensorten. Ein Beispiel: Züchter A verändert Mais gentechnisch derart, dass dieser einen Giftstoff des Bodenbakteriums *Bacillus thuringiensis* produziert und infolgedessen vor Insektenfraß geschützt ist. Patentieren kann der Züchter nun Mais mit der Eigenschaft „Insektenresistenz". Die daraus abgeleiteten Sorten an sich sind nicht patentfähig. Züchter B dürfte zwar mit einer Sorte von Züchter A weiterzüchten, seine Kreation jedoch nicht auf den Markt bringen, solange es sich dabei um eine Maispflanze mit der von Züchter A patentierten Eigenschaft handelt.

Patentierbar oder nicht?

Da das Züchtungsverfahren in dem Beispiel auf Gentechnik beruht, kann Züchter A sowohl die Pflanze als auch das Verfahren selbst patentieren. Hätte er allerdings eine konventionelle Zuchtmethode wie Kreuzung und Selektion genutzt, wäre sie nicht patentfähig, da sie „im Wesentlichen biologisch" ist. Und hier liegt der Knackpunkt: Im Europäischen Patentübereinkommen sind Ausnahmen von der Patentierbarkeit explizit geregelt. Das heißt, alles was nicht ausgeschlossen ist, ist patentfähig. Demnach sind zwar „im Wesentlichen biologische" Züchtungsverfahren dem Patentschutz nicht zugänglich, die daraus resultierenden Pflanzen mit bestimmten Eigenschaften aber schon. An diesem Umstand entzündete sich 2015 ein Streit, der bis heute andauert und mittlerweile die Politik beschäftigt.

Der Disput begann mit einer Entscheidung der Großen Beschwerdekammer, der höchsten juristischen Instanz des Europäischen Patentamts (EPA). Diese hatte bestimmte Schutzrechtansprüche der Firmen Syngenta und Unilever zugelassen (Entscheidungen „Brokkoli II, G2/13" und „Tomate II, G2/12") und damit faktisch den Weg frei gemacht zur Patentierung konventionell gezüchteter Pflanzen. Der Beschluss zog eine heftige Debatte nach sich. „Im Hintergrund steht die ethische Frage, ob konventionell gezüchtete Pflanzen dem Patentschutz zugänglich sind; faktisch geht es jedoch um die Unabhängigkeit der Beschwerdekammern des EPA", erklärt Ulrich Storz, Patentanwalt bei der Kanzlei Michalski, Hüttermann & Partner. Aus einer eigentlich rein juristischen Frage entwickelte sich ein emotional aufgeheizter, politischer Disput.

Selbst das Europäische Parlament sah sich in dem Fall veranlasst, die Europäische Kommission um eine Stellungnahme zu bitten. Das führte laut Storz zu einer Kompetenzüberschreitung: „Die Europäische Kommission teilte mit, aus ihrer Sicht sei das Ansinnen der Biopatentrichtlinie gewesen, [konventionell gezüchtete] Pflanzen vom Patentschutz auszuschließen. Meines Erachtens hat sich die Kommission als Organ der Exekutive damit zur Interpretation rechtlicher Normen geäußert, was nach dem Prinzip der Gewaltenteilung der Judikative obliegt." Auf die Aussage der Kommission hin habe sich der Präsident des EPA gezwungen gesehen, die Regeln des Europäischen Patentübereinkommens anzupassen. Regel 28, die Ausnahmen von der Patentierbarkeit beschreibt, erhielt einen zusätzlichen Absatz, der die Patentierung konventionell gezüchteter Pflanzen explizit ausschließt – und das trotz anders lautender Entscheidung der Beschwerdekammer.

„Der Präsident des EPA hat damit dem Votum eines Exekutivorgans Folge geleistet, das eigentlich keine Befugnis hat, über europäisches Patentrecht zu votieren", macht Storz die Tragweite des Falls deutlich. „Damit hat er die Rechtsprechung seiner eigenen Beschwerdekammer ignoriert." Der Konflikt betraf somit nicht mehr nur den Umgang mit Patenten, sondern auch die Verfassung, weil hier Exekutive und Judikative aneinandergerieten. Unterdessen schuf die technische Beschwerdekammer des EPA Fakten und setzte, nach Beschwerde von Syngenta, die gerade erst geänderte Regel 28 im Dezember 2018 außer Kraft, da sie im Widerspruch zu Artikel 53b stehe, der ebenfalls Patentausschlüsse regelt. Eine Klärung des Konflikts steht aus.

Davon unbenommen herrscht weiterhin die Ansicht vor, dass gentechnisch veränderte Pflanzen dem Patentschutz zugänglich seien. Das gilt auch für Produkte, die mithilfe des Genome-Editing-Verfahrens CRISPR-Cas erzeugt wurden. Doch aus der Nutzung dieser Technologie ergeben sich verschiedene rechtliche Probleme, wie Storz erläutert: „Eingriffe mit CRISPR-Cas hinterlassen oft keine Spuren, die das Produkt unterscheidbar machen von einem Erzeugnis, das mit anderen Methoden hergestellt worden ist". Dies führe zu zivilrechtlichen Schwierigkeiten, da in einem Patentverletzungsverfahren die Beweislast beim Beklagten liege. So müsse ein Züchter, bei dem eine Pflanze mit einer patentierten Eigenschaft aufgefunden werde, nachweisen, dass dieses Merkmal auf eine zufällige Mutation zurückgeht und nicht auf eine gezielte gentechnische Manipulation. „Gen-Knockouts beispielsweise führen Züchter klassischerweise mit Bestrahlung oder chemischer Behandlung herbei – beides erfolgt zufallsbestimmt. Man kann sie aber auch zielgerichtet mit CRISPR-Cas erzeugen, indem man Erbanlagen damit spezifisch deaktiviert." Produkte, die mit diesen verschiedenen Methoden hergestellt worden sind, lassen sich oft nicht voneinander unterschieden – ein ungelöstes Dilemma.

Publikation aus ethischen Gründen abgelehnt

Immer mehr Forscher und Entwickler nutzen CRISPR-Cas, nicht nur im Agrarbereich. Gut in Erinnerung sein dürfte die weltweite Empörung, als der chinesische Biophysiker He Jiankui Ende 2018 auf YouTube verkündete, er habe mithilfe dieses Verfahrens bei menschlichen Zwillingen einen vorgeburtlichen Eingriff ins Erbgut vorgenommen und die Kinder damit immun gegen HIV gemacht. Die vermeintlichen Ergebnisse seiner Arbeit sind nie in einem peer-reviewten Journal erschienen, unter anderem, weil die Zeitschriften „Nature" und „JAMA" eine Publikation aus ethischen Gründen ablehnten. Mittlerweile ist He in China zu drei Jahren Gefängnis und einer Geldstrafe von umgerechnet 380.000 € verurteilt worden. Sein Fall ist ein besonders krasser, wirft aber ein Schlaglicht auf den enormen Erkenntniszuwachs in der medizinischen Genetik – der schon bald mit vielen neuen Patentanmeldungen in diesem Bereich rechnen lässt. Im Hinblick auf Hes Versuche wäre die Entscheidung jedoch klar, betont Christine Godt, Professorin für europäisches und internationales Wirtschaftsrecht an der Carl-von-Ossietzky-Universität Oldenburg: „Im Patentrecht steht, Patente würden insbesondere nicht erteilt für Verfahren zur Veränderung der genetischen Identität der Keimbahn des menschlichen Lebewesens – und das fällt darunter." Die Reaktion der Weltöffentlichkeit habe gezeigt, dass Keimbahneingriffe wie die von He vorgenommenen nicht gewünscht seien. Gelänge es damit aber, Menschen dauerhaft von schweren Erbkrankheiten zu heilen, sei fraglich, ob die Öffentlichkeit bei diesem klaren Veto bliebe.

Bisher habe es nur wenige Versuche gegeben, gentherapeutische Verfahren zu patentieren, sagt die Expertin für Wirtschaftsrecht. Eine der seltenen Ausnahmen ist die Gentherapie „Kymriah". Dabei handelt es sich um eine Methode, um körpereigene Immunzellen mittels Gentechnik so zu verändern, dass sie deutlich effektiver gegen Krebszellen vorgehen. Die Therapie ist zur Behandlung von Krebserkrankungen des Blut-bildenden Systems zugelassen; im Idealfall reicht eine Anwendung, um die Krankheit zu besiegen. Entwickelt hat das Verfahren der US-Immunologe Carl June von der University of Pennsylvania. Der Schweizer Pharmakonzern Novartis sicherte sich 2012 die Exklusivrechte an der Vermarktung und beteiligte sich an den notwendigen klinischen Studien. Das Präparat wurde 2017 in den USA und 2018 in Europa zugelassen. Im Zuge dessen hatte Novartis beim EPA ein Patent für Kymriah beantragt.

Nach einer Beschwerde der Nichtregierungsorganisationen „Public Eye" und „Médecins du Monde", laut der es sich bei Kymriah um eine medizinische Dienstleistung handle und nicht um ein Medikament, zog Novartis Ende 2019 den Patentantrag zurück. „Public Eye" zufolge war es das erste Mal, dass dies bei einem europäischen Pharmapatent auf Druck einer NGO geschah. Novartis ließ verlauten, das beantragte Schutzrecht sei für die Weiterentwicklung von Kymriah nicht essenziell und die Therapiemethode bereits ausreichend geschützt. Die beiden NGOs hatten ihre Beschwerde unter anderem mit dem hohen Preis von mehr als 300.000 € pro Behandlung begründet sowie mit einer drohenden Monopolisierung im Bereich der Gentherapie, sollte Kymriah patentiert werden. Die ethische Brisanz vieler Verfahren der medizinischen Gentechnik wird künftig sicher zu weiteren Auseinandersetzungen führen.

Welches Ausmaß solche Konflikte annehmen können, zeigt die Kontroverse um Myriad Genetics, die 1994 begann. Das US-Unternehmen hatte für zwei bestimmte Genorte, die mit der Ausbildung von Brustkrebs in Zusammenhang stehen, Patente angemeldet. Myriad argumentierte, durch eine Untersuchung von Mutationen in den Genen BRCA1 und BRCA2 sei es möglich, Brustkrebsrisikopatienten sicher zu identifizieren. Wie mittlerweile aber bekannt, bedeuten Mutationen in diesen Erbanlagen keineswegs, dass sich mit Gewissheit eine Krebserkrankung ausprägen wird. 2001 bekam Myriad Genetics vom EPA ein Patent auf BRCA1, was internationale Proteste diverser Organisationen nach sich zog. Das EPA widerrief seine Entscheidung drei Jahre später, gab aber einem neuen Patentantrag im Jahr 2008 statt. In den USA erteilte das dortige Patentamt bereits Mitte der 1990er Jahre mehrere Schutzrechte unter anderem auf die isolierten DNA-Sequenzen beider Gene. In der Folge fiel Myriad Genetics durch aggressive Lizensierungspolitik auf und verlangte, dass alle Proben, die auf BRCA-Mutationen getestet werden sollen, direkt in die Firmenzentrale nach Utah geschickt werden. Eine solche Untersuchung kostete wegen der Lizenzgebühren zwischen 2400 und 3500 $. Darüber hinaus untersagte Myriad Genetics anderen Forschungseinrichtungen, alternative Diagnoseverfahren für Mutationen in den Genen anzubieten.

Entscheidung des obersten Gerichts beendet Diskussion

Die Diskussion, ob man in der Natur vorkommende Gene überhaupt patentieren könne, flammte nach der Patenterteilung an Myriad Genetics wieder auf. 2009 reichte ein Zusammenschluss aus drei Forschungsverbänden beim US Supreme Court Klage gegen die Myriad-Patente ein. Die Entscheidung fiel 2013, wie Godt erläutert: „Der Supreme Court hat nur jene Patente entzogen, die sich direkt auf die natürliche DNA-Sequenz beziehen, welche auch abgelesen wird. Die komplementäre DNA (cDNA), die im Labor aus der mRNA erzeugt wird, bleibt als technisch-künstliches Objekt patentierbar. Insofern ist der Patentierung von Genen, die in der Natur vorkommen, ein Riegel vorgeschoben worden." Als das Urteil fiel, sei die Sequenzierung von Genen bereits eine Standardtechnik gewesen und Gensequenzen nicht mehr als Ergebnis einer erfinderischen Tätigkeit betrachtet worden. Der Supreme Court habe somit die Diskussion um die Product-of-Nature-Doktrin öffentlichkeitswirksam beendet, die in den Patentämtern zu jenem Zeitpunkt bereits längst abgeschlossen gewesen sei.

Biopatente werden weiterhin heftig umstritten bleiben, denn wo wirtschaftliche Interessen und moralische Erwägungen zusammenprallen, kommt es zu Konflikten. Die Geschichte zeigt aber, dass sich die Öffentlichkeit aktiv und teils auch erfolgreich in den Patenterteilungsprozess einmischen kann. Hier hilft allerdings kein Schwarz-Weiß-Denken, wie Godt zusammenfasst: „Wir kommen mit der Ja-Nein-Frage, ob Patente erteilt werden sollen oder nicht, nicht unbedingt weiter. Künftige Generationen müssen sich damit befassen, wie der Schutzbereich definiert werden soll, und dafür brauchen wir Regeln." Besonders angesichts der raschen Entwicklungen in der Gentechnik und im Genome Editing sollten diese Regeln formuliert sein, bevor eine neue Welle von Patentanträgen anbrandet.

Literatur

Beauchamp, C.: Patenting nature: A problem of history. Stanford Technology Law Review 16, 2013

Cohen, J.: Surprise patent ruling revives high-stakes dispute over the genome editor CRISPR. Science 2019, https://doi.org/10.1126/science.aay5343

Demers, L.: Product of nature doctrine: myriad's effect beyond nucleic acids. SSRN, 2013. https://doi.org/10.2139/ssrn.2279754

Godt, C.: Bio-Patente in der Medizin. Zur Bedeutung der Auseinandersetzungen um „Myriad" und „Brüstle". In: Medizinrecht – Ein Balanceakt zwischen Können und Dürfen. Mohr Siebeck, Tübingen 2015
Aus Spektrum der Wissenschaft 9.20

Tobias Ludwig ist Wissenschaftsjournalist und -kommunikator in Leipzig.

Streitgespräch: Es geht um nachhaltige Landwirtschaft

Daniel Lingenhöhl und Frank Schubert

Was spricht für die Grüne Gentechnik, was dagegen? Eine Debatte mit Detlef Weigel, Professor am Max-Planck-Institut für Entwicklungsbiologie, und Christof Potthof, Biologe beim Gen-ethischen Netzwerk

Herr Potthof, warum stehen Sie der Grünen Gentechnik kritisch gegenüber?

Potthof: Rund um den Anbau gentechnisch veränderter Pflanzen gibt es bis heute verschiedene ungeklärte Fragen. Sie betreffen die Ökologie, die Nahrungsmittelsicherheit, den Verbraucherschutz, die Sozioökonomie, zum Beispiel den Patentschutz, und reichen bis hinein in die Kapitalismuskritik.

Gab es in Ihrer Vergangenheit einen konkreten Punkt, an dem Sie zum Schluss gekommen sind, der Grünen Gentechnik gegenüber kritisch eingestellt sein zu müssen?

Potthof: Bis vor gut zehn Jahren wurde die gentechnisch veränderte Maissorte MON810 in Deutschland angebaut. Dieser sogenannte Bt-Mais bildet ein Protein aus, das für Insekten giftig ist und mit Pollen hinweggetragen wird. Es beeinflusst die Umwelt über den Acker hinaus. Wie

D. Lingenhöhl (✉) · F. Schubert
Spektrum der Wissenschaft, Heidelberg, Deutschland
E-Mail: lingenhoehl@spektrum.de

F. Schubert
E-Mail: schubert@spektrum.de

© Der/die Autor(en), exklusiv lizenziert an Springer-Verlag GmbH, DE, ein Teil von Springer Nature 2022
E. Gottfried (Hrsg.), *Landwirtschaft – Wege aus der Krise*,
https://doi.org/10.1007/978-3-662-64960-2_27

will man das regulieren? Das war für mich eine interessante Frage. Im Gen-ethischen Netzwerk stellten wir dazu Informationen bereit, um möglichst vielen Menschen die Debatte zu ermöglichen. Wir organisierten Veranstaltungen und wurden zu Diskussionsveranstaltungen eingeladen. Und wir haben Bürgerinitiativen unterstützt. An dieser Schnittstelle sehen wir uns immer noch.

Herr Weigel, können Sie verstehen, dass große Teile der Bevölkerung die Grüne Gentechnik ablehnen, wie Umfragen ergeben haben?
Weigel: Auf jeden Fall. Ich habe schon als Jugendlicher in den 1970er Jahren hautnah den Streit um die Lagerung von Atommüll mitbekommen und kann mich noch an die sehr unkritischen und technikgläubigen Positionen der damaligen Atomenergiebefürworter erinnern. Vieles von dem, was seinerzeit versprochen wurde, trat nicht ein, und manche mögen das nun bei der Grünen Gentechnik ebenfalls befürchten. Allerdings weiß auch jeder: Das Ergebnis von Umfragen richtet sich danach, wie die Fragen formuliert werden. Stellt man die Menschen vor die Wahl „Tomate oder Tomate mit Extra-Gen", dann ist es doch normal, dass sie sich für das Erste entscheiden. Fragt man aber „Möchten Sie eine gentechnisch veränderte, ungespritzte Tomate – oder eine gentechnikfreie, die 20-mal mit Chemikalien besprüht wurde?", sieht die Sache schon wieder anders aus.

Laien empfinden Gentechnik als unnatürlich. Dabei verändert die herkömmliche Pflanzenzucht das Erbgut viel stärker: Beim Kreuzen werden ganze Genome neu arrangiert; konventionelle Mutagenese mit ionisierenden Strahlen oder Chemikalien erzeugt massenweise Zufallsmutationen. Sind die Risiken herkömmlicher Zucht eigentlich nicht größer als die der Gentechnik?
Potthof: Die konventionellen Züchtungsarten werden wir in jedem Fall weiterhin brauchen und somit auch ihre möglichen Gefahren einkalkulieren müssen. Der Europäische Gerichtshof hat betont, bei der Mutagenese mit Chemikalien und Strahlung werde angenommen, sie sei sicher. Diese Annahme gilt schon seit Jahrzehnten.

Können Sie das nachvollziehen?
Potthof: Ja. Denn ich sehe keinen Anhaltspunkt, konventionell gezüchtete Pflanzen für unsicher zu halten. Mutationszüchtungen werden seit den 1950er Jahren verstärkt angewendet, und seitdem ist nichts Schlimmes passiert. Die offensichtlich nicht gut entwickelten Pflanzen werden aussortiert, und aus dem Rest züchtet man durch Rück- und

Weiterkreuzung konkrete Linien. Zwischen dem Bestrahlen oder der chemischen Behandlung und der kommerziellen Nutzung liegen oft fünf bis zehn Generationen.

Aber entstehen bei der ungezielten Mutagenese nicht zahlreiche Zufallsmutationen, die sich im Phänotyp gar nicht bemerkbar machen, deshalb nicht herausgekreuzt werden und somit am Ende auch in der kommerziell genutzten Pflanze vorhanden sind?
Potthof: Natürlich. Doch die Mutagenese entspricht im Grunde einer intensiveren Form äußerer Einflüsse, mit denen Pflanzen ohnehin konfrontiert sind. Es gibt eine natürliche radioaktive Hintergrundstrahlung, die in manchen Regionen stärker, in anderen geringer ausfällt. Die Sonne sorgt für eine UV-Belastung, die sich mutagen auswirkt. Und es gibt chemische Einflüsse in der Umwelt. Pflanzen und andere Organismen können damit in gewisser Weise umgehen. Sie haben Mechanismen entwickelt, um ihre DNA zu schützen.

Das moderne Genome Editing, beispielsweise mit CRISPR-Cas, funktioniert aber doch viel zielgerichteter als die herkömmliche Mutagenese.
Potthof: Auf den ersten Blick sieht dies vielleicht so aus. Doch auch bei diesen Methoden können die Eingriffe in die DNA erheblich sein. Im Moment können wir zu Sicherheitsaspekten nur bedingt Aussagen treffen. Wir plädieren nicht für ihr Verbot. Es geht uns darum, ob und wie diese Produkte reguliert werden sollen. Meiner Meinung nach sollen sie nach dem Gentechnikrecht der EU reguliert werden. So können wir uns die einschlägigen Dokumente anschauen, die bei den Behörden eingehen, und in zehn Jahren vielleicht sehen, was passiert ist und ob unsere Bedenken überflüssig waren. Aber zum jetzigen Zeitpunkt ist die angebliche Präzision der nur wenige Jahre alten CRISPR-Cas-Technologie lediglich eine Annahme.
Weigel: Diese Debatte geht von Anfang an in die falsche Richtung. Es wird vollkommen unterschätzt, wie „gefährlich" normale Pflanzen sind. Wenn wir dieselben Maßstäbe anlegen würden wie an synthetische Pestizide, dürften wir kaum noch etwas essen. Apfelkerne enthalten Zyanide, in Pfeffer findet sich der Gefahrstoff Capsaicin, rohe Bohnen enthalten giftiges Phasin, in grünen Kartoffeln bildet sich schädliches Solanin, bitter schmeckende Zucchini enthalten toxische Cucurbitacine. Hätte Monsanto diese Lebensmittel, die wir täglich zu uns nehmen, erfunden, würde man längst nach einem Verbot rufen. Pflanzen bilden Toxine aus, weil sie nicht

gefressen werden wollen. Und vor diesem Hintergrund ist selbst die normale Pflanzenzucht nicht unbedenklich. Im Gegenteil: Sie ist sogar deutlich gefährlicher als Gentechnik oder Genome Editing, weil man genetische Varianten miteinander mischt und dabei etwas erzeugt, was vorher nicht vorhanden war. Man kann nur schlecht vorhersagen, was dabei passiert.

Potthof: Aber mit der Gentechnik haben wir bislang weniger Erfahrung als mit konventionellen Nutzpflanzen. Daher halte ich es für sinnvoll, dass entsprechend manipulierte Organismen speziell behandelt und gekennzeichnet werden.

Gentechnisch veränderte Pflanzen oder Futtermittel werden in vielen Ländern schon seit sehr langer Zeit eingesetzt, ohne dass negative gesundheitliche Folgen aufgefallen wären.

Potthof: Dass gentechnisch veränderte Pflanzen tatsächlich als Lebensmittel für den Menschen genutzt werden, kommt bisher extrem selten vor: in den USA – in Südafrika mit Abstrichen –, aber dann hört es auch schon auf.

Weigel: Milliarden Tiere erhalten seit Jahrzehnten gentechnisch veränderte Futtermittel. Es existieren keine Hinweise, dass darunter ihre Gesundheit gelitten hätte. Ansonsten hätte dies in epidemiologischen Untersuchungen längst auffallen müssen. Es gibt bis jetzt keinerlei Beweise dafür, dass von gentechnisch veränderten Pflanzen für Mensch oder Tier direkte gesundheitliche Gefahren ausgehen.

Potthof: Es finden sich immer wieder Fütterungsstudien, in denen negative Effekte auftraten. Zudem gab es wiederholt methodisch unsaubere Unbedenklichkeitserklärungen, etwa Sicherheitsüberprüfungen an Hühnern, von denen auf den Menschen geschlossen wurde. Es liegen vielleicht keine Beweise, doch deutliche Hinweise auf Gesundheitsgefahren vor.

Laut einer viel zitierten Metastudie, die mehr als 1700 Publikationen einschloss (Nicolia et al. 2014, Anm. der Red.), geht die Nutzung von GV-Pflanzen nicht mit erhöhten Sicherheitsrisiken einher.

Potthof: Sehen Sie sich bitte die dort zitierten Artikel an. Dann werden Sie feststellen, dass sich darunter viele Meinungsartikel befinden oder Arbeiten, die überhaupt nicht geeignet sind, Aussagen über Lebensmittel- und Umweltsicherheit zu treffen.

Weigel: Von Seiten der Gentechnikkritiker werden viele Un- und Halbwahrheiten verbreitet, etwa vom französischen Molekularbiologen Gilles-Eric Séralini. Ich habe ihn angeschrieben und um die Rohdaten seiner – mittlerweile zurückgezogenen – Studie von 2012 gebeten, laut der ein gentechnisch veränderter Mais beziehungsweise das Herbizid Glyphosat angeblich Tumoren bei Ratten hervorrufen. Die Daten hat er mir verweigert. Und das zeigt mir, dass der Mann ein Scharlatan ist.

Umgekehrt heißt es, dass „goldener Reis", der von Wissenschaftlern entwickelt und patentfrei zur Verfügung gestellt wird, aufgrund seines Provitamin-A-Gehalts möglicherweise die Gesundheit von Millionen Menschen erhalten helfen könnte. Dennoch wird er abgelehnt. Warum?
Potthof: Es ist zweifelhaft, ob dieser Reis als technisch funktionierende Nutzpflanze tatsächlich existiert. Eine entsprechende Publikation musste zurückgezogen werden, weil die Untersuchung an Kindern erfolgte, deren Eltern nicht richtig über die Pflanzen informiert wurden; die beteiligten Forscher wurden deshalb von anderen wissenschaftlichen Tätigkeiten eine Zeit lang ausgeschlossen. Eine andere zeigte zuletzt, dass das darin enthaltene Provitamin A nicht stabil ist. Es gibt Schwierigkeiten, gesichert nachzuweisen, dass dieser Reis von Nutzen ist. Wie viel muss man angesichts der geringen Vitaminkonzentration essen? Als der Reis erfunden wurde, gab es Berechnungen, nach denen der Verzehr von mehreren Kilo Reis täglich erforderlich ist.
Weigel: Das ist äußerst irreführend, weil dabei behauptet wurde, die gesamte empfohlene Tagesdosis an Vitamin A müsse aus dem Reis kommen. Schon ein Bruchteil dieser Dosis reicht nämlich aus, um ein Erblinden durch Vitamin-A-Mangel zu vermeiden. Ich finde es menschenverachtend, dass der goldene Reis noch nicht auf dem Markt ist. Genauso wie es menschenverachtend ist, dass die Aktivistin Vandana Shiva sagt, die insektenresistente Auberginensorte Bt Brinjal dürfe in Indien nicht auf den Markt kommen. Der Einsatz von Bt Brinjal führt erwiesenermaßen dazu, dass viel weniger Pestizide eingesetzt werden, weshalb sich Kleinbauern viel seltener damit vergiften. Aber darüber können wir vermutlich endlos streiten. Produktiver fände ich es, darüber zu debattieren, welche ökologischen Auswirkungen gentechnisch veränderte Pflanzen haben könnten – zum Beispiel, wenn aus GV-Raps Herbizidresistenzen freigesetzt werden. Das ist zu wenig untersucht worden, meine ich.

Müssen Züchtungen schärfer auf diesen Aspekt hin geprüft werden?
Weigel: Möglicherweise ja. Allerdings müssten wir dann überall die gleichen Maßstäbe anlegen. Manche Kollegen möchten, dass jede neue und damit auch konventionell erzeugte Züchtung auf ökologische und gesundheitliche Gefahren hin überprüft werden. Dann sollten wir jedoch den Menschen

reinen Wein einschenken und eingestehen: Neue Sorten auf den Markt zu bringen, wird viel länger dauern; es wird schwieriger werden, mit einer sich rasch verändernden Umwelt mitzuhalten; und Lebensmittel dürften teurer werden. Sind uns die potenziellen Gefahren wichtiger als die Möglichkeiten, die wir uns nehmen, wenn wir Technologie nicht anwenden? Dann können wir das als Gesellschaft natürlich so entscheiden. Die Wissenschaft sollte immer nur Empfehlungen aussprechen.

Brauchen wir Grüne Gentechnik, um künftig Schritt zu halten mit den Umweltveränderungen, die etwa im Zuge des Klimawandels auf uns zukommen?

Potthof: Es geht eher darum, landwirtschaftliche Systeme stabil und klimaresilient zu machen. Im Zusammenhang mit dem Klimawandel wird schon seit vielen Jahren der Ruf nach trockentoleranten Sorten laut. Dabei wissen wir im Moment noch gar nicht genau, was uns der Klimawandel abverlangen wird: Mehren sich Wetterextreme, oder wird es bei uns tatsächlich trockener? Und deshalb ist es schwierig, auf der Ebene der Pflanzenzüchtung so vehement anzusetzen. Unlängst ist in Südafrika die bislang einzige Sorte, die wirklich ernsthaft per Gentechnik auf Trockentoleranz hin verändert wurde, krachend durch das Zulassungsverfahren gefallen – weil Monsanto diese Trockentoleranz nicht nachweisen konnte. Insgesamt ist auf dem Gebiet praktisch kein Fortschritt erkennbar.

Weigel: Dass sich das Klima beschleunigt verändert, wissen wir, und ich höre von Züchtern, dass wir dann auch schneller in der Entwicklung neuer Sorten sein müssen. Trockentoleranz ist aber in der Tat eines der schwierigsten Merkmale, weil so viele Eigenschaften daran beteiligt sind. Das durch Genome Editing zu verändern, wird kompliziert. Einfacher ist es beispielsweise, Sorten zu entwickeln, die früher blühen. Ich finde auch, dass es viel wichtiger ist, eine nachhaltige Landwirtschaft auf die Beine zu stellen. Wir sollten dazu möglichst viel Chemie durch Genetik ersetzen. Bt-Pflanzen etwa reduzieren den Einsatz synthetischer Pestizide auf dem Acker, weil diese Pflanzen viel seltener besprüht werden müssen.

Potthof: Allerdings wird das Insektengift in Bt-Pflanzen kontinuierlich exprimiert, und das führt zu einer sehr starken Resistenzbildung bei den Insekten. Den Einsatz von Sprühmitteln hingegen kann man davon abhängig machen, ob tatsächlich Schädlingsbefall vorliegt. Das hat durchaus Vorteile. Zudem bleibt das Bt-Toxin von gentechnisch veränderten Pflanzen nicht einfach in den Gewächsen: Es geht weiter in die Futtermittelproduktion und in die Umwelt. Diese Folgen gehören in eine Risikobewertung und müssen in der Regulierung aufgefangen werden. Denn die

Bt-Toxin-Menge, die die Pflanzen eines Bt-Mais-Felds übers Jahr hinweg produzieren, beträgt ein Vielfaches der Menge, die Bauern üblicherweise spritzen.

Weigel: Im Gegensatz zu synthetischen Pestiziden ist Bt-Toxin ein Gift, das zielgenau nur auf Insekten wirkt. Dass die Resistenzbildung zur Sorge Anlass gibt, stimmt aber natürlich. Das ist jedoch ein generelles Problem, nicht bloß bei Bt-Toxin, sondern auch bei konventionellen Pestiziden.

Wissenschaftler, die an der Grünen Gentechnik arbeiten, beklagen eine starke Verschlechterung des Forschungsumfelds in Deutschland und Europa. Sie hätten beispielsweise keine Möglichkeit mehr, Pflanzen im Freiland zu testen. Stimmt das?

Weigel: Bei meiner eigenen Forschung kann ich schon von einer Behinderung sprechen. Ich möchte ökologische Interaktionen in der Natur verstehen und dazu Genetik einsetzen, einzelne Gene ausschalten und diese Pflanzen draußen testen. Das kann ich in Deutschland nicht. Es ist zwar auf dem Papier erlaubt, doch der Aufwand ist dermaßen groß, dass er de facto einem Verbot gleichkommt. Um die erforderlichen Dokumente für einen Freilandversuch mit einer genomeditierten Pflanze zusammenzutragen, braucht eine promovierte Person etwa ein Jahr. Das ist ein Standortnachteil und wird uns in Deutschland und Europa wissenschaftlich schaden.

Potthof: Na ja! Wir hören immer von Firmen, sie würden weggehen und ihre gentechnikrelevanten, pflanzenbiologischen Aktivitäten in die USA verlagern. Die BASF hat um das Jahr 2012 diesen Schritt tatsächlich vollzogen und ihre Pflanzenbiotechnologie in die Staaten verlegt – inklusive der wissenschaftlichen Arbeitsplätze in dreistelliger Anzahl. Doch drei, vier Jahre später hat das Unternehmen seine Pflanzenbiotechnologie global um die Hälfte reduziert. Offensichtlich war nichts von dem eingetreten, was sich die BASF von dem freundlichen Regulierungsumfeld versprochen hatte. Darüber wird aber kaum geredet. Später kaufte die Firma ein umfangreiches Portfolio von Bayer – etablierte Technologien rund um glufosinatresistente Pflanzen. Natürlich lässt sich mit herbizidtoleranter Soja viel Geld verdienen in Nord- und Südamerika. Doch ist das auch ein nachhaltiges Landwirtschaftskonzept für uns? Wohl eher nicht.

Weigel: Herr Potthof, wo gibt es denn mehr Probleme mit herbizidtoleranten Unkräutern, in Europa oder in Nordamerika? In Europa! Und warum? Weil hier das Land teurer und die Landwirtschaft intensiver ist; es werden mehr Hilfsmittel eingesetzt und mehr Herbizide verspritzt. Und deshalb treten bei uns mehr Probleme mit Toleranzbildung bei Unkräutern auf, auch ohne den weitverbreiteten Einsatz von herbizidresistenten Nutzpflanzen. Die Diskussion geht einfach am Thema vorbei. Und das gilt ebenso im Hinblick auf Genome Editing: Momentan nutzen die großen Firmen es, um genetische Veränderungen zu finden, die einen positiven Effekt haben. Aber weil sie wissen, dass sie die Genomeditierung nicht einsetzen können, behandeln sie die Pflanzen hinterher mit klassischer Mutagenese – Strahlen und Chemikalien –, um genau dieselbe Veränderung wieder zu finden. Und das kommt dann auf den Markt.

Eine häufige Kritik an der Grünen Gentechnik lautet, deren Patente seien in der Hand weniger multinationaler Konzerne. Denn GV-Pflanzen zu entwickeln und durch die Zulassung zu bringen, ist mit hohen Kosten und großem Zeitaufwand verbunden. Könnte das Genome Editing mit CRISPR-Cas, das relativ schnelle und kostengünstige Erbgutveränderungen erlaubt, dieser Monopolisierung entgegenwirken?
Weigel: Die ursprünglichen Patente für die Technologie liegen nicht bei Konzernen, sondern bei akademischen Einrichtungen. Diese verlangen sehr viel Geld dafür, was ich überaus kritisch sehe. Daher geht die Frage an die Politik: Muss man bestimmte grundlegende Patente und Erfindungen nicht allen zugänglich machen? In der Medizin ist das so. Sollte es nicht ebenso im Bereich der Züchtung gelten? Ebenso meine ich: Derjenige, der sagt, mit CRISPR-Cas herbeigeführte genetische Veränderungen seien spontanen Mutationen gleichzusetzen, darf auch keinen Patentschutz für CRISPR-editierte Sorten verlangen. Wir haben in Europa den Sortenschutz, und ich finde, dass dieser reichen muss.
Potthof: Es gab verschiedene Initiativen, auch innerhalb der Wissenschaft, die versucht haben, dem Patentwesen in Bezug auf die Methoden zu Leibe zu rücken. Soweit ich weiß, ist das alles bisher grandios gescheitert, weil die Wissenschaft keinen Konsens findet. Deshalb gründet man lieber mit Unterstützung der Wissenschaftsorganisationen und ihrer Patentagenturen Start-ups, um sich unternehmerisch zu betätigen und nach einigen erfolgreichen Jahren von großen Firmen übernommen zu werden. Dann landet das früher oder später doch bei den mächtigen Konzernen, einschließlich der Patente für Genome Editing. CRISPR-Cas wird sich niemals als das gentechnische Werkzeug des kleinen Mannes etablieren. Der Zug ist lange abgefahren – und daran hat die Wissenschaft ihren Anteil.

Ungeachtet ihrer strengen Gentechnikauflagen führt die EU jährlich etwa 35 Mio. t gentechnisch veränderte Futtermittel ein, insbesondere Soja. Von den damit erzeugten tierischen Produkten ernähren wir uns täglich. Wie passt das zusammen?

Potthof: Im Laden sieht man normalerweise nicht, dass Produkte von Tieren stammen, die gentechnisch verändertes Futter erhalten haben. Die Nutztierwirtschaft in Deutschland und Europa hat sich sehr stark abhängig gemacht von Soja. Einer der Gründe dafür war die BSE-Krise, wegen der das Verfüttern tierischer Proteine etwa an Rinder verboten wurde. Sobald Kunden im Laden die Möglichkeit haben, als gentechnikfrei gekennzeichnete tierische Produkte zu kaufen, tun sie das. Das gilt – zum Beispiel – für Deutschland, aber ebenso für die USA. Wir sind im Moment an einem Punkt, wo fünf verschiedene Herbizidtoleranzen in eine Sojapflanze eingeführt worden sind. Das würde man mit konventioneller Züchtung nie hinbekommen, das geht nur mit Gentechnik. Die Gentechnik stellt uns diese Art von Pflanzen bereit, was zur Folge hat, dass man fünf verschiedene Herbizide als Tankmischung auf Abermillionen Hektar Anbaufläche ausbringt. Hinsichtlich der Risikobewertung ist das ein absolutes Desaster, weil man Kreuzwirkungen erhält, Cocktaileffekte und so weiter.

Ist das nicht generell ein Problem modernen Wirtschaftens und des Konsumentenverhaltens?

Weigel: Es gibt nichts umsonst. Wenn wir Sorten nutzen, die weniger ertragreich sind, dann brauchen wir mehr landwirtschaftliche Nutzfläche und können beispielsweise weniger Wälder erhalten. Das Soja-Problem ist nicht nur eines der Gentechnik; es geht hier um viel grundlegendere Dinge, bei denen wir als Gesellschaft entscheiden müssen, was wir wollen. Wollen wir billiges Fleisch oder nicht? Genügen unsere Tierschutz- und Arbeitsschutzgesetze? Muss Deutschland das drittgrößte landwirtschaftliche Exportland der Welt sein?

Herr Potthof, unter welchen Bedingungen wäre die Nutzung Grüner Gentechnik für Sie in Ordnung?

Potthof: Was sollte ich gegen eine gute gentechnisch veränderte Pflanze, die mehr Ertrag bringt, trockentolerant ist, keine Herbizid- und Pestizidbehandlung braucht, denn bitteschön einzuwenden haben? Aber bislang sehe ich das nicht. Ich habe mir hunderte Dossiers von gentechnisch veränderten Pflanzen angeschaut und verfolgt, welche Gewächse tatsächlich den Sprung auf den Markt geschafft haben. Bis jetzt fällt das alles sehr dürftig und vage aus. Wenn jetzt manche so tun, als würde sich mit Genome Editing plötzlich alles ändern, macht mich das skeptisch. Ich warte lieber die konkreten Ergebnisse ab, statt auf die Versprechungen zu vertrauen.

Herr Weigel, ist die Wissenschaft mitschuldig am schlechten Ruf der Grünen Gentechnik, speziell in Deutschland?

Weigel: Absolut, ja. Wir können auf Gentechnik verzichten. Doch das bedeutet dann mehr Landverbrauch – was sich allerdings wiederum durch geringeren Fleischkonsum kompensieren ließe. Das Thema ist also komplex und muss dementsprechend so kommuniziert werden. Einfach nur zu suggerieren, ohne Grüne Gentechnik würde die Welt verhungern, was manche Kollegen zumindest in der Vergangenheit leider getan haben, ist und bleibt kontraproduktiv.

Das Gespräch führten die „Spektrum"-Redakteure Daniel Lingenhöhl und Frank Schubert.

Aus Spektrum der Wissenschaft 4.20

Über die Gesprächspartner

Detlef Weigel ist Biologe und Direktor am Max-Planck-Institut für Entwicklungsbiologie in Tübingen. Er erforscht, wie Pflanzen sich an die Umwelt anpassen, und setzt dabei auch Methoden der Gentechnik ein. Weigel ist ein Pionier bei der Untersuchung genetischer Variationen von Wild- und Kulturpflanzen.

Christof Potthof ist Biologe und arbeitet seit 2002 beim Gen-ethischen Netzwerk e. V. im Bereich Landwirtschaft und Lebensmittel. Er befasst sich dort mit Agrar-Gentechnik und den Konzernen, die auf diesem Gebiet aktiv sind. Sein aktueller Schwerpunkt ist die neue Gentechnik mit Verfahren wie CRISPR-Cas.

Zukunftsvisionen oder bald Realität?

Kleinbauern: Von der Scholle geschubst

Kerstin Engelhard

Europaweit verlieren die Kleinbauern an Boden: Neben Großunternehmen konkurrieren sie mit Hedgefonds und Versicherungskonzernen. Wer soll künftig die Welt ernähren?

Rechts sind Blumen, links sind Blumen: Attila Szőcs durchquert mit dem Auto das ländliche Südrumänien. Sein Blick wandert über das Sonnenblumenfeld, durch das er seit nunmehr einer Stunde fährt und das kein Ende zu nehmen scheint. „Die Leute hier kennen ihre Nachbarn nicht mehr", schildert er: „Es könnte ein italienischer Investor sein, ein Hedgefonds, ein rumänischer Großbetrieb." Sonnenblumen, Weizen, Mais und Raps wachsen hier in enormen Mengen. Was fehlt: belebte Dörfer, Infrastruktur, Arbeitsplätze. Die entwurzelte Bevölkerung wandert ab in die Städte oder ins Ausland.

Als Vorsitzender der rumänischen Bauernorganisation Eco Ruralis klärt Szőcs Landwirte über ihre Rechte auf. Gemeinsam mit seiner Frau bewirtschaftet er einen kleinen Hof im Norden des Landes: Gemüse, Wein, in ein paar Jahren vielleicht etwas Vieh. Das ist die eine Seite der rumänischen Landwirtschaft. Die andere Seite stellen Banken, Investmentfonds, Versicherungen oder reiche Privatpersonen: „Ein Scheich aus den Arabischen Emiraten hat vor Kurzem 65.000 ha Ackerland für 200 Mio. € erworben."

K. Engelhard (✉)
Brande-Hörnerkirchen, Deutschland
E-Mail: mail@kerstinengelhard.de

E. Gottfried (Hrsg.), *Landwirtschaft – Wege aus der Krise*,
https://doi.org/10.1007/978-3-662-64960-2_28

Ob ein Marktgigant wie Barilla oder ein rumänischer Oligarch die Flächen besitzt, ist Szőcs prinzipiell egal: „Aber wichtig ist, wohin die Lebensmittel gehen." Die meisten Investoren stammen aus dem Ausland und versilbern ihre Ernten auf den heimischen Märkten. Die Maria Group aus dem Libanon unterhält sogar einen Schlachthof und einen Hafen am Schwarzen Meer, um Fleisch und Getreide außer Landes zu schaffen. Rumänien importiert Nahrungsmittel aus Russland und der Ukraine: „Im Fall eines Handelskriegs wären wir aufgeschmissen." Nur 0,5 % der Landnutzer kontrollieren hier die Hälfte aller Ackerflächen. In der gesamten EU sind es drei Prozent. So steht Rumänien symptomatisch für eine Entwicklung, die ganz Europa betrifft.

Über Landverteilung in Europa forscht Sylvia Kay vom Transnational Institute in Amsterdam: „Seit der Wirtschaftskrise vor rund zehn Jahren gilt Boden als sichere Investition", erklärt sie. Der Bedarf an Lebensmitteln steigt, der Hunger auf Fleisch erfordert Futterpflanzen, und Bioenergie kostet Anbaufläche. So versuchen auch branchenfremde Akteure, sich ihren Teil schwarzbraunen Goldes zu sichern.

In der Folge explodieren die Preise. Kostete in Bulgarien im Jahr 2005 ein Hektar Ackerland 860 €, war es zehn Jahre später mehr als das Fünffache. In den Niederlanden sind Hektarpreise von mehr als 60.000 € Durchschnitt. Deutschland liegt bei rund 24.000 €, mit hohen regionalen Unterschieden. „Kleine Betriebe können kein Land zukaufen oder die Pacht bezahlen", erläutert Kay: „Allein zwischen den Jahren 2003 und 2014 hat in der EU ein Drittel aller Bauern aufgegeben."

Zwangen Schlägertrupps Landwirte zum Verkauf?

In den osteuropäischen Staaten funktioniert das Monopoly besonders gut, denn Boden ist hier günstiger, und durch den Zusammenbruch des Kommunismus standen die riesigen Ländereien der Agrarkooperativen zur Verfügung. Manche der ehemaligen Eigentümer wollten ihre Äcker nicht bestellen, andere konnten es nicht: „Der Großbauer, der die Bewirtschaftung organisiert hatte, nutzte sie einfach weiter", erzählt Szőcs. Viele resignierten und gaben sie ab – ob gegen Geld oder ohne. In anderen Fällen beriefen korrupte Bürgermeister Versammlungen ein: „In aller Öffentlichkeit nötigten sie die Anwohner, ihr Land an ein Großunternehmen zu verkaufen." Berüchtigt ist die niederländische Rabobank: Sie steht im

Verdacht, in Rumänien Land ohne Vertrag zu nutzen und über Mittelsmänner Schlägertrupps angeheuert zu haben, um Landwirte zum Verkauf zu zwingen.

Landgrabbing, ein Grapschen nach Land, nennt man diese Praxis: Konzerne oder Investoren pressen armen Kleinbauern ihre Hufen ab. Einige osteuropäische Staaten versuchen mittlerweile dem Ausverkauf einen Riegel vorzuschieben. Doch ihre Restriktionen stehen in der Kritik. „Sie zielen nur auf die Herkunft des Investors", moniert Kay: „Das ist zu kurz gedacht und nicht vereinbar mit den EU-Normen." Zudem kann ein Investor viele Gesetze mittels Share Deals umgehen: Statt eines Stück Landes erwirbt er ein Stück des Unternehmens, das dieses Land innehat.

Das zeigt ein Millionendeal in Brandenburg: Der Versicherungskonzern Münchner Re erwarb 94,9 % einer Tochtergesellschaft der KTG Agrar. Die krumme Zahl kommt nicht von ungefähr – denn wer hier aufrundet, zahlt in Deutschland die Grunderwerbssteuer. Mittlerweile haben die Behörden die Genehmigungen für das Geschäft teilweise widerrufen. Grund ist eine Täuschung im Vorwege: Als die KTG Agrar kurz vor ihrer Insolvenz die Flächen auf die Tochtergesellschaft überschrieb, hätte klar sein müssen, dass sie veräußert werden sollten. Daraufhin durften örtliche Landwirte ihr Vorkaufsrecht nutzen – nur konnten viele die Preise für die Flächen nicht zahlen.

In Westeuropa verfügen die Familienbetriebe im Schnitt über mehr Land und bessere Technologien als in den östlichen Ländern. Doch auch ihnen steht das Wasser bis zum Hals. Das unterstreicht Umwelt- und Agrarethiker Franz-Theo Gottwald: „Alle verdienen am Landwirt, nur der Landwirt verdient nicht mehr wirklich." Gottwald ist stiller Teilhaber eines rund 30 ha großen Biohofs: Milchvieh, Hennen, Futterbau. Immer stärker, sagt er, müssten die Lebensmittel bestimmte Normen erfüllen: „Kartoffeln einer bestimmten Form, Milch eines strikt definierten Fettgehalts." Ein großer Teil der Rohwaren wird verarbeitet, und nur ein Bruchteil des Endpreises erreicht den Erzeuger.

Der wiederum muss in immer teurere Maschinen investieren und möglichst intensiv wirtschaften, um am Markt mithalten zu können. Die Pachtpreise steigen ebenso wie Kosten für Agrardiesel und Saatgut: „Sind die Schulden zu hoch, drängt die Bank zum Verkauf." Betriebe wie Gottwalds mit bis zu 50 ha Größe stellen in Deutschland etwa ein Fünftel der landwirtschaftlichen Fläche – aber die Hälfte der brancheneigenen Arbeitsplätze. Brechen diese weg, beginnt die Infrastruktur zu wackeln: „Es gibt weniger Leben in den Dörfern. Schulen und Handwerksbetriebe schließen, die Gesundheitsversorgung leidet."

Dörfer und Landschaften veröden ohne Kleinbauern

So wie die Dörfer veröden die Landschaften, die sie umgeben. Zwar kann ein Großbauer einige Hektar aus der Nutzung nehmen und entsprechende Prämien kassieren – doch im Großen und Ganzen dominieren Monokulturen die Landschaft. Kay bezeichnet sie als grüne Wüsten: „Sie benötigen mehr Pestizide, verunreinigen das Trinkwasser und schädigen Bienen und andere Bestäuber." Tatsächlich weist eine aktuelle Studie der Universität Göttingen der kleinbäuerlichen Landschaft eine ähnlich hohe Artenvielfalt zu wie dem ökologischen Landbau – denn die höchste Biodiversität findet sich in Randstrukturen wie Feldrainen und Knicks.

Es gibt ein gewichtiges Argument für die industrielle Agrarwirtschaft: Sie werde benötigt, um den Hunger von bald acht Milliarden Menschen auf der Erde zu stillen. „Das ist ein Mythos", urteilt Kay: „Fakt ist, dass Kleinbauern 70 % der Weltbevölkerung ernähren, und das vergleichsweise ressourcenschonend." Hunger und Nahrungsmittelknappheit seien mehr ein Problem der Verfügbarkeit: „Deswegen ist es fatal, wenn Länder die Hoheit über die Ernährung ihrer Bevölkerung abgeben.« Zudem ist die industrielle Landwirtschaft einer der weltweit größten Emittenten von Treibhausgasen und beschleunigt den Klimawandel: „Genau dadurch bedroht sie unsere Ernährung. Das Prinzip ›business as usual‹ ist keine Lösung mehr."

Szőcs sieht vor Ort, wie sich die gängige Praxis auf die Umwelt auswirkt. „Chernozem", schwarze Erde, heißt der Boden, der Teile Osteuropas und Asiens durchzieht und in vielen Gegenden Rumäniens vorherrscht. Er gilt als einer der fruchtbarsten Böden der Welt: „Nun laugen Großbetriebe die Erde aus durch ein Übermaß an Düngemitteln und Pestiziden. In heißen Sommern verwandeln Wind und Sonne das ›chernozem‹ schließlich in sandige Halbwüsten."

Subventionen fördern die Falschen

Den Bauern helfen sollen Subventionen über die Gemeinsame Agrarpolitik der EU. Doch genau diese treiben das Missverhältnis auf die Spitze. Denn der größte Teil der Gelder wird nach Fläche ausgegeben – so erhalten EU-weit 20 % der Begünstigten 80 % der Subventionen. Und Szőcs kritisiert die Untergrenze von zwei Hektar pro Hof: „Dadurch sind die meisten rumänischen Kleinbauern nicht mehr berücksichtigt."

Weitere Mittel sind an Umweltschutzmaßnahmen oder artgerechte Tierhaltung gebunden. Über diese muss der Landwirt akribisch Buch führen: „Für kleinere Betriebe lohnt sich der Aufwand nicht", urteilt Gottwald, „es sei denn, sie betreiben Biolandbau." Mittlerweile können die Mitgliedsstaaten kleinere Höfe stärker fördern oder über einem Betrag von 150.000 € die Zahlungen reduzieren. Laut Kay reicht das nicht aus: „Ein Agrarunternehmen kann Anteile verschiedener Betriebe besitzen und so die Regelung umgehen."

Aktuell wird die Gemeinsame Agrarpolitik neu verhandelt, und kleine NGOs rütteln über Lobbyarbeit und den öffentlichen Diskurs an den Interessen der Großbauern. Das Transnational Institute fordert, die Subventionen schon ab 100.000 € zu reduzieren, sie ab 150.000 € zu kappen: „Und die Schlupflöcher müssen geschlossen werden", verlangt Kay. Die Zeit drängt: Ein Drittel der europäischen Betriebsleiter zählt mindestens 65 Lenze. Ihre Söhne oder Töchter treten immer seltener die Hofnachfolge an. Und Neueinsteiger scheitern meist an den finanziellen Hürden. Szőcs bestätigt: „65 Jahre ist für rumänische Landwirte das Durchschnittsalter. Das ist einfach verrückt. Zu einem großen Teil sichern sie unsere Ernährung." Gern würde er Boden zukaufen: „Aber mit französischen oder dänischen Banken können wir nicht mithalten."

Was Szőcs immer häufiger beobachtet, sind Konvois von Lastwagen, die durch das Land fahren. Großfirmen erwerben den fruchtbaren rumänischen Boden, doch mittlerweile packen sie ihn ein. Auf den Ladeflächen der Trucks tritt das „chernozem" die Reise ins Ausland an, berichtet Szőcs: „Das nenne ich nun wortwörtlich Landgrabbing." Dennoch macht er sich weiterhin stark – für seinen Hof und die rumänischen Bauern. „Ich liebe das Landleben", betont er und fügt hinzu: „und einen guten Kampf."

Aus Spektrum Kompakt Landwirtschaft – Neue Wege auf dem Acker, 2019

Kerstin Engelhard ist Wissenschaftsjournalistin in Brande-Hörnerkirchen.

Sind Roboter die besseren Bauern?

Eva Wolfangel

Künstliche Intelligenz könnte die Landwirtschaft weltweit revolutionieren. Doch Sozialethiker und Globalisierungskritiker warnen vor Begleiterscheinungen.
Traktoren ernten automatisch, Futterzeiten und -mengen von Kühen werden vom Computer berechnet, auf dem Acker „krabbeln" kleine Roboter und säen aus, im Boden stecken Sensoren und melden Wasser- oder Nährstoffknappheit – und über allem schweben Drohnen, die kontrollieren, ob alles richtig abläuft, und an manchen Stellen die nötigen Pestizide verteilen: So sieht Landwirtschaft teilweise bereits heute aus. Viele Bauern sind offen für moderne Technologie, wie eine Befragung des Digitalverbands Bitkom 2018 ergab: Insgesamt sehen zwei Drittel der Landwirte digitale Technologien als Chance, und mehr als die Hälfte wenden sie auch schon an. Landmaschinen, mit denen die Bodenbearbeitung, Aussaat, Pflanzenpflege und Ernte digital erfolgen, hätten bereits 39 % der Landwirte beziehungsweise Lohnunternehmer genutzt, heißt es.

Das hat auch Markus Vogt überrascht: „Wir waren selbst erstaunt, wie weit Bauern Digitalisierung schon einsetzen." Der Professor für Christliche Sozialethik an der Ludwig-Maximilians-Universität in München hat sich für die Deutsche Akademie der Technikwissenschaften acatech mit dem Stand der Digitalisierung in der Landwirtschaft und möglichen ethischen Fragestellungen beschäftigt. „Das gängige Bild, dass Landwirte

E. Wolfangel (✉)
Stuttgart, Deutschland
E-Mail: mail@ewo.name

E. Gottfried (Hrsg.), *Landwirtschaft – Wege aus der Krise*,
https://doi.org/10.1007/978-3-662-64960-2_29

eher konservativ sind, trifft offenbar nicht zu", sagt er. Die Landwirtschaft sei in der Digitalisierung weiter vorangeschritten als die Autoindustrie. So machen Sensorik und Software bei Landmaschinen bereits 30 % der Wertschöpfung aus, während sie in der Autoindustrie nur zehn Prozent betragen. Nach Angaben der International Federation of Robotics ordern Landwirte ein Viertel aller Serviceroboter weltweit – mit militärischen und logistischen Anwendungen der größte Markt.

Mit der Digitalisierung verbindet sich in der Landwirtschaft eine große Hoffnung: Sogenanntes Precision Farming, Präzisionslandwirtschaft, verspricht unter anderem, dass in Echtzeit mittels Sensoren gemessen wird, was die Pflanzen brauchen, und entsprechende Mittel gezielter und damit ressourcenschonender eingesetzt werden können – vom Wasser bis zum Dünger. Dank maschinellen Lernens kann zudem immer besser berechnet werden, welche Strategien und welche Behandlung die Ernte steigern oder gegen Pflanzenkrankheiten helfen. „Man kann optimieren, was die Pflanzen brauchen, und erheblich Spritzmittel und Wasser sparen", sagt Vogt.

Mittel gegen die Krise

Schließlich stecke die Landwirtschaft in einer tiefen Krise – zumindest in der öffentlichen Wahrnehmung –, etwa wegen des Insektensterbens, das unter anderem auf den Pestizideinsatz zurückzuführen sei. Andererseits sei die Landwirtschaft schon derart optimiert, dass Pestizide nicht einfach ohne alternative Strategie weggelassen werden könnten. „Das Potenzial der Effizienzsteigerung durch Präzisionslandwirtschaft ist enorm", sagt Vogt überzeugt. Gleichzeitig könnten die Auswirkungen auf die Umwelt gesenkt werden.

Wichtig sei allerdings, eines im Blick zu haben: „Das Leitbild der Optimierung steht manchen Mechanismen der Natur entgegen." Immer wieder würden komplexe Prozesse der Natur nicht richtig verstanden, was zu Problemen führe. Beispielsweise widerspricht die Fruchtwechselfolge, mittels der die Bodenfruchtbarkeit erhalten bleibe, auf den ersten Blick dem Effizienzdenken. Schließlich ist sie deutlich aufwendiger als Monokulturen. Doch langfristig lohnt sie sich, da der Boden länger fruchtbar bleibt. „Man muss sehr vorsichtig sein: Kleinbäuerliche traditionelle Landwirtschaft hat aus Erfahrungswissen Zusammenhänge berücksichtigt, die man bei der Optimierung nicht immer ganz im Blick hat."

Andererseits ist genau dieses Wissen und die Erfahrung der Bauern teilweise auch begrenzt oder ungenau, wie Joachim Hertzberg, Professor für

Informatik an der Uni Osnabrück, immer wieder auffällt. Beispielsweise wenn es um das Thema Boden geht: „Der Boden leidet nicht nur unter Dünger, sondern auch unter der Verdichtung durch riesige Maschinen. Aber keiner weiß, wie genau." Alternativen kann man beim internationalen „Field Robot Event" beobachten, einem weltweiten Hochschulwettbewerb, bei dem regelmäßig Studierende der TU Braunschweig mit ihren selbst entwickelten autonomen Feldrobotern relativ erfolgreich sind.

Roboter lösen nicht alle Probleme

Doch nicht jedes Problem lässt sich mit diesen winzigen Robotern lösen – für manches braucht es weiterhin schwere Maschinen. Hier hilft eine optimierte Route. Doch die Vermutungen darüber, welcher Boden wie unter den tonnenschweren Traktoren leidet, gehen unter Landwirten weit auseinander, erklärt Hertzberg. Kein Wunder, es ist von außen kaum zu durchschauen, wie genau es den Boden schädigt und vor allem, an welchen Stellen weniger Schäden auftreten. „Boden ist ein furchtbar schwieriges Substrat", so der Informatiker.

Wie stark der Boden unter schweren Maschinen leide, liege unter anderem an der Art und der Feuchtigkeit des Bodens sowie an der Fahrtrichtung des Traktors und unbekannten möglichen weiteren Faktoren. „Wovon das genau abhängt, weiß keiner", sagt Hertzberg: Es gäbe bis jetzt keine exakten Bodenmodelle. Die sollen nun in Zusammenarbeit mit dem Johann Heinrich von Thünen-Institut, dem Bundesforschungsinstitut für Ländliche Räume, Wald und Fischerei, erstellt werden. Auf dieser Grundlage kann dann ein Assistenzsystem für landwirtschaftliche Fahrzeuge in Echtzeit den Menschen auf der besten Route über den Acker navigieren – und so möglichst wenig Schaden anrichten.

Die Ernte im Blick

Optimierungspotenzial besteht aus Hertzbergs Sicht auch bei der Ernte. Am Beispiel der Maishäcksel-Erntekette untersucht er das gerade in einem Projekt. Bei der Maishäcksel-Ernte fährt neben dem Häcksler selbst stets ein Traktor mit Anhänger, auf dem das Produkt abtransportiert wird. Im Schnitt alle drei Minuten ist ein Anhänger voll und muss ausgetauscht werden. Wenn das dauert, steht die teure Häckselmaschine erst mal still. „Man braucht etwa ein halbes Dutzend solcher Anhänger im Einsatz, das ist ein klassisches Optimierungsproblem." In Zukunft wird via GPS-Tracking und diversen Sensoren in Echtzeit koordiniert, sodass alles möglichst effizient abläuft. „Wir schauen sogar, dass es nicht immer über die gleiche Straße geht, denn das ärgert die Nachbarn", erzählt Hertzberg.

Und auch beim Erntevorgang an sich lässt sich vieles verbessern, was Maschinen in Verbindung mit Sensoren und Datenauswertung gut können: Beim Ausdreschen von Korn sei es beispielsweise wichtig, die Stärke des Dreschens an den Zustand des Getreides anzupassen. „Wenn man zu stark drischt, hat man am Ende Mehl." Doch das sei ein „ganz frickeliger Prozess": Er hänge davon ab, wie feucht das Korn ist, was wiederum unter anderem vom Wetter ebenso wie vom Standort auf dem Acker abhängt. „Man muss theoretisch die Parameter permanent ändern." Das ist natür- lich beim klassischen, händischen Regeln kaum möglich. Ein moderner Mähdrescher mit entsprechender Automatisierung hingegen ermittelt die Feuchtigkeit mittels optischer Sensoren und passt sich in Echtzeit an.

Auch eine Generationenfrage

Laut Hertzberg sind jüngere Landwirte offener für solche Innovationen. „Sie ersetzen Erfahrungswissen." Älteren Landwirten sei das hingegen eher fremd, mahnt Ethiker Vogt, und das dürfe man bei aller Euphorie nicht ver- gessen: „Landwirtschaft 4.0 ist in gewisser Weise eine Entfremdung gegen- über dem Leitbild des Landwirts. Seine Verbindung zur Natur wird ersetzt durch Maschinen." Der aktuelle Strukturwandel nehme dem bäuerlichen Beruf etwas von seiner Ursprünglichkeit.

„Auch Nebenerwerbslandwirte sind häufig nicht bereit, sich auf die Digitalisierung einzulassen", weiß Vogt. Sein Fazit: Wenn gewisse ethische Fragen bedacht werden, unter anderem jene, dass die Ernährung von Menschen stets Vorrang haben sollte vor neuen Ackerflächen für Bioenergie, habe Precision Farming großes Potenzial. „Ich glaube auch, dass wir es brauchen, wenn wir zehn Milliarden Menschen ernähren wollen." So viele Menschen werden nach Prognosen der Vereinten Nationen 2050 auf der Erde leben.

Deutlich kritischer sieht Jan Urhahn die Digitalisierung der Land- wirtschaft: „Es gibt bestimmte Heilsversprechen, zum Beispiel das des Ressourcenschutzes und der Effizienz, die wir seit zehn Jahren hören", sagt der Referent für Landwirtschaft und Welternährung bei der globalisierungs- kritischen NGO Inkota. Nur: „Der Pestizidverbrauch steigt trotzdem weiter an." Was funktioniert nicht? Aus seiner Sicht ist genau das Effizienzdenken im Hintergrund die Ursache vieler Probleme: „Die industrielle Landwirtschaft produziert eher Monokulturen. Sie trägt und regeneriert sich nicht selbst." Die Folge: Es braucht Input von außen, bis heute meist in Form von Pestiziden.

Nur ein Verteilungsproblem?

Das Versprechen der Digitalisierung, „die großen Krisen der Zeit zu lösen, die wir selbst verursacht haben«, sieht Urhahn als nicht realistisch an: „Das industrielle Agrarsystem trägt eine große Verantwortung für das Hungerproblem." Schließlich treibe es nicht nur den Klimawandel voran, sondern auch die Bodendegeneration. Aus seiner Sicht gibt es mehr ein Verteilungs- denn ein Nahrungsproblem. „Die sozioökonomischen Herausforderungen kann man nicht technisch lösen."

Im Gegenteil, Urhahn befürchtet, dass Digitalisierung und insbesondere der Einsatz künstlicher Intelligenz in der Landwirtschaft soziale Ungleichheiten noch verschärfen. Denn in einem der wichtigsten Punkte – bei den Daten – gibt es schon jetzt eine starke Zentralisierung. „Es gibt wenige Akteure bei den digitalen Plattformen, beispielsweise Bayer-Monsanto, die großen Landmaschinenhersteller und Google, Facebook und Amazon." Was haben die sozialen Netzwerke mit Landwirtschaft zu tun? Google und Facebook haben bereits heute das größte Wissen über die Präferenzen und Bedürfnisse der Verbraucher – und die stehen am einen Ende der Verwertungskette. Sie entscheiden schließlich, welche Produkte erfolgreich sind und welche nicht. Wohin die Reise geht, zeigt ein aktuelles Ereignis: Amazon hat kürzlich Whole Foods Market gekauft, eine der größten Biohandelsketten in den USA.

Und Facebook hat nach Urhahns Informationen gerade ein Kooperationsabkommen mit dem großen US-Landmaschinenhersteller John Deere abgeschlossen, in dem unter anderem Facebooks Wissen in der Bilderkennung dafür genutzt werden soll, Pflanzenkrankheiten anhand von Fotos zu erkennen.

Wer am meisten Daten hat, macht auch hier am Ende das meiste Geld: „Die Idee hinter der Plattformökonomie ist es, so viele Daten wie möglich zu sammeln – angefangen von den Präferenzen der Verbraucher über das Wetter, Saatgutinfos bis zur Bodenqualität –, sie zusammenzuführen, algorithmisch auszuwerten und dies als Produkt zu verkaufen." Oder den

Informationsvorsprung zu nutzen. Und das wiederum diene derzeit nur den Großen: „Digitalisierung wird einen Strukturwandel in der Landwirtschaft forcieren zu Gunsten der großen Konzerne und zu Lasten der bäuerlichen Erzeuger."

Ein neuer Verdrängungswettbewerb

Auch neue Technologien wie Drohnen, die häufig dafür gepriesen werden, die Bearbeitung und Überwachung von Feldern zu verbessern, haben aus Urhahns Sicht das Potenzial, diesen Wandel ins Negative zu wenden: „Drohnen machen Landwirtschaft für Fremdkapital noch attraktiver." Schließlich ist es so einfacher, ein Feld zu überwachen, ohne selbst vor Ort zu sein. Die Folge: Kleinbauern würden verdrängt, die sich diese Technologien nicht leisten können.

Sind Digitalisierung und die Nutzung künstlicher Intelligenz in der Landwirtschaft aus seiner Sicht also per se eher ein Problem als eine Lösung? „Es kommt auf die Grautöne an", sagt Urhahn. Zentral ist aus seiner Sicht die Frage: Verbessert eine Technologie die Lebensbedingungen von Kleinbauern? So gebe es eine Menge Beispiele, wo neue Technologien sinnvoll und zum Nutzen lokaler Gemeinschaften genutzt würden, etwa in Lateinamerika, wo sich Bauern zusammenschließen und gemeinsam per Drohnen ihr Territorium vor Landgrabbing schützen. Andere Organisationen beobachten mithilfe von Satellitenfotos, ob und wo der Regenwald abgeholzt wird. Zudem gibt es zahlreiche Apps, mittels derer sich Bauern in Entwicklungsländern über das Wetter, Pflanzenkrankheiten und vieles mehr austauschen.

Die zweite wichtige Frage in diesem Zusammenhang sei die nach den Daten. „Wir brauchen eine demokratische Kontrolle", fordert Urhahn: Ob die Daten den Landmaschinenherstellern oder den Bauern gehören, sei schließlich ein entscheidender Unterschied. „Es ist naiv, darauf zu vertrauen, dass die großen Unternehmen einfach nett sind." Das zeige nicht zuletzt der Cambridge-Analytica-Skandal bei Facebook. „Wir brauchen unabhängige Datenplattformen, denn wenn Märkte extrem verdichtet sind, gibt es keine freie Entscheidung in der Datenschutzerklärung." So wie Facebook-Nutzer stehen auch viele Bauern vor dem Dilemma: Entweder ich unterschreibe, dass meine Daten den großen Konzernen zur Verfügung stehen, oder ich kann den Dienst (in diesem Fall die Landmaschine) nicht nutzen. Dabei ist es keine Frage: Wenn Daten für alle offen sind, kann die Gesellschaft vom daraus entstehenden Wissen profitieren.

Zumindest darin sind sich der Globalisierungskritiker Urhahn und der Informatiker Jochen Hertzberg einig: „Landmaschinenhersteller sagen: Kaufen Sie unsere Maschinen, aber die Daten bleiben unsere", erklärt Hertzberg. In einem Projekt untersucht er gerade mit Kollegen, inwiefern eine selektive, selbstbestimmte Datenweitergabe für die Bauern technisch möglich ist. „Wir wollen Mechanismen entwickeln, um die Datenhoheit durchzusetzen, ohne den Landwirt zu überfordern." Schließlich entstehe mit den Daten ein zusätzlicher Wert, von dem auch etwas bei den Bauern ankommen müsse, die sie erzeugen. So weit die Landwirtschaft in der Digitalisierung auch sein mag – sie ist beim entscheidenden Problem gelandet: der Frage, ob die Daten für das Gemeinwohl genutzt werden können oder nicht.

Aus Spektrum Kompakt Landwirtschaft – Neue Wege auf dem Acker, 2019

Eva Wolfangel ist Wissenschaftsjournalistin in Stuttgart und schreibt schwerpunktmäßig über Technologiethemen.

Ackerbau und Viehzucht im Hochhaus

Kerstin Viering

Die wachsende Weltbevölkerung und die immer größer werdenden Städte gelten als enorme Herausforderungen für die nächsten Jahrzehnte: Wie sollen all diese Menschen mit Nahrung versorgt werden, ohne dass die Umwelt massiv darunter leidet? Eine Idee besteht darin, die Landwirtschaft zunehmend in Städte und Innenräume, vielleicht sogar in gläserne Hochhäuser zu verlegen. Doch bei der praktischen Umsetzung dieser Utopie gibt es Probleme.

„Wir leben in der Vertikalen. Warum sollten wir dann nicht auch Landwirtschaft in der Senkrechten betreiben können?" Dickson Despommier hält es durchaus für möglich, dass sich die Farmen der Zukunft eher in die Höhe statt in die Fläche ausdehnen werden. Der emeritierte Professor für Gesundheitswesen und Mikrobiologie von der Columbia University in New York gilt als einer der prominentesten Verfechter des sogenannten „Vertical Farming". Dieses Konzept sieht vor, Gemüse, Obst und Fleisch künftig verstärkt an und in Gebäuden direkt in der Stadt zu produzieren. Das sei ein möglicher Weg, um die wachsende Weltbevölkerung auf nachhaltige Weise mit gesunden Lebensmitteln direkt aus der Region zu versorgen, betonen Befürworter. Doch wie realistisch sind solche Ideen?

Verführerisch klingen sie zweifellos. Schließlich gibt es Anlass genug, sich über die Landwirtschaft der Zukunft Gedanken zu machen. Nach Schätzungen der Vereinten Nationen lebten Mitte 2017 schon fast 7,6 Mrd.

K. Viering (✉)
Lehnin, Deutschland
E-Mail: kerstin@naturejournalism.com

Menschen auf der Erde. In Zukunft soll sich das Bevölkerungswachstum zwar verlangsamen, trotzdem sagen die UN-Berechnungen für das Jahr 2050 fast 9,8 Mrd. Erdenbürger voraus. Und nur noch eine Minderheit davon wird den Prognosen zufolge auf dem Land zu Hause sein: Lebten im Jahr 1950 gerade einmal 30 % der Weltbevölkerung in Städten, waren es 2018 schon 55 %. Bis 2050 soll der Anteil auf 68 % steigen.

Wie aber sollen all diese Menschen satt werden? Nur durch einen effizienteren Anbau und Fortschritte in der Züchtung lasse sich das nicht gewährleisten, argumentieren die Anhänger der vertikalen Landwirtschaft. Zumal nach Berechnungen US-amerikanischer Forscher jedes Jahr rund zehn Millionen Hektar Acker durch Bodenerosion verloren gehen. Und weiterhin Wälder abzuholzen, um neue Anbauflächen zu gewinnen, ist ökologisch und aus Klimaschutzgründen kaum zu verantworten.

Anbau in der Stadt spart auch Transportkosten

Doch nicht nur mit Flächen müsste die Landwirtschaft der Zukunft sparsamer umgehen, sondern auch mit anderen Ressourcen wie etwa Wasser und Energie. Für all diese Herausforderungen könne die Landwirtschaft in der Senkrechten interessante Lösungen anbieten, betonen ihre Befürworter. Wenn man Nahrung künftig direkt in der Stadt produziere, könne man den Kunden beispielsweise nicht nur frischere Produkte anbieten, sondern auch Energie und Kosten für den Transport sparen.

Es gibt verschiedene Möglichkeiten, wie sich das theoretisch realisieren ließe. Am einfachsten klingt die Idee, die Dächer von städtischen Gebäuden als Anbaufläche für Gemüse und Kräuter zu nutzen. In Gewächshäusern oder auf Freilandbeeten könnten dort zum Beispiel Paprika und Tomaten, Karotten, Bohnen und Kohl heranwachsen. Der Stadtplaner Kheir Al-Kodmany von der University of Illinois in Chicago hält das für einen durchaus vielversprechenden Ansatz für eine neue städtische Landwirtschaft. Zumal Dächer, auf denen es grünt und blüht, auch noch andere positive Effekte haben. So wirken sie wie eine Art natürliche Klimaanlagen und können dadurch den Energieverbrauch eines Gebäudes um bis zu 30 % senken (Abb. 1).

Allerdings sieht Kheir Al-Kodmany auch Probleme, die noch nicht gelöst sind. So eignet sich keineswegs jedes städtische Dach als Gemüsegarten. Zum einen muss das Gebäude das zusätzliche Gewicht von Gewächshäusern und Erde auch tragen können, zum anderen braucht man zur Pflege und zum Ernten der Pflanzen einen geeigneten Zugang zum Dach. Das alles kann Umbauten nötig machen und den Preis in die Höhe treiben. So

Abb. 1 Bosco Verticale in Mailand (© kurmyshov / Getty Images / iStock)

musste die Dachfarm „Local Garden" im kanadischen Vancouver im Jahr 2012 aus wirtschaftlichen Gründen schließen. In New York dagegen gibt es inzwischen schon einige solcher Anlagen, die erfolgreich arbeiten. Eine der größten davon ist die Brooklyn Grange Rooftop Farm, die auf zwei Gebäuden eine breite Palette von Biogemüse und Honig produziert. Die Pflanzen wachsen dabei in einer leichten Spezialerde, um das Dach nicht zu sehr zu belasten.

Bodenloser Anbau braucht auch keine Erde

Es gibt allerdings auch die Möglichkeit, auf Erde ganz zu verzichten. In Innenräumen kann man die Pflanzen direkt in einer wässrigen Lösung heranziehen, die alle wichtigen Nährstoffe enthält. Diese als Hydroponik bekannte Methode wird heute bereits in Gewächshäusern angewendet, um unter genau kontrollierten Bedingungen Gemüse-, Zier- und Arznei-pflanzen heranzuziehen. Eine Variante davon ist die Aeroponik, bei der die Nährlösung mithilfe von Hochdruckdüsen oder Sprinklern vernebelt und als eine Art Dampf an die Wurzeln gebracht wird. Diese wachsen dadurch schneller als die grünen Pflanzenteile, sodass man das Verfahren vor allem zur Bewurzelung von Stecklingen verwendet.

Beide Methoden brauchen weniger Wasser und weniger Platz als der herkömmliche Anbau in der Erde. Man kann die Pflanzen auf diese Weise in Boxen oder auf großen Tabletts kultivieren, die sich in mehreren Etagen übereinanderstapeln lassen. Da sie mithilfe von LEDs oft künstlich beleuchtet werden, kann man solche Pflanztürme in beliebigen Innenräumen errichten, etwa in Lagerhallen oder Kellern. Es gibt verschiedene Unternehmen rund um die Welt, die diese Form der vertikalen Landwirtschaft schon praktizieren. Die Firma Aerofarms in Newark im US-Bundesstaat New Jersey setzt zum Beispiel schon seit 2004 auf Aeroponik, um verschiedene Kräuter und Gemüsesorten zu züchten. Die größte dieser Farmen ist in einem ehemaligen Stahlwerk angesiedelt, zwei weitere nutzen die Räume eines früheren Nachtclubs und einer Paintball-Arena.

Dort stapeln sich die von LEDs beleuchteten Pflanztabletts neun Meter hoch in großen Hallen. Spezielle Sensoren überwachen das Wachstum der Pflanzen, damit die Bedingungen möglichst optimal gestaltet werden können. Nach Angaben der Firma liefert jeder Quadratmeter Anbaufläche dadurch einen um 390 % höheren Ertrag als ein konventioneller Anbau auf dem Acker. Und dank eines ausgeklügelten Recyclings braucht man dazu auch noch 95 % weniger Wasser. So könne man die Bevölkerung mit umweltfreundlich produzierten und frischen Produkten direkt aus der Nachbarschaft versorgen, wirbt das Unternehmen, das seine Aktivitäten künftig auch auf andere Regionen in den USA und weltweit ausdehnen will.

Auch Dickson Despommier plädiert mit ähnlichen Argumenten für die Indoor-Landwirtschaft. Einer ihrer größten Vorteile bestehe darin, dass sie dank optimierter Wachstumsbedingungen auf der gleichen Fläche viel mehr Ertrag liefere. Bei Erdbeeren zum Beispiel könne man in den Spezialgewächshäusern bis zu 30-mal mehr ernten als unter freiem Himmel. Das könne im Idealfall den Druck von den Landschaften der Erde nehmen: Man gewinne ehemalige Ackerflächen zurück, die man wieder in Wald oder andere ökologisch wertvolle Lebensräume verwandeln und so in den Dienst des Natur- und Klimaschutzes stellen könne.

Zudem bräuchten die Hightech-Anlagen kaum Wasser und Pestizide und könnten auch bei schlechten Bodenverhältnissen überall auf der Welt betrieben werden. Sie seien unabhängig von den Jahreszeiten und weniger anfällig für Wetterkapriolen wie Dürren und Überschwemmungen. „Mit Hilfe moderner Gewächshaustechnologien wie Hydroponik und Aeroponik könnte eine vertikale Farm theoretisch Fisch, Geflügel, Obst und Gemüse produzieren", schreibt der Wissenschaftler in seinem 2010 erschienen Buch „The Vertical Farm: Feeding the World in the 21st Century".

Futuristische Farmen gibt es bisher nur am Computer

Das entscheidende Wort in diesem Satz ist allerdings „theoretisch". Denn vertikale Großfarmen in gläsernen Wolkenkratzern, in denen die verschiedensten Ackerfrüchte wachsen, Kühe muhen und Schweine grunzen, gibt es bisher nur im Computer. Und viele dieser Entwürfe muten ziemlich futuristisch an. Zusammen mit dem Architekten Eric Ellingsen vom Illinois Institute of Technology hat Dickson Despommier zum Beispiel eine 30-stöckige gläserne Pyramidenfarm entworfen, die eine breite Palette von Obst- und Gemüsesorten, aber auch Fisch und Geflügel produzieren und so jährlich etwa 50.000 Menschen ernähren soll. Durch ein ausgeklügeltes Recyclingsystem soll sie nur zehn Prozent des Wassers von normalen Landwirtschaftsbetrieben verbrauchen und nur fünf Prozent der Fläche beanspruchen.

Ähnlich ambitionierte Ideen gibt es auch von der schwedischen Firma Plantagon. Zum Beispiel den sogenannten „Plantscraper", einen zwölfstöckigen Wolkenkratzer mit halbmondförmigem Grundriss. An dessen südlicher Fassade befindet sich eine Indoor-Farm, die jedes Jahr zwischen 300 und 500 t Blattgemüse, vor allem den mit dem Chinakohl verwandten Pak Choi produzieren soll. Außer den Anbauräumen sieht der Gebäudeplan auch noch Büros und einen Markt vor. Neben dem „Plantscraper" hat die Firma auch kugelförmige Pflanzenfarmen und spezielle Gewächshäuser für Fassaden geplant.

Deutlich bodenständiger wirken die Entwürfe des Deutschen Zentrums für Luft- und Raumfahrt (DLR) in Bremen. Dabei arbeiten die dortigen Forscher an einem besonders ehrgeizigen Ziel. Im Projekt EDEN (Evolution & Design of Environmentally closed Nutrition Sources) entwickeln sie Gewächshäuser, die zum Beispiel auf dem Mond oder Mars aufgebaut werden könnten, um Astronauten mit frischem Obst und Gemüse zu versorgen. Sie haben aber auch überlegt, wie man solche Systeme auf der Erde nutzen kann – etwa in Städten oder klimatisch ungünstigen Gebieten.

Gemüse in der Antarktis

Dabei herausgekommen ist die sogenannte „Vertical Farm 2.0", die Ingenieure des DLR zusammen mit internationalen Partnern entworfen haben. Das Gebäude sieht aus wie ein kompakter Quader mit einer

Grundfläche von 74 mal 35 m. In der untersten Etage sind Logistik, Verwaltung und Kühlräume untergebracht, darüber folgen vier weitere Etagen, in denen die Pflanzen angebaut werden sollen. Jedes dieser Stockwerke ist etwa sechs Meter hoch und bietet damit Platz für große Regale, in denen die gewünschten Pflanzen versorgt mit Nährstoffen und LED-Licht auf mehreren Ebenen wachsen können. Für Blattgemüse wie Salat gibt es auf einer solchen Etage 5000 m² Anbaufläche. Höher wachsende Pflanzen wie Tomaten, Paprika oder Gurken lassen sich immerhin auf 1700 m² züchten. Insgesamt soll jedes dieser Stockwerke pro Jahr fast 630.000 kg Salat oder mehr als 95.000 kg Tomaten liefern können.

Wie man die Lichtverhältnisse, die Bewässerung und die Anordnung der Pflanzen optimal gestalten kann, tüfteln die Forscher im Labor aus. Und einen Praxistest unter harten klimatischen Bedingungen hat eines ihrer Modellgewächshäuser auch schon hinter sich. Im Januar 2018 haben DLR-Mitarbeiter es in der Nähe der deutschen Antarktisstation Neumayer III aufgebaut, die vom Alfred-Wegener-Institut, dem Helmholtz-Zentrum für Polar- und Meeresforschung (AWI) betrieben wird.

DLR-Mitarbeiter Paul Zabel hat ein ganzes Jahr dort verbracht, um am südlichen Ende der Welt Gemüse, Salate und Kräuter zu züchten. Die Ausbeute konnte sich sehen lassen. Insgesamt hat das Antarktisgewächshaus in einem Jahr auf einer Anbaufläche von etwa 13 m² 67 kg Gurken, 46 kg Tomaten, 19 kg Kohlrabi, 8 kg Radieschen, 15 kg Kräuter und 117 kg Salat geliefert. Vor allem für die Überwinterercrew, die den langen Polarwinter isoliert von der Außenwelt in der Station verbrachte, war die frische Kost eine willkommene Bereicherung des Speiseplans. In den nächsten Jahren wollen DLR, AWI und andere Partner das Gewächshaus weiterentwickeln und auch den Anbau anspruchsvollerer Pflanzen wie etwa Erdbeeren vorantreiben.

Tomaten und Fische ergänzen sich gut

Die Produktion der Indoor-Farmen muss sich allerdings nicht nur auf vegetarische Kost beschränken. Schweine oder Rinder leben zwar bisher nur in der Fantasie von Architekten in gläsernen Hochhäusern mit Freiluftbalkons. In der Praxis bewährt hat sich aber schon ein Aquaponik genanntes Verfahren, das Pflanzenbau und Fischzucht kombiniert. Wenn man Fische in einer Aquakultur hält, muss man jeden Tag zwischen 5 und 15 % des Wassers austauschen. Denn sonst reichert sich darin zu viel Nitrat an, das aus den Stoffwechselprodukten der Fische entsteht. „Das entnommene nährstoffreiche Wasser müsste man normalerweise über die Kläranlage entsorgen, was in Berlin immerhin 2,50 € pro Kubikmeter kostet", erklärt Werner Kloas vom Leibniz-Institut für Gewässerökologie und Binnenfischerei (IGB) in Berlin. „Wir verwenden es stattdessen als Flüssigdünger."

„Tomatenfisch" nennen er und seine Kollegen ihr Konzept, bei dem Süßwasserfische und Tomaten in einem Gewächshaus gemeinsam gezüchtet werden. Da beide zum Beispiel in Sachen pH-Wert etwas unterschiedliche Ansprüche haben, wachsen sie in getrennten Kreisläufen heran, die allerdings über ein Einwegventil verbunden sind. Das Wasser aus den Fischbecken wird dabei zunächst mithilfe von Lamellenfiltern von Feststoffen befreit. Anschließend wandelt ein mit Bakterien besetzter Biofilter das von den Fischen ausgeschiedene Stoffwechselprodukt Ammonium in Nitrat um, das ein sehr guter Nährstofflieferant für Tomaten ist.

Bei Bedarf fließt das Fischwasser dann über ein Einwegventil zum Düngervorratsbehälter der Pflanzen und wird dort mit noch fehlenden Nährstoffen sowie dem pH-Wert optimal an die Bedürfnisse der Tomaten angepasst. Auch das von den Fischen ausgeatmete Kohlendioxid können die Pflanzen verwerten, um mittels Fotosynthese Energie zu gewinnen und im Gegenzug Sauerstoff zu produzieren. Der Wasserdampf, den sie aus ihren Spaltöffnungen abgeben, kommt im Gegenzug wieder den Fischen zugute: Er wird durch ein Kühlsystem kondensiert und erneut in den Fischkreislauf eingespeist. So entsteht ein nahezu geschlossenes System, das nur sehr wenig Wasser verbraucht und in dem Ressourcen wie Nährstoffe, Wasser, Wärme und Strom doppelt genutzt werden können.

600 kg Fisch aus acht Kubikmeter Tank

Auch mit den Erträgen sind die Forscher schon recht zufrieden. In etwa einem dreiviertel Jahr lieferten die zirka acht Kubikmeter fassenden Fischtanks üppige 600 kg der zu den afrikanischen Buntbarschen gehörenden Tilapien. Gleichzeitig brachten die Tomaten einen Ertrag von etwa neun Kilogramm pro Pflanze und damit insgesamt rund 1000 kg Früchte. Durch weiteres Tüfteln an den Bedingungen konnten die Forscher sogar noch höhere Erträge von bis zu 3000 kg erzielen, die durchaus mit denen von allein auf Tomatenanbau spezialisierten Hydroponik-Gewächshäusern mithalten konnten. Auch die Inhaltsstoffe der Früchte, etwa ihr Gehalt an Farbstoffen wie Lycopin und Betacarotin unterschied sich zwischen beiden Anbauformen nicht.

Gute Erfahrungen haben die IGB-Forscher schon mit der kombinierten Zucht von Tomaten und afrikanischen Raubwelsen gemacht. Auch in diesem Fall kann man beides zusammen genauso effizient produzieren wie in unabhängigen Anlagen, spart dabei aber jede Menge Dünger – und damit Treibhausgasemissionen, die bei dessen Herstellung anfallen würden. An der Müritz in Mecklenburg-Vorpommern ist bereits eine kommerziell wirtschaftende Anlage in Betrieb, die auf 500 m² Fläche afrikanische Raubwelse und im Sommer 70 bis 80 kg Tomaten pro Tag liefert.

In einem neuen EU-Projekt namens Cityfood untersuchen Wissenschaftler vom IGB und anderen europäischen Institutionen derzeit, wie man solche Aquaponik-Systeme gezielt für die Nahrungsmittelproduktion in Städten einsetzen kann. Beispiele in Deutschland, Norwegen, Schweden, den USA und Brasilien sollen zeigen, was man dabei in unterschiedlichen Regionen berücksichtigen muss und wann sich das System wo rentiert.

Larven als Fischfutter

Zudem wollen sich Werner Kloas und seine Kollegen in Zukunft nicht mit der Kombination von Tomate und Fisch begnügen, sondern noch eine dritte Komponente einfügen. Im März startet das vom Bundesministerium für Bildung und Forschung geförderte Projekt „Cubes Circle", das Aquakultur und Hydroponik mit der Produktion von Insekten verbinden soll. Die als besonders robust und anspruchslos geltenden Soldatenfliegen der Art *Hermetia illucens*, die aus dem tropischen Afrika stammen, sollen die Pflanzenabfälle und Fischsedimente der Anlage fressen. „Wenn man die Larven dieser Insekten dann trocknet und entfettet, kann man sie zu Fischfutter verarbeiten", sagt Werner Kloas. Die Ernährung der Tiere gilt nämlich als einer der Knackpunkte für eine umweltfreundlichere Fischzucht. Das traditionell dafür verwendete Fischmehl ist ökologisch problematisch, weil es oft aus ohnehin schon überfischten Meeresarten gewonnen wird. Doch auch pflanzliche Alternativen haben ihre Tücken. Und zwar nicht nur im Fall von Soja, dessen Anbau viel Wasser verbraucht und vielerorts den wertvollen Regenwald verdrängt. „Auch ein Kilogramm Weizen oder Erbsen zu produzieren, verschlingt 700 bis 800 L Wasser", sagt Werner Kloas. „Solche Nahrungsmittel sollten wir daher lieber selbst essen, statt sie an Fische zu verfüttern." Zumal pflanzliche Kost für Fische nicht die optimale Kombination von Aminosäuren bietet.

Das Aminosäureprofil von Insekten passt dagegen deutlich besser zu den Ansprüchen der schwimmenden Kundschaft, zeigen die Untersuchungen der IGB-Forscher. „Bei alles fressenden Süßwasserarten wie Karpfen und Tilapien kann man das konventionelle Futter komplett durch Mehl aus Fliegenmaden ersetzen", sagt Werner Kloas. Eine solche Umstellung wäre seiner Einschätzung nach ein wichtiger Schritt in Richtung einer nachhaltigeren Aquakultur, weil sich die Insekten ohne größere Umweltfolgen produzieren lassen. Dazu müssen die Forscher allerdings vor allem an der Steuer- und Regeltechnik ihrer Tomatenfisch-Gewächshäuser arbeiten, damit diese auch die Bedürfnisse der Fliegen erfüllen können.

Teure Höhenflüge

Herauskommen soll bei dieser Tüftelei ein Fisch-Tomaten-Insekten-Modul, das sich gut für die Lebensmittelproduktion in Städten eignet. „Theoretisch kann man diese so genannten Cubes natürlich auch übereinanderstapeln und damit in Richtung Vertical Farming gehen", sagt Werner Kloas. Ob das sinnvoll ist, bezweifelt er allerdings. Denn bei der Nahrungsmittelproduktion in die Höhe statt in die Fläche zu streben, ist teuer. Das fängt schon bei den Gebäudekosten an. „Ein Quadratmeter Gewächshaus in der Ebene kostet etwa 200 €, bei einem Hochhaus kommt man leicht auf 1500 bis 2000 €", berichtet der Berliner Forscher. Zudem sei die Pflege und Ernte bei vertikalen Kulturen aufwendiger, und man brauche mehr Energie für die Wasserpumpen.

Trotzdem ist Werner Kloas kein Gegner der senkrechten Landwirtschaft, er bescheinigt ihr durchaus einige Vorteile. So können Pflanzen an der Fassade oder auf dem Dach für ein besseres Gebäudeklima sorgen und auch optisch punkten. Darüber hinaus sieht er einen sozialen Nutzen, den solche Farmen zum Beispiel an Schulen entfalten können. Die Schüler könnten dort einiges über Nahrungsmittel und ökologische Zusammenhänge lernen und dabei auch gleich noch frische Lebensmittel für die Schulkantine gewinnen.

„Wenn man Vertical Farming kommerziell betreiben will, wird es wegen der hohen Kosten allerdings schwierig", meint Werner Kloas. Er hält es für unwahrscheinlich, dass Verbraucher für solche Produkte den zwei- bis dreifachen Preis bezahlen würden, damit sich die Investitionen rechnen. Deshalb sieht er die Zukunft der innerstädtischen Landwirtschaft weniger in Wolkenkratzern als in großen, einstöckigen Spezialgewächshäusern, die etwa auf Industriebrachen entstehen könnten. Das würde immer noch deutlich weniger Platz beanspruchen als herkömmlicher Ackerbau, weil die Indoor-Landwirtschaft auf der gleichen Fläche fünf- bis zehnmal mehr Biomasse produzieren kann. Und gleichzeitig wäre man in den einstöckigen Anlagen nicht komplett auf künstliche Beleuchtung angewiesen, sondern könnte das Sonnenlicht nutzen.

Auch andere Experten sehen Kosten und Energieverbrauch als Nachteile der Hochhauslandwirtschaft. Die Wissenschaftler des DLR haben zum Beispiel ausgerechnet, dass man bei ihrer „Vertical Farm 2.0" zunächst rund 36,7 Mio. € für Gebäude und Ausstattung investieren müsste. Der anschließende Betrieb würde dann rund 6,5 Mio. € pro Jahr kosten. Allein die Energiekosten würden dabei mit 2,8 Mio. € zu Buche schlagen, der Löwenanteil davon entfiele nach derzeitigem Stand der Technik auf die Beleuchtung mit LEDs. Damit sich das alles rechnet, müsste der in einer solchen Farm angebaute Salat für stolze 5,81 € pro Kilo verkauft werden und das Kilo Tomaten für 9,94 €. Innovationen wie leistungsfähigere LEDs könnten den Anbau künftig allerdings günstiger machen, hoffen die DLR-Mitarbeiter.

Kheir Al-Kodmany von der University of Illinois in Chicago fragt sich allerdings auch, ob die potenziellen Kunden solche Nahrungsmittel denn auch akzeptieren würden. Obwohl das Gemüse in Sachen Frische und Regionalität punkten könne, sei die Hightech-Produktion ohne Erde und Sonnenlicht in den Augen vieler Menschen eben nicht die natürliche Art der Lebensmittelgewinnung.

Global gesehen sieht der Architekt auch noch ein soziales Problem. Die wachsende Weltbevölkerung wird zwar häufig als Argument für die vertikale Landwirtschaft angeführt. Nur steigen die Bevölkerungszahlen vor allem in Entwicklungsländern. Das aber wirft für Kheir Al-Kodmany eine ganze Reihe von Fragen auf. Haben diese Länder die nötige Technik, die Expertise und das Geld, um Vertical Farming zu betreiben? Kann man es schaffen, dass die Produkte auch für die Armen erschwinglich werden? Und wie kann man sie all jenen Menschen zugänglich machen, die abseits aller glitzernden Glastürme in Slums leben? Wer das Potenzial der vertikalen Landwirtschaft einschätzen will, sollte auch darauf Antworten finden. Vielleicht kann der Mensch seine Nahrung eines Tages tatsächlich in der Senkrechten gewinnen. Die Lösung aller Ernährungsprobleme wird aber auch das nicht sein.

Aus Spektrum Kompakt Landwirtschaft – Neue Wege auf dem Acker, 2019.

Kerstin Viering ist Journalistin in Lehnin/Brandenburg;

Wächst die Zukunft der Chemieindustrie auf dem Acker?

Roland Knauer

Bereits heute basieren 13 % der Rohstoffe für die organisch-chemische Industrie nicht auf Erdöl, Kohle oder Erdgas, sondern gelten als nachwachsend.

Erdöl, Kohle und Erdgas sind endlich, und das stellt die chemische Industrie vor ein Problem. Das Rohmaterial für Kunststoffe einfach vom Acker oder aus dem Wald zu holen, das klingt verlockend. Und es ist möglich. Neu ist diese Idee genau genommen nicht: Schließlich köchelten bereits die Neandertaler vor 200.000 Jahren die Rinde von Birken so lange im Feuer, bis daraus erst Teer und später Pech entstand. Chemiker nennen diesen Vorgang eine Pyrolyse, aus den Biomolekülen der Birkenrinde stellten die Neandertaler einen Urzeitkunststoff her. Dieses so entstandene Birkenpech war eine Art Alleskleber der Steinzeit, mit dem man zum Beispiel Steinspitzen fest an einen Holzschaft heften konnte.

Exakt mit dieser Methode hatte der Steinzeitmann Ötzi vor mehr als 5000 Jahren in den Alpen an seine Pfeilschäfte aus dem Holz des Wolligen Schneeballs kunstvoll aus Feuerstein geschlagene Spitzen geklebt. Obendrein konnte man mit diesem Pech zum Beispiel Boote wasserdicht machen, was in der biblischen Bauanleitung für die Arche Noah schriftlich festgehalten ist, tatsächlich aber schon viel früher steinzeitliche Bootsbauer angewendet hatten.

R. Knauer (✉)
Lehnin, Deutschland
E-Mail: roland@naturejournalism.com

E. Gottfried (Hrsg.), *Landwirtschaft – Wege aus der Krise*,
https://doi.org/10.1007/978-3-662-64960-2_31

Auch der erste Kunststoff des Industriezeitaltes wurde aus nach-
wachsenden Rohstoffen hergestellt: Kampfer wurde aus dem Holz, den
Zweigen und Blättern des Kampferbaums destilliert, während das auch als
Schießbaumwolle bekannte Zellulosenitrat mit einem Gemisch aus Salpeter-
und Schwefelsäure aus Baumwolle produziert wurde. Mischte man beide
Substanzen, erhielt man Zelluloid, dessen erste Anwendung die preiswerte
Herstellung von Billardkugeln war, die vorher aus Elfenbein waren.

Bald danach ersetzte man andere teure Naturprodukte wie Bernstein,
Ebenholz oder Schildpatt durch erheblich billigere Massenprodukte aus
Zelluloid, das obendrein noch zu einem durchsichtigen Träger für Fotos und
Filme weiterentwickelt wurde. Erst als Erdöl in großen Mengen gefördert
und verarbeitet wurde, verdrängten vielerorts billigere, fossile Alternativen
die nachhaltigen Kunststoffe und Rohmaterialien. Seit der Jahrtausendwende schlägt das Pendel jedoch zurück und »grüne« Produkte werden in
der chemischen Industrie, aber auch von anderen Sparten wie der Auto-
mobilindustrie wieder häufiger eingesetzt.

Kunststoffe

Chemisch gesehen umfasst diese als Plastik bezeichnete Werkstoffklasse alle
klassischen organischen Polymere; sie bestehen aus kohlenstoffreichen Ketten-
molekülen, zusammengesetzt aus einfachen chemischen Bausteinen. Plastik
ist heute überall. Nicht nur weil es billig ist, sondern weil es so viele unterschiedliche Sorten mit unterschiedlichen Eigenschaften gibt – sie sind hart oder
weich, vertragen mal Hitze, mal aggressive Chemikalien, sind Dämmschäume
für klimaneutrale Häuser, sterile Verpackungen für die Medizin oder Sprit
sparende Autoreifen. Das Geheimnis dieser Vielfalt ist einfach, sodass es sehr
viele unterschiedliche Bausteine gibt, von denen jeder einzelne ein Material
mit spezifischen Eigenschaften bildet. Einen Nachteil allerdings haben Kunststoffe: Sie entstehen heute noch fast ausschließlich aus Erdöl. Jedoch arbeiten
Forschungsgruppen weltweit bereits an vergleichbaren Materialien aus natürlichen Quellen.

Trabant als Vorreiter

Allerdings waren die Naturprodukte zwischenzeitlich nicht vollständig verschwunden, sondern hatten in einigen Nischen überlebt. Eine davon war die
DDR. Dort stellte man die Karosserie des Trabants aus Phenolharzen her,
die mit Baumwollfasern verstärkt wurden. Der Spitzname »Plastikbomber«
war also durchaus treffend gewählt. Und er hatte nicht von der Hand zu

weisende Vorteile. So sind solche mit Fasern aus der Natur verstärkten Kunststoffe ähnlich wie Stahlblech mechanisch stark belastbar, aber deutlich leichter. Ihr Einsatz senkt daher den Energieverbrauch eines Fahrzeugs.

Auch aus diesem Grund werden heute vor allem im Fahrzeuginnenraum verschiedene Bauteile wie Armaturenbrett und Hutablage sowie Kofferraum- und Türverkleidungen aus Kunststoff angefertigt, der mit Hanf, Flachs oder Jute verstärkt ist. Solche Verbundwerkstoffe sind deutlich leichter als herkömmliche, glasfaserverstärkte Kunststoffe. Obendrein benötigt ihre Herstellung zwischen 25 und 75 % weniger Energie. Rechnet man den in den Naturfasern steckenden Kohlenstoff mit ein, erspart das dem Klima zwischen 28 und 74 % des Treibhausgases Kohlendioxid.

Bisher wird der Kunststoff dieser Werkstoffe allerdings meist aus Erdöl produziert, weil das heutzutage noch billiger ist. »Die Naturfasern können jedoch auch in Harze eingebettet werden, die aus Naturstoffen hergestellt werden«, erklärt Dietmar Peters von der Fachagentur Nachwachsende Rohstoffe (FNR) in Gülzow-Prüzen in Mecklenburg-Vorpommern. Ausbaufähig ist sicher auch die Verwendung außerhalb des Automobilbaus: 2015 wurden in Europa von 92.000 t mit Naturfasern verstärkten Kunststoffen gerade einmal 2000 t nicht für Autos, sondern für andere Zwecke zum Beispiel für das Herstellen von Geigenkoffern eingesetzt.

Deutlich anders sieht die Situation bei Kunststoffen aus, die mit Holzmehl oder -spänen aus Sägewerken gefüllt oder verstärkt werden. Zwar landeten von den 2015 in Europa so hergestellten 260.000 t Kunststoffen satte 60.000 t im Automobilbau. Mit 174.000 t wurden aber erheblich größere Mengen zu Terrassendielen verarbeitet, die vor allem tropische Hölzer ersetzen. Da solche Werkstoffe zum Beispiel zu 30 % aus Polypropylen bestehen, dessen Grundstoff Erdöl ist, und zu 70 % aus Holzmehl, das meist von heimischen Nadelhölzern stammt, schonen solche Werkstoffe also tropische Wälder.

Nachhaltig auf dem Nürburgring

Auch beim Automobilbau soll die Entwicklung nicht bei Hutablagen und Kofferraumverkleidungen aus nachwachsenden Rohstoffen stehen bleiben. So fördert die FNR seit 2011 Studien zu einem BioHybridCar, die von der Hochschule Hannover, dem Fraunhofer-Institut für Holzforschung in Hannover und dem Motorsport-Marketingunternehmen Four Motors in Reutlingen vorangetrieben werden. Dabei werden wichtige Karosserieteile wie zum Beispiel die Fahrzeugtüren aus Flachsfasergewebematten in die benötigte Form gelegt, mit einem Harz aus Erdöl oder später aus Sonnenblumen- oder Leinöl getränkt und vollständig ausgehärtet.

Diese Teile sind erheblich leichter als der bisher verwendete Stahl: Während eine herkömmliche Seitentür 38,5 kg wiegt, bringt die mit Pflanzenfasern verstärkte Kunststofftür gerade einmal 14 kg auf die Waage. Im Durchschnitt liegt die Gewichtsersparnis bei verschiedenen Fahrzeugteilen bei 60 %, was sich bei einem VW-Scirocco-Rennwagen auf insgesamt 67 kg addiert.

Das senkt den Energieverbrauch enorm. Obendrein sind solche Werkstoffe viel preiswerter als Kohlefasern. Beim 24-h-Rennen auf dem Nürburgring absolvieren diese Fahrzeuge einen harten Praxistest, den 2018 die drei eingesetzten Teilplastik-Porsche-Rennfahrzeuge mit Bravour bestanden. Dabei sollen solche Wettbewerbe den Weg für Verbundwerkstoffe zum Energiesparen in normalen Straßenfahrzeugen ebnen.

Autoreifen aus Löwenzahn

Diese Alltagsautos fahren dann vermutlich auf Reifen, deren Gummi aus Löwenzahnpflanzensaft stammt. Nachhaltig kann man solche Reifen zwar aus Naturkautschuk herstellen. Allerdings wachsen die dafür benötigten Kautschukbäume nur in den Tropen, und die Plantagen dort können die Nachfrage nach diesem Rohstoff für Reifen, Latexhandschuhe in Krankenhäusern, Kondome und eine ganze Reihe weiterer Produkte bei Weitem nicht decken. Daher stammt heute 60 % des weltweit verwendeten Kautschuks nicht aus tropischen Plantagen, sondern aus Erdöl. Das wiederum spürt der Autofahrer an der Qualität: Die technischen Eigenschaften dieses synthetischen Kautschuks sind deutlich schlechter als beim Naturprodukt. Kein Wunder, wenn der Naturkautschukmarkt im Jahr 2011 bereits 20 Mrd. US-Dollar umgesetzt hat.

Als Alternative diente bereits im Zweiten Weltkrieg der Russische Löwenzahn *Taraxacum koksaghyz*. Der weiße Pflanzensaft dieses Gewächses hat ähnliche Eigenschaften wie Naturkautschuk. Die FNR hat daher gute Gründe, bis November 2019 im Projekt TAKOWIND II diesen Pflanzensaft vom Hersteller Continental Reifen Deutschland und weiteren Unternehmen, den Universitäten Münster und Regensburg sowie dem Julius-Kühn-Institut – Bundesforschungsinstitut für Kulturpflanzen genauer untersuchen zu lassen.

Dabei soll nicht nur die Züchtung des Löwenzahns intensiviert und beschleunigt, sondern auch der Latexertrag der Pflanzen auf zehn Prozent verbessert und die Grundlagen für einen kommerziellen Anbau gelegt werden. Unter anderem wird in einem Teilprojekt eine Erntemaschine für Löwenzahn entwickelt. Dahinter steckt natürlich auch der Gedanke, Deutschland und die Europäische Union von Importen dieses Rohstoffs unabhängig zu machen. Immerhin fällt Kautschuk eine strategische Schlüsselrolle zu, weil ohne ihn kein Autoreifen rollen würde.

Gut geschmiert dank einer Million Tonnen Schmieröl pro Jahr

Weniger im Blickpunkt von Autofahrern stehen normalerweise Schmieröle, meist tauchen sie nur als Posten »Motoröl« auf der Kundendienstrechnung auf. Diese Substanzen verringern die Reibung erheblich und lassen bewegliche Teile zum Beispiel in einem Motor aneinander vorbeigleiten – ohne Schmieröle würde sich in der modernen Technik wenig bewegen. Da wundert es nicht, wenn in Deutschland jedes Jahr rund eine Million Tonnen Schmieröle in Motoren und Getrieben, Hydraulik und vielen anderen Bereichen wie Planeten- und Schneckengetrieben für die Verpackungsindustrie eingesetzt werden. Allerdings liegt der Bioanteil nach FNR-Angaben im Jahr 2018 nur bei rund 35.000 t, immerhin mit steigender Tendenz.

Technische Gründe dürften diesem Unterschied eigentlich nicht zu Grunde liegen. Die häufig aus Raps hergestellten Bioschmieröle erreichen die technischen Eigenschaften der aus Erdöl produzierten Konkurrenz ohne Probleme, oft übertreffen sie diese deutlich. Das hat allerdings seinen Preis, so kostet ein Hydrauliköl vom Acker mehr als das Dreifache des herkömmlichen Produkts.

Andererseits altert das Bioprodukt auch langsamer und hält daher länger, statt nach 2000 Betriebsstunden ist ein Ölwechsel zum Beispiel erst nach 6000 h fällig. Rechnet man alle Faktoren wie die Arbeitszeit für einen Ölwechsel mit ein, summieren sich die herkömmlichen Ölkosten für eine 60-t-Bagger laut FNR auf 1,27 € pro Betriebsstunde, während das Bioöl mit rund zehn Prozent höheren Kosten und 1,39 € pro Stunde zu Buche schlägt.

Bioöl ist biologisch abbaubar – was ein großer Vorteil ist

Nicht einberechnet sind dabei einige schwer zu beziffernde Vorteile für das Bioprodukt: Durch die höhere Ölqualität ist der Verschleiß deutlich geringer, weil der Ölwechsel seltener anfällt, muss die Arbeit weniger oft unterbrochen werden. Und bei einem Unfall sind die Kosten niedriger, weil das Bioöl in der Umwelt rasch abgebaut wird.

Aus diesem Grund hat sich die biologische Alternative bei Kettensägen längst durchgesetzt und erreicht dort einen Marktanteil von mehr als 80 %: Ein kleiner Teil dieses Kettenöls wird nämlich verbraucht und gelangt in die Umwelt. Und dort ist die biologische Abbaubarkeit natürlich sehr gefragt. Einen ähnlichen Siegeszug könnten auch andere Geräte antreten – vor allem, wenn der Preis sinken sollte. So scheint es möglich, den Ölwechsel beim Hydraulikbagger statt nach 6000 erst nach 10.000 Betriebsstunden zu machen, was die Ölkosten auf 1,09 € pro Betriebsstunde und damit deutlich unter die Werte von herkömmlichen Schmiermitteln senken dürfte.

Knapp 1,2 Mio. t Pflanzenöle und -fette werden in Deutschland jedes Jahr in chemischen und technischen Verfahren eingesetzt. Gerade einmal vier Prozent davon werden zu Schmierölen verarbeitet. Ganz anders sieht die Situation nach Angaben der FNR dagegen bei Wasch-, Pflege- und Reinigungsmitteln aus, die mehr als die Hälfte des Marktes bei Pflanzenölen und -fetten beanspruchen und dabei Kokos- und Palmöl bevorzugen. Viele Tenside aber werden mittlerweile auch aus Zucker gewonnen, der entweder aus heimischen Zuckerrüben oder tropischem Zuckerrohr stammt.

Trotzdem sind nachwachsende Wasch-, Pflege- und Reinigungsmittel immer noch ein Nischenprodukt: Gerade einmal sieben Prozent der für die Reinigungswirkung entscheidenden Tenside in Wasch- und Reinigungsmitteln stammen in Deutschland aus nachwachsenden Rohstoffen. Die Hälfte kommt dagegen immer noch aus Erdöl und Co, während der Rest aus beiden Quellen gemischt ist. Auch im Waschmittelmarkt haben pflanzenbasierte Rohstoffe also durchaus noch Luft nach oben.

Bei den 2017 in Deutschland produzierten 22,9 Mio. t Papier, Pappe und Karton ist der Spielraum zu mehr Nachhaltigkeit dagegen bereits recht gut ausgeschöpft: Papier wird nach wie vor aus der im Holz vorhandenen Zellulose und damit aus einem nachwachsenden Rohstoff hergestellt und natürlich aus Altpapier recycelt. Das wird vermutlich noch eine Weile so bleiben, weil die Digitalisierung bedrucktes Papier zwar durchaus zurückdrängen könnte, andererseits aber der Internethandel boomt – und damit der Kartonbedarf.

Vor seiner Verwendung wird Papier fast immer beschichtet. Dadurch wird es reißfester und übersteht so zum Beispiel die starken Kräfte in den immer schneller laufenden Druckmaschinen besser. Diese Beschichtung kann als Acrylat ein Erdölprodukt sein – oder sie kommt in Form von Weizenstärke direkt vom Acker. »700.000 t Stärke wandern jedes Jahr in Deutschland in die Papierindustrie«, erklärt FNR-Experte Dietmar Peters. »Außerhalb des Lebensmittelbereichs ist das inzwischen die wichtigste Anwendung von Pflanzenstärke.« Da wundert sich niemand mehr, wenn die Stärkeindustrie in Deutschland längst ein eigenes Labor für solche Papierbeschichtungen unterhält.

Naturstoff-Boom

Dieser Naturstoff-Boom hat seine Gründe: Stärke baut sich genau wie Kunststoffe aus kleineren Einheiten auf, die zu einer langen Kette miteinander verknüpft sind. Um dem Nachwuchs in Form eines Samens einen guten Start ins Leben zu geben, schicken ihn verschiedene Pflanzen wie Weizen oder Kartoffeln mit einem Energievorrat in die Welt. Dazu verknüpfen sie einzelne Moleküle des Zuckers Glukose zu sogenannten Polysaccharidketten und erhalten so einen besonders haltbaren Energiespeicher, der auch nach einigen Jahren noch reichlich Power hat. Die Zucker lassen sich aber auch ein wenig anders als in Stärke miteinander verknüpfen. Aus der gleichen Glukose entsteht der sehr feste Baustoff Zellulose, der die Wände von Pflanzenzellen stabilisiert und der zur häufigsten organischen Verbindung auf der Erde wurde.

Polymere nennen Chemiker solche langen Ketten, die bereits die Neandertaler oder der Steinzeitmann Ötzi in den Alpen als Birkenpech nutzten. In der zweiten Hälfte des 19. Jahrhunderts beginnt mit dem aus Baumwolle und Kampfer hergestelltem Zelluloid dann der Siegeszug der Kunststoffe, die zunächst einmal aus nachwachsenden Rohstoffen synthetisiert wurden.

Das änderte sich erst, als Erdöl billig zur Verfügung stand. Daraus werden kleine, organische Moleküle gewonnen, die sich ähnlich wie Glukose zu längeren Ketten verknüpfen lassen. Solche Polymere können aus verschiedenen kleinen Molekülen hergestellt und mit einfachen chemischen Reaktionen auch noch verändert werden. Obendrein können Beimischungen anderer Substanzen einen Kunststoff erheblich verändern und ihn zum Beispiel elastischer oder steifer machen. Auf dieser Grundlage produziert die chemische Industrie heute eine ganze Palette von Kunststoffen mit zum Teil sehr unterschiedlichen Eigenschaften.

Renaissance nachwachsender Rohstoffe

Ähnliches klappt natürlich auch mit nachwachsenden Rohstoffen, die vor allem seit der Jahrtausendwende wieder stärker in den Blick gerückt sind. Einige der Verfahren sind aber viel älter, Viskose gibt es zum Beispiel bereits seit dem Ende des 19. Jahrhunderts. Dabei handelt es sich um Zellulose aus Holz, Bambus, Baumwolle und anderen Pflanzenmaterialien, die zunächst chemisch gelöst und anschließend durch Düsen gepresst mithilfe von Schwefelsäure wieder zu Viskose, Viskoseseide, Zellwolle, Rayon oder Kunstseide versponnen werden.

Aus diesen Fasern lassen sich nicht nur Textilien, sondern auch Hygieneprodukte wie der stark saugfähige Kern von Tampons herstellen. Drückt man die Viskoselösung nicht durch Düsen, sondern durch einen engen Spalt, entsteht eine Folie, die in der ersten Hälfte des 20. Jahrhunderts als Zellophan zum Verpacken von Lebensmitteln verwendet wurde. Mit relativ einfachen chemischen Reaktionen kann die Viskose in andere Werkstoffe umgewandelt werden. Hängt man zum Beispiel Nitratgruppen an, entsteht zunächst Zellulosenitrat, das mit Kampfer zu Zelluloid weiterverarbeitet werden kann. Mit organischen Säuren wie Essigsäure oder Propionsäure kann die Zellulose zu einer ganzen Reihe weiterer Kunststoffe verestert werden.

Eine weitere Möglichkeit bedient sich einer Art Vorratskammer, die Bakterien in schlechten Zeiten anlegen. Fehlen diesen Mikroorganismen wichtige Substanzen wie Stickstoff, Phosphor oder Sauerstoff, verknüpfen sie zum Beispiel Zucker zu langen Ketten eines Biopolyesters wie Polyhydroxy-Buttersäure, -Butyrat oder -Valerat. Diese Polyhydroxy-Fettsäuren oder nach dem Englischen PHA sind nicht nur wichtige Energiespeicher, sondern auch Kunststoffe, die von Bakterien synthetisiert werden und daher ein »Bio« vor ihrem Namen tragen dürfen. Daraus werden sowohl Folien zum Verpacken von Lebensmitteln als auch Fäden hergestellt, mit denen Ärzte zum Beispiel Operationswunden vernähen. Weil diese PHA-Fäden nach einiger Zeit vom Gewebe abgebaut werden, entfällt das Ziehen der Fäden.

Mikroorganismen produzieren Polymilchsäure

Mit der Polymilchsäure (PLA für das englische poly lactic acid) ist ein weiterer, von Mikroorganismen produzierter Biopolyester zum Marktführer bei den Biokunststoffen aufgestiegen. Nach FNR-Zahlen gab es 2016 weltweit Kapazitäten für die Produktion von 2,05 Mio. t solcher Biokunststoffe, davon stellte PLA 10,3 %. Ausgangsprodukt ist Stärke aus Weizen, Mais und anderen Pflanzen oder aus Zuckerrohr und Zuckerrüben gewonnener Zucker. Beide Substanzen werden von Bakterien zu Milchsäure fermentiert. Diese wird anschließend zu PLA polymerisiert.

Je nach Beimischen verschiedener Additive oder anderer Kunststoffe ist dieses Polymer für eine ganze Reihe von Anwendungen tauglich: Mulchfolien für die Landwirtschaft, die sich nach dem Unterpflügen im Boden zersetzen, Obst- und Gemüseschälchen für den Lebensmittelhandel sowie Joghurtbecher, aber auch langlebige Produkte wie Handyschalen oder Schreibtischutensilien werden heute aus PLA angeboten.

Einer der großen Vorteile: Folien aus diesem Biokunststoff lassen Wasserdampf gut durch, PLA eignet sich daher sehr gut zum »atmenden« Verpacken von Lebensmitteln, Getränkeflaschen lassen sich aus diesem Material dagegen nur schwer herstellen.

Bio-PET mit Fruchtzucker und Stärke

Viele Erfrischungsgetränke werden daher wie bereits seit den 1970er Jahren immer noch in Flaschen aus dem Kunststoff Polyethylenterephthalat (PET) verkauft. PET wird normalerweise aus Ethylenglykol und Terephthalsäure hergestellt, die beide aus Erdöl gewonnen werden. Während Ethylenglykol zum Beispiel auch aus der Melasse von Zuckerrohr und damit nachhaltig zur Verfügung steht, gab es für die zweite Komponente bis vor Kurzem keine gute Bioalternative.

Das hat sich geändert, seit Ulf Prüße und seine Kollegen vom Thünen-Institut für Agrartechnologie in Braunschweig mithilfe eines neuen Extraktionsmittels die wichtige Basischemikalie 5-Hydroxymethylfurfural (HMF) preiswert aus Kohlehydraten wie dem Fruchtzucker Fruktose herstellen können, der aus Stärke gewonnen werden kann.

Aus HMF lassen sich die Bausteine einfach synthetisieren, aus denen die bisher meist aus Erdöl hergestellten Polyamid-, Polyester- und Polyurethan-Kunststoffe polymerisiert werden. Eine einfache Oxidation macht aus HMF die 2,5-Furandicarbonsäure (FDCA). Diese Substanz kann mit Ethylen-glykol zum Polyethylenfuranoat (PEF) polymerisiert werden, dessen Eigenschaften sich mit PET messen können, von dem jedes Jahr mehr als 50 Mio. t produziert werden. Allerdings funktioniert die HMF-Synthese bisher nur im Labor, technische Pilotanlagen und damit der erste Schritt zu einer Vermarktung fehlen noch.

Linoleum erlebt ein Comeback

Das sieht bei Alkydharzen, häufig Bestandteil von Lacken, bereits anders aus. Hergestellt werden diese Substanzen aus mehrwertigen Alkoholen wie Glyzerin und Dicarbonsäuren wie der Bernsteinsäure, die häufig aus Erdöl gewonnen werden. Beide Stoffklassen können aber auch aus Pflanzenmaterialien produziert werden, entsprechende Lacke stehen daher bereits als Bioprodukte in den Verkaufsregalen. Mischt man Lein- und andere Pflanzenöle mit vernetzenden Substanzen, erhält man farblose und schnell trocknende Anstriche, die zum Beispiel für Druckfarben verwendet werden.

Ähnlich wird auch der Bodenbelag Linoleum aus Leinöl, Naturharzen, Kork- und Holzmehl sowie Jutegewebe als Trägerschicht und einigen weiteren Zusätzen für Farbe und andere Eigenschaften hergestellt. Und das bereits seit 1860. Zwar ließen Kunststoffe wie PVC ab den 1960er Jahren den Linoleummarkt praktisch zusammenbrechen. Seit den 1980er Jahren erlebt dieser Bodenbelag mit wachsendem Umweltbewusstsein seine Renaissance und wird wieder häufiger verlegt.

Genau wie für Alkydharze werden Dicarbonsäuren auch zur Herstellung von Polyamiden wie den althergebrachten Kunstfasern Nylon und Perlon verwendet. In diesem Bereich können daher nachwachsende Rohstoffe wie die Sebacinsäure aus Rizinusöl eingesetzt werden. Ähnliches gilt für Polyurethane, die als zentrale Komponente Polyalkohole besitzen, die aus Rizinus-, aber auch aus Raps-, Soja- oder Sonnenblumenöl gewonnen werden können. Aus diesen Kunststoffen entstehen zum Beispiel Schaumstoffe, aus denen Autositze und andere Produkte geformt werden können. Polyurethane sind aber auch wichtige technische Klebstoffe, die im Holz- und Automobilbau häufig eingesetzt werden. In einem von der FNR betreuten Projekt haben verschiedene Industrieunternehmen bis Ende 2018 gezeigt, dass als Grundstoffe auch heimische nachwachsende Rohstoffe wie Stärke, Saccharose und Rizinusöl dienen können.

Windeln aus Getreide

Ein wichtiger Pfeiler der Kunststoffwelt aus Erdölprodukten sind Polyacrylate, die in verschiedenen Formen eingesetzt werden, um zum Beispiel Plexiglas herzustellen. Forscher der Universität Duisburg-Essen können den Grundstoff für dieses Acrylglas inzwischen mithilfe eines Enzyms aus Zucker, Alkohol oder Fettsäuren herstellen, die allesamt aus Pflanzen gewonnen werden. Ein weiteres Verfahren zur Produktion von Acrylsäure aus Milchsäure, die von Bakterien aus Zucker oder Stärke synthetisiert wurde, haben Forscher der Universität Erlangen-Nürnberg entwickelt.

Aus den so gewonnenen Acrylaten entstehen Polyacrylate, von denen bisher weltweit rund fünf Millionen Tonnen jährlich aus Erdöl produziert und zu Lacken und Klebstoffen weiterverarbeitet werden. Da Polyacrylate Flüssigkeiten sehr gut aufsaugen, werden sie zum Beispiel für Hygieneprodukte wie Windeln und Damenbinden verwendet. Als Industriepartner beteiligte sich daher auch Procter & Gamble an diesem Projekt.

Der einfachste Kunststoff ist Polyethylen, von dem weltweit jedes Jahr rund 80 Mio. t hergestellt werden. Gewonnen wird der Grundstoff Ethylen dieses häufigsten Kunststoffes bisher aus Erdöl. Allerdings kann diese Chemikalie auch aus Bioethanol produziert werden. Brasilien hatte daher einen triftigen Grund, eine Produktionsanlage zu bauen, die aus Zuckerrohr erst Bioethanol und anschließend bis zu 200.000 t Ethylen im Jahr herstellen kann. Dieses Bioethylen kann auch für die Produktion von nachhaltigerem PVC verwendet werden. Obendrein eignet sich Bioethanol aus Zuckerrohr und anderen Pflanzen zur Produktion von Polypropylen und damit von einem sehr wichtigen Kunststoff, von dem bisher im Jahr 44 Mio. t aus Erdöl produziert werden.

Pommes frites und Biokunststoffe

Noch besser wäre es natürlich, solche Biokunststoffe nicht aus eigens dafür angebauten Nutzpflanzen wie Zuckerrohr oder Zuckerrüben, sondern aus Abfällen herzustellen, die bei der Produktion von Nahrungsmitteln anfallen. Eine Pilotanlage in den Niederlanden verwendet zum Beispiel das Abwasser, das beim Schneiden von Kartoffeln für Pommes frites anfällt, um aus der darin enthaltenen Stärke Kunststoffe herzustellen.

Biokunststoffe scheinen also auf dem Vormarsch zu sein. Trotzdem erreichen sie bei einer jährlichen Weltproduktion von rund 330 Mio. t

Kunststoffen derzeit allenfalls einen Anteil von kümmerlichen zwei Prozent. Die FNR rechnet dagegen damit, dass nach heutigem Stand der Technik insgesamt 90 % aller Kunststoffe nachhaltig hergestellt werden können. Da nachhaltige Produkte bei Herstellern und Verbrauchern gleichermaßen beliebt scheinen, muss es einen handfesten Grund für die bisher allenfalls magere Biokunststoffbilanz geben.

Dieser Grund sind die Kosten: Aus Erdöl produzierte Kunststoffe gibt es schließlich bereits seit Jahrzehnten, die Produktionstechniken sind ausgereift, und sie werden in riesigen Mengen hergestellt. Die Entwicklungskosten sind also längst abgezahlt, die Massenproduktion gepaart mit einer optimierten Technik garantiert niedrige Preise. Bei vielen Biokunststoffen dagegen greifen diese Vorteile nicht. Sie können sich daher nur durchsetzen, wenn sie handfeste Vorteile bieten. Das könnte zum Beispiel eine atmungsaktive Biofolie sein, in der Lebensmittel sich besser halten.

Wichtig sind auch die Wünsche der Verbraucher, von denen viele auf Nachhaltigkeit Wert legen. Der Hersteller Coca-Cola hat darauf bereits reagiert und möchte bis zum Jahr 2020 seine Getränke-PET-Flaschen auf Basis pflanzlicher Rohstoffe herstellen. Allein auf diesem Weg aber dürften Massenkunststoffe den Weg zur Nachhaltigkeit kaum schaffen. Gefragt ist daher die öffentliche Hand: Behörden, Universitäten, Schulen oder auch die Deutsche Bahn könnten zum Beispiel gezielt Produkte auf Biobasis von der Handyschale bis zur Kaffeemaschine anschaffen.

Mehr als zwei Drittel der Rohstoffe importiert

Viel günstiger sieht die Marktsituation für Produkte auf Biobasis übrigens aus, wenn man den Blick von den Kunststoffen auf die gesamte Palette der chemischen Industrie von Schmierstoffen über Lacke und Druckfarben bis zu Reinigungsmitteln und Medikamenten erweitert. 2016 hat die chemische Industrie in Deutschland nach Angaben der FNR insgesamt 20,6 Mio. t organischer Rohstoffe eingesetzt. Davon waren mit 2,7 Mio. t immerhin rund 13 % biobasiert, die restlichen 87 % kamen aus Erdöl.

Den Löwenanteil bei diesen organischen Rohstoffen auf Biobasis stellten mit 43 % Fette und Öle, dazu kamen 14 % Chemiezellstoff, elf Prozent Stärke und mit insgesamt 156.000 t rund sechs Prozent Zucker sowie etliche weitere Rohstoffe. Damit sind diese Rohstoffe von Äckern und Wäldern längst den Kinderschuhen entwachsen und zu einer entscheidenden Stütze der chemischen Industrie geworden.

Allerdings kommt nur ein knappes Drittel von ihnen aus Deutschland, mehr als zwei Drittel werden importiert. Andererseits werden von den daraus hergestellten Produkten bei Weitem nicht alle in Deutschland verkauft, ein erheblicher Anteil geht in den Export. Die Frage nach der Verfügbarkeit stellt sich natürlich trotzdem. Beanspruchen die biobasierten Rohstoffe vielleicht einen zu großen Anteil der Agrar- und Forstflächen? Verdrängen sie eventuell den Anbau von Nahrungsmitteln? Gefährden Mais und Flachs etwa die Artenvielfalt?

Reichen die Äcker?

Ein Blick auf die Verwendung der fossilen Rohstoffe zeigt rasch, dass diese Fragen bei Energiepflanzen weit wichtiger als bei einer stofflichen Nutzung sind: Gerade einmal fünf Prozent von Kohle, Erdöl und Erdgas werden nach Angaben des Verbands der Chemischen Industrie stofflich verwertet, 16 % werden zu Kraftstoffen verarbeitet, die restlichen 79 % werden energetisch genutzt und liefern zum Beispiel Wärme und Elektrizität. Die FNR nennt ähnliche Zahlen für Erdöl, von dem drei bis vier Prozent zu Kunststoffen weiterverarbeitet werden, während der übergroße Rest in Motoren und Kraftwerken verfeuert wird.

Diese Zahlen spiegeln sich nach den Angaben des Statistischen Bundesamts schon heute auf deutschen Äckern und in den hiesigen Wäldern wider: Von insgesamt 35,7 Mio. ha Landesfläche entfallen 7,6 Mio. ha auf Siedlungen, Verkehrs- und Wasserflächen und das Umland dieser Gebiete, auf 11,4 Mio. ha wachsen Wälder, während Bauern die restlichen 16,7 Mio. ha bewirtschaften. Auf 60 % dieser landwirtschaftlichen Nutzfläche wächst Viehfutter, auf 22 % werden Nahrungsmittel für Menschen geerntet, während Energiepflanzen weitere 14 % beanspruchen. Die restlichen vier Prozent Fläche teilen sich Brachen und Industriepflanzen zu gleichen Teilen.

Von den insgesamt 300.000 ha, auf denen 2017 in Deutschland Industriepflanzen wuchsen, lieferten 142.200 ha Pflanzenöle, 128.000 ha Stärke, 15.400 ha Zucker, 12.000 ha Arznei- und Farbstoffe und 1500 ha Pflanzenfasern.

Brot oder Biowindeln?

Wenn der Landwirt seine Felder bestellt, weiß er oft noch gar nicht, was aus seiner Ernte einmal wird. Schließlich beeinflussen Witterung und mögliche Wetterkapriolen zum Beispiel ein Getreidefeld erheblich. Gerade die Inhaltsstoffe von Weizenkörnern, die über die Qualität des Mehls entscheiden, können sich bei entsprechenden Bedingungen stark verändern. Da Bäcker verständlicherweise großen Wert auf eine möglichst gute Backeigenschaft legen, ist der Bauer nach der Ernte vielleicht ganz froh, wenn er für sein Getreide mit geringerer Backqualität noch einen akzeptablen Preis auf dem Markt für Industriestärke erzielen kann.

Vor einer ähnlichen Situation steht auch der Zuckerrübenbauer: »Zucker gibt es eigentlich reichlich«, berichtet der FNR-Experte Dietmar Peters. Da kann es den Bauern nur recht sein, wenn aus dem Zucker ihrer Rüben auch der saugfähige Polyacrylatkunststoff für Windeln oder Damenbinden produziert werden kann.

Aus Spektrum.de News, 20.03.20219
https://www.spektrum.de/news/kunststoff-kann-auch-vom-acker-kommen/1632766

Roland Knauer ist Wissenschaftsjournalist in Lehnin.

Nachhaltige Intensivierung – Fast jede dritte Farm orientiert sich in Richtung Nachhaltigkeit

Jan Dönges

Die Erkenntnis, dass Intensivlandwirtschaft auch nachhaltig betrieben werden kann, setzt sich offenbar immer mehr durch. Noch bleibt die Wirkung allerdings überschaubar.

„Auch wenn wir noch einen weiten Weg vor uns haben, hat mich beeindruckt, wie weit die Landwirte weltweit – und besonders in den weniger entwickelten Ländern – unsere Nahrungsmittelproduktion in eine gesündere Richtung fortentwickelt haben", fasst John Reganold die Ergebnisse seiner Studie zusammen. Gemeinsam mit Fachkollegen hat der Forscher von der Washington State University in St. Louis analysiert, wie viele Landwirte global ihre Produktion auf nachhaltige Praktiken umstellen.

Ihren Hochrechnungen zufolge nutzen 29 % oder 163 Mio. Farmen in der einen oder anderen Form entsprechende Methoden, die unter den Begriff der „nachhaltigen Intensivierung" (sustainable intensification) fallen. Verfahren also, mit denen sich zwar kommerziell nützliche Erntemengen produzieren lassen, die aber gleichzeitig ökologische Kosten reduzieren – beispielsweise durch den maßgeschneiderten Einsatz von Düngemitteln oder Pestiziden, durch Maßnahmen gegen Bodenerosion und -verarmung wie Fruchtwechsel und Verzicht auf Pflügen oder auch durch gezielte Bewässerung. Insgesamt sieben solcher Praktiken legten die Wissenschaftler ihrer Studie zu Grunde.

J. Dönges (✉)
Heidelberg, Deutschland
E-Mail: doenges@spektrum.com

E. Gottfried (Hrsg.), *Landwirtschaft – Wege aus der Krise*,
https://doi.org/10.1007/978-3-662-64960-2_32

237

Sie betrachteten rund 400 Großprojekte und Initiativen, die jeweils mindestens 10.000 teilnehmende Farmen aufwiesen oder eine Gesamtackerfläche von 10.000 ha umfassten. Die Ergebnisse ihrer Auswertung stellen sie nun im Fachmagazin „Nature Sustainability" vor.

In entwickelten Ländern blieb der Ertrag bei Einsatz solcher Verfahren ungefähr auf dem Niveau konventioneller Landwirtschaft oder fiel geringfügig knapper aus. Der Nutzen lag hier vor allem im Umweltaspekt und verringerten Kosten oder Arbeitsaufwand. In den weniger entwickelten Ländern steigerten manche Landwirte durch diese Verfahren ihre Produktionsmengen mitunter erheblich – was zum Teil auch daran liegt, dass die Farmen zuvor sehr ineffizient betrieben wurden. Als Beispiel nennen sie eine Initiative in Kuba, bei der rund 100.000 Farmer ihre Produktivität um 150 % steigerten und dabei den Einsatz von Pestiziden um 85 % reduzierten. Insgesamt könne man behaupten, dass die nachhaltigen Anbaumethoden ihre Tauglichkeit unter Beweis gestellt hätten, so die Forscher in einer Mitteilung.

Allerdings bestellen die 29 % der Farmen, die ihrer Schätzung nach in der ein oder anderen Form auf nachhaltige Verfahren setzen, gerade einmal neun Prozent der globalen Anbaufläche, sodass der Effekt insgesamt gesehen zurzeit eher klein sein dürfte. Die Autoren der Studie geben sich allerdings zuversichtlich, dass bald ein Umschlagpunkt erreicht sein dürfte, ab dem die Übernahme dieser Methoden sich immer schneller immer weiter verbreitet, auch dank offizieller Unterstützung durch die Regierungen.

Aus Spektrum der Wissenschaft Kompakt Landwirtschaft – Neue Wege auf dem Acker, 2019

Jan Dönges ist Redakteur bei „Spektrum.de"

Welche Strategie die Welt ernähren kann

Roland Knauer

Die Biolandwirtschaft kann die wachsende Weltbevölkerung nicht ernähren. Die konventionelle aber wohl auch nicht. Um genug Lebensmittel zu erzeugen, sind verschiedene Strategien nötig – neue ebenso wie alte.

Das Problem vergrößert sich von Jahr zu Jahr. Schon heute ist die Landwirtschaft ein wichtiger Treiber für die großen Probleme einer wachsenden Menschheit auf einer Erde, deren Oberfläche gleich bleibt: Weltweit trägt das Wirtschaften der Bauern und Viehzüchter mehr als 40 % zum Klimawandel bei.

Heutige Agrarwirtschaft überdüngt Böden, Gewässer und im Bereich der Küsten auch die Meere mit Stickstoff sowie Phosphor und lässt obendrein auch noch die Artenvielfalt schwinden. Gleichzeitig wächst die Menschheit weiter, jedes Jahr steigt die Weltbevölkerung nach Schätzungen der Vereinten Nationen UNO derzeit um 78 Mio. Köpfe.

Für jeden zusätzlichen Menschen auf dem Globus aber braucht man ein weiteres Fleckchen Land, auf dem Lebensmittel für ihn wachsen. Diese Fläche fehlt einerseits der Natur und der Artenvielfalt und belastet anderseits den Rest der Welt mit Überdüngung. Alternativ müssten die Bauern und Viehzüchter dieser Welt aus ihren bereits heute bearbeiteten Äckern und Grünländern entsprechend mehr Nahrungsmittel herausholen, um jedes Jahr 78 Mio. Menschen zusätzlich satt zu bekommen. Ohne dabei die

R. Knauer (✉)
Lehnin, Deutschland
E-Mail: roland@naturejournalism.com

Umwelt zusätzlich zu belasten. Noch besser wäre es, wenn sie höhere Erträge erreichen und dabei die Natur sogar entlasten könnten.

Mit solchen kaum lösbar scheinenden Fragen beschäftigt sich der Welternährungsgipfel (UN Food System Summit), den die UNO für September 2021 einberufen hat. In die Wissenschaftsgruppe zur Vorbereitung dieses Gipfels hat UNO-Generalsekretär António Guterres den Agrarwissenschaftler Urs Niggli geholt, der von 1990 bis 2020 das Forschungsinstitut für Biologischen Landbau (FiBL) im schweizerischen Frick geleitet und an die Weltspitze dieser Disziplin geführt hat. Der Schweizer Agrarwissenschaftler wiederum skizziert in seinem 2021 erschienenen Buch „Alle satt?" Wege zur Lösung des Dilemmas aus wachsender Weltbevölkerung und hoher Umweltbelastung durch die Landwirtschaft.

Biolandwirtschaft allein reicht nicht

Nach drei Jahrzehnten Forschung, in denen das FiBL unter seiner Leitung wesentliche wissenschaftliche Grundlagen erarbeitet und die Biolandwirtschaft damit entscheidend vorangebracht hat, könnte man eigentlich erwarten, dass Urs Niggli ohne zu zögern ebendiese Anbauweise als Lösung für die Ernährungsprobleme der Menschheit nennt. Doch die Antwort des Forschers ist erheblich komplizierter – und zeigt, dass der Biolandbau allein die Menschheit im Jahr 2050 gar nicht satt machen kann.

Das wiederum wundert Bruno Streit kaum, der an der Johann Wolfgang-Goethe-Universität in Frankfurt am Main die Zusammenhänge zwischen Bevölkerungsdruck und Artenvielfalt untersucht: „Schließlich lebten nach Schätzungen der UNO im Mai 2020 erstmals mehr als 7,8 Mrd. Menschen auf der Erde, im Jahre 2050 dürften es bereits 9,7 Mrd. sein", erklärt der Schweizer Biodiversitätsforscher. Fast zwei Milliarden Menschen mehr auf dem Globus aber bedeuten, dass der ohnehin schon riesige Druck auf die Natur noch einmal kräftig zunehmen wird.

Die besten Voraussetzungen für eine Verringerung dieses Drucks hat die Biolandwirtschaft. Den Beweis für diese Behauptung liefert ein seit 1980 laufendes agrarwissenschaftliches Experiment auf dem genossenschaftlichen Biobetrieb Birsmattehof in Oberwil im Schweizer Kanton Basel-Landschaft: Dort werden seither zwei Bio-Anbausysteme mit konventioneller Landwirtschaft und dem integrierten Landbau verglichen, der herkömmlich arbeitet, ökologische Belange allerdings besser berücksichtigt.

Angebaut werden jeweils Winterweizen, Wintergerste, Soja, Kartoffeln, ein Feldgemüse und eine Gras-Klee-Mischung als Viehfutter. Bereits nach zwei Jahrzehnten fanden die Wissenschaftler in den Böden der Bio-Parzellen 40 bis 80 % mehr Regenwürmer, die sich auch noch besser als ihre Artgenossen auf den konventionellen Felder vermehrten. Zusammen mit Bakterien und Pilzen bauen diese Würmer Ernterückstände sowie auf den Feldern ausgebrachten Mist und Kompost ab und stellen dabei die enthaltenen Nährstoffe den Wurzeln der Nutzpflanzen zur Verfügung. Und da sich in einem 100 mal 100 m großen Bioacker satte 40 t solcher Organismen tummeln, liefert der Bioboden den Pflanzen viel bessere Bedingungen als der konventionelle Boden, in dem auf der gleichen Fläche nur Organismen mit einem Gesamtgewicht von 27 t leben.

Mehr Artenvielfalt durch Bio

Auch über der Erde sind die Biobauern auf dem Birsmattehof klar im Vorteil. Leben doch über ihrer Krume im Vergleich mit konventionell beackerten Böden 175 bis 220 % mehr Tiere aus den für die Landwirtschaft nützlichen Gruppen wie Laufkäfer, Kurzflügler und Spinnen. Schließlich vernichten im herkömmlichen Landbau Spritzmittel immer wieder unzählige dieser winzigen Tierchen. Andererseits werten der organische Dünger und das auf den Biofeldern ebenfalls wachsende Unkraut diesen Lebensraum auf. Letzteres bietet oft genug auch noch einen schützenden Unterschlupf. Obendrein macht das reiche Krabbel-Leben auf den Bioäckern mehr Vögel satt und verbessert so nicht nur die Artenvielfalt dieser Flugkünstler, sondern ebenso die vieler anderer Arten.

Als Verena Seufert und Navin Ramankutty von der University of British Columbia im kanadischen Vancouver in der Zeitschrift „Science Advances" 2017 fast alle vorhandenen Studien dazu auswerteten, konnten sie das Ergebnis aus der Schweiz für Europa, Asien und Nordamerika bestätigen. Im Hinblick auf die Biodiversität, die Qualität von Boden und Wasser sowie auf den Nährwert der geernteten Pflanzen schnitt die Biolandwirtschaft meist deutlich besser ab. Ökologisch sind die Biobauern also tatsächlich erheblich überlegen.

Diesen Riesenvorteil erkaufen sie jedoch mit einem großen Handikap: „Die Erträge auf den Biohöfen sind durchschnittlich 20 bis 25 % niedriger als bei konventionellen Bauern", fasst Urs Niggli zusammen. Und das macht eine weltweite Nur-Biolandwirtschaft im Jahr 2050 zu einem sehr abschreckenden Szenario: „Um die bis dahin um voraussichtlich 1,9 Mrd. Menschen gewachsene Weltbevölkerung zu ernähren, müssten die Ackerflächen um 37 % vergrößert werden", berichtet Niggli weiter. Das wäre verheerend für die Natur, weil so riesige Flächen verschiedener natürlicher Lebensräume vernichtet und dadurch wohl auch die Artenvielfalt weiter dezimiert würde.

Gegen die Wand

Doch selbst ein „Weiter so" droht den Globus zu überfordern. Sollten die durchschnittlichen Erträge in Zukunft ähnlich stark wie in den vergangenen 60 Jahren steigen, müssten die Bauern nach einer Kalkulation der Welternährungsorganisation FAO 200 Mio. ha zusätzliches Ackerland umpflügen. Das entspricht rund der Hälfte der Fläche der gesamten Europäischen Union. Dazu kämen noch einmal 400 Mio. ha Grünflächen. Man müsste demnach irgendwo auf der Erde eine Fläche von der Größe der gesamten EU zwischen dem Norden Skandinaviens und Sizilien, zwischen Portugal und Bulgarien zusätzlich zu Weideland für die Viehherden machen, um die Versorgung der 1,9 Mrd. bis 2050 dazukommenden Menschen zu sichern.

Sollte sich die Menschheit nichts Besseres einfallen lassen, kämen insgesamt also sechs Millionen Quadratkilometer Acker- und Grünland und damit zwei Drittel der Fläche der USA zu den heutigen Agrarflächen und deren negative Folgen für Natur und Umwelt dazu. Und das in einer Situation, in der bereits die bisherige Landwirtschaft den Globus an seine Grenzen bringt und die Biodiversität nicht nur in der Welt der Insekten kräftig schwinden lässt.

Der heute übliche Mix aus viel konventioneller und wenig Biolandwirtschaft – selbst in den wohlhabendsten Ländern Europa bewirtschaften Ökobauern allenfalls 10 bis 20 % der Agrarflächen – dürfte es daher bei Weitem nicht schaffen, die Menschheit im Jahr 2050 satt zu bekommen. Und allein packen es die Biobauern schon gar nicht. Auf die drängende Frage, wie man denn sonst die Weltbevölkerung ernähren könnte, kommen von Umwelt- und Naturschutzorganisationen und den Verbänden des Biolandbaus daher oft eher ausweichende Antworten, die sich grob vereinfachend mit „weniger Fleisch essen und weniger Nahrungsmittel verschwenden" zusammenfassen lassen.

Dabei konzentriert sich die Diskussion in Mitteleuropa meist auf den ersten Punkt, für den es tatsächlich sehr stichhaltige Argumente gibt: „Auf einem Hektar ernten Bauern rund doppelt so viele Proteine in Form von Erbsen, Bohnen, Linsen, Lupinen oder anderen Hülsenfrüchten, als sie über den Umweg Tierfutter und Kuhmagen in Form von Milch, Quark, Jogurt und Käse erhalten", erklärt Urs Niggli. Und schaut man nur auf den Fleisch-konsum, öffnet die Schere sich noch viel weiter: „Hülsenfrüchte liefern auf der gleichen Fläche sogar 20-mal mehr Proteine."

Allerdings zeigt diese erschreckend magere Bilanz von Schweine-schnitzeln, Rindersteaks oder Lammkeulen nur einen Teil der Fakten. Gilt sie doch nur für Tiere, die mit Kraftfutter gemästet werden. Zwar werden weltweit auf rund 3,9 Mio. km² und damit auf einer Fläche, die beinahe so groß ist wie die der 27 Länder der Europäischen Union, Futtergetreide, Silomais und anderes Tierfutter angebaut. Das sind allerdings nur acht Prozent der landwirtschaftlichen Flächen auf dem Globus, während 68 % Dauergrünland sind. Dort weiden dann Wiederkäuer wie Rinder, Schafe und Ziegen, deren Verdauungssystem Gräser sehr gut verarbeitet, die weder für Menschen noch für Schweine und Hühner verwertbar sind. Die Rinder auf den Weiden in Norddeutschland, in der argentinischen Pampa oder in der Sahelzone Afrikas konkurrieren also nicht mit uns Menschen um Nahrung.

Tierhaltung ist nicht gleich Tierhaltung

Nur rülpsen Kühe jede Menge Methan aus, das einen kräftigen Teil zum menschengemachten Klimawandel beiträgt. Sollte man also auf den Savannen der Sahelzone, den Pampas Südamerikas und auf anderen Gras-ländern lieber Hülsenfrüchte anbauen, statt dort Rinder weiden zu lassen? „Für den Klimaschutz wäre das alles andere als eine gute Idee", meint Urs Niggli. Schließlich speichert das Grünland relativ große Mengen Kohlen-stoff, die bei einer solchen Umwandlung in Ackerflächen als Treibhausgase freigesetzt würden.

Dadurch würden aber viel mehr Klimagase emittiert, als Methan aus Rindermägen entweicht. Als trauriges Beispiel verweist Niggli auf Indonesien: „Dort wurden 100.000 km² Moorgebiete trockengelegt und in Palmölplantagen umgewandelt, die mehr Kohlenstoff als Klimagas frei-setzen, als die gesamte Europäische Union emittiert." Ähnliches passierte, als in Argentinien und Brasilien riesige, als Rinderweiden hervorragend geeignete Savannen-Flächen in Sojafelder umgewandelt wurden.

Werden solche etablierte Ökosysteme wie die Grasebenen Südamerikas für die Landwirtschaft völlig umgekrempelt, verstärkt sich obendrein häufig die Erosion massiv: Schon nach relativ kurzer Zeit werden die Flächen unfruchtbar. Tatsächlich gehen bereits heute jährlich weltweit zehn Millionen Hektar Ackerfläche durch Erosion verloren – das entspricht beinahe der gesamten Ackerfläche Deutschlands von zwölf Millionen Hektar. „Ein sehr großer Teil des heutigen Grünlandes eignet sich daher entweder gar nicht für den Ackerbau oder würde nur sehr schlechte Felder geben", erklärt Urs Niggli. Käse, Jogurt, Quark, Milch und Rindfleisch schneiden im Vergleich mit Hülsenfrüchten also vergleichsweise gut ab. Zumindest wenn die Wiederkäuer das fressen, für was ihr Verdauungssystem optimiert ist: Gras.

Moderne Biobetriebe füttern ihre Rinder daher bereits heute mit jungem und altem Gras, und ihre Kühe geben ganz ohne Kraftfutter trotzdem reichlich Milch. Nur wenn die Kälber geboren sind und die Mutterkühe viel Milch für den Nachwuchs produzieren, erhalten sie zusätzlich Kraftfutter, das aber aus Abfällen besteht, die für die menschliche Ernährung wenig taugen: Das können zum Beispiel die Kleie genannten Rückstände aus der Getreideproduktion sein, in der die Schalen und der Keimling landen. Oder die Trester genannten festen Rückstände, die beim Herstellen von Säften nach dem Auspressen von Äpfeln, Weintrauben oder Tomaten übrig bleiben.

Das Schwein, die Umweltsau

Solche Reste eignen sich natürlich auch als Futter für Schweine und andere Tiere, die keine Wiederkäuer sind und daher Gras nicht verwerten können. Allerdings reichen solche Abfälle keinesfalls, um die riesigen Bestände von Schweinen, Hühnern und anderem Geflügel zu ernähren, die heute in den Ställen stehen. Um die wachsende Menschheit gut zu ernähren, sollte der Trend folglich durchaus zu erheblich weniger Schweineschnitzel und Hühnerbrust gehen, während Milchprodukte und Rindfleisch weiterhin hoch im Kurs stehen dürften. „Mehr Vegetarier und Veganer wären natürlich begrüßenswert, Käse und Quark wird es aber auch in Zukunft noch reichlich geben", sagt Urs Niggli.

Die Entwicklung beim Fleischkonsum könnte in Zukunft also in die Richtung gehen, die im Nahen Osten die arabisch-jüdische Welt schon seit Jahrhunderten prägt: „Gerade in der historischen Region Kanaan ist vermutlich als Folge eines starken Bevölkerungsanstiegs und schwindender Waldressourcen bereits seit der Bronzezeit das Halten von Schweinen und der Genuss ihres Fleisches tabuisiert worden", erklärt Bruno Streit von der Frankfurter Universität. Da Lebensmittel im Wüstengürtel der Erde seit jeher ein knappes Gut waren, verbannte man eben die Konkurrenz von der Speisekarte. Jedenfalls wird in der Ökologie und Ökonomie heute mit dieser Theorie gern das Schweine-Tabu der Region erklärt.

Allein mit weniger Schweine- und Hühnerfleisch dürfte die noch immer wachsende Weltbevölkerung allerdings kaum satt zu bekommen sein. Besonders wichtig wird es daher, das vorhandene Ackerland möglichst optimal zu nutzen. Während sich die Agrarforschung dabei bislang vor allem auf offensichtliche Aspekte wie Düngen oder Schädlings- und Unkrautbekämpfung konzentriert hat, dürfte in Zukunft ein weiterer Punkt zunehmend ins Blickfeld geraten: „Die Bodenstruktur ist für die Landwirtschaft extrem wichtig", erklärt Bruno Streit, der sich früher intensiv mit der Biodiversität der für den Boden wichtigen Hornmilben beschäftigt hat. „Die höchste Vielfalt dieser Organismen fand sich in den Böden der Biobauern", sagt der Biodiversitätsforscher weiter.

Und genau hier liegt für den Agrarwissenschaftler Urs Niggli der Schlüssel für die Landwirtschaft der Zukunft: „Das System der Biolandwirtschaft mit vielfältigen Fruchtfolgen und der Kombination von Tierhaltung mit Ackerbau hält die Böden gesund." Dabei wandert zum Beispiel das Stroh von Getreidefeldern in die Ställe, wird zusammen mit den Ausscheidungen der Tiere zu Mist, mit dem wiederum die Äcker gedüngt und die Böden gesund gehalten werden. Biobauern punkten auch mit Konzepten wie dem „mixed cropping", bei dem zum Beispiel Getreide und Klee oder Hülsenfrüchte gemeinsam angebaut werden, um die Erträge zu verbessern und gleichzeitig die Böden intakt zu halten.

Ein Modell für die Zukunft

Die konventionelle Landwirtschaft verfolgt dagegen ein viel einfacheres System und setzt häufig auf drei Fruchtfolge-Glieder wie zum Beispiel Winterweizen, Mais und Zuckerrüben. Bei den Biobauern sind es dagegen oft sieben oder acht Kulturen in Folge. Warum sollte die konventionelle Landwirtschaft solche Methoden nicht übernehmen und damit ihren viel zu hohen und für die Natur sehr problematischen Einsatz von Stickstoff- und Phosphor-Mineraldüngern sowie von Pestiziden massiv reduzieren? Schließlich erreichten die Biobauern bei den Langzeitstudien auf dem Birsmattehof zwar nur 82 % der Erträge ihrer konventionellen Kollegen, setzten dabei aber 96 % weniger Pflanzenschutzmittel ein.

Löst also vielleicht eine Kombination der jeweils besten Aspekte aus den beiden Welten des konventionellen und des Bioanbaus das Problem der Welternährung? Computermodellierungen am FiBL deuten genau darauf hin: Die Variante mit einem Anteil von 60 % Biolandbau und 40 % konventionell bearbeiteten Flächen brachte demnach am besten Ökosystem-

und Naturschutz auf der einen und die zuverlässige Versorgung von bald zehn Milliarden Menschen mit ausreichend gesunder Nahrung auf der anderen Seite unter einen Hut. „Gleichzeitig müssten die Flächen für den Anbau von Getreide für die Tierhaltung halbiert werden und 50 % weniger Lebensmittel als bisher vernichtet werden", erklärt Urs Niggli.

Soweit die Theorie, die allerdings auch zeigt, dass die Versorgung gerade reicht, aber eben auch nicht mehr. Was fehlt, sind Reserven für unerwartete Zwischenfälle wie zum Beispiel Missernten in einige Regionen. Da die Geschichte der Menschheit zeigt, dass sich solche Probleme nicht vermeiden lassen, sollten vermutlich Innovationen die Situation verbessern und die Nahrungsmittelversorgung stabilisieren.

Eine wichtige Rolle könnte dabei die Digitalisierung spielen, bei der die Biobauern eine Vorreiterrolle übernommen haben und besonders stark auf moderne Computertechnologien setzen. So nutzen viele bereits entsprechende Apps, um ihre Produkte effizient direkt zu vermarkten und auf diese Weise auch die Kosten und Preise der deutlich teureren Bioprodukte zu stabilisieren. In naher Zukunft könnten die riesigen Traktoren und Maschinen durch viel kleinere Roboter-Einheiten ersetzt werden, die sich selbst steuern.

Solche Maschinen erkennen Unkraut an der Form der Blätter und können so Tag und Nacht jäten, den Wasserbedarf der Pflanzen auf den Feldern messen und so die Wasserversorgung optimal steuern. Neigen sich die Energiereserven dem Ende zu, fahren diese Roboter die mit Solarzellen betriebene Ladestation automatisch an und tanken grünen Strom für die nächste vollautomatische Runde. Diese kleineren Maschinen haben einen weiteren Riesenvorteil: Sie verdichten den Boden weniger und halten ihn so gesund.

Digitalisierung und Gentechnik sollen es rausreißen

Neben der Digitalisierung dürfte nach Meinung von Urs Niggli in den nächsten 10 bis 15 Jahren eine weitere Technologie die Erträge der Bauern massiv verbessern und damit die Ernährungssicherheit weiter verbessern: Die gentechnischen mRNA-Impfstoffe gegen Covid-19 dürften die Ressentiments gegen den Einsatz der Gentechnik auch in Europa schwinden lassen. Zwar kaum bei den Biobauern, denen einerseits die Richtlinien den Einsatz der Gentechnik strikt verbieten und die andererseits das Label „frei von Gentechnik" auch zur Abgrenzung gegenüber der konventionellen Landwirtschaft benötigen.

Im herkömmlichen Ackerbau aber wird die Gentechnik schon bald Weizensorten auf den Markt bringen, die gegen Mehltau resistent sind. Obstbäume mit Widerstandskräften gegen Apfelschorf werden folgen, denn solche Resistenzen vermeiden erhebliche Ernteausfälle und verbessern so ohne chemische Keule in Form von Pflanzenschutzmitteln die Erträge auf den vorhandenen Flächen enorm. „Wir sollten aufhören, über richtige und falsche Innovationen in der Landwirtschaft zu streiten, sondern unsere Kräfte auf das Ziel bündeln, die Menschheit gesund und nachhaltig zu ernähren", meint Urs Niggli mit Blick auf die herkömmliche Landwirtschaft.

Um diese Entwicklung auf den Weg zu bringen, setzt der Schweizer Agrarforscher auch stark auf eine Änderung der Subventionen für die Landwirtschaft: „Statt wie bisher die Einkommen zu subventionieren, müssten wir zum Beispiel Biodiversität, Bodenfruchtbarkeit, Klimaziele oder artgerechte Tierhaltung fördern, die in der Marktwirtschaft keinen Preis haben", argumentiert Urs Niggli. Nur dann lohnt sich das Mähen einer Magerwiese, auf der eine große Artenvielfalt herrscht, obwohl der Futterwert viel geringer als auf einer stark gedüngten Wiese ist.

Genau diesen Weg hat am 6. Juli 2021 die Zukunftskommission Landwirtschaft als einstimmig von Vertretern der Landwirtschafts- und Naturschutzverbände, von Agrarforschern und Naturschutzwissenschaftlern verabschiedete Empfehlung der deutschen Bundeskanzlerin Angela Merkel vorgeschlagen. Die Landwirtschaft könnte sich also auf den Weg in die Zukunft machen.

Aus Spektrum der Wissenschaft News, 16.07.2021
https://www.spektrum.de/news/agrarwirtschaft-kann-biolandwirtschaft-die-menschheit-ernaehren/1895644

Roland Knauer ist Wissenschaftsjournalist in Lehnin

Spektrum|VERLAG
der Wissenschaft

Faszination Wissen

Von A wie Astronomie bis Z wie Zellbiologie – unsere Magazine bieten Einblicke
alle Themenbereiche der Forschung: Spannend und aktuell – gedruckt und digit

Spektrum.de

Printed in the United States
by Baker & Taylor Publisher Services